Leadership 2.0

Maren Lehky war viele Jahre als Personalleiterin tätig, zuletzt als Geschäftsleitungsmitglied eines internationalen Industrieunternehmens. Seit 2002 ist sie Inhaberin einer Unternehmensberatung für Personalmanagement und trainiert und coacht Führungskräfte zu Leadership-Themen.

Maren Lehky

Leadership 2.0

Wie Führungskräfte die neuen Herausforderungen
im Zeitalter von Smartphone, Burn-out & Co. managen

Campus Verlag
Frankfurt/New York

ISBN 978-3-593-39372-8

Copyright © 2011 Campus Verlag GmbH, Frankfurt am Main.
Umschlaggestaltung: Anne Strasser, Hamburg
Satz: Fotosatz L. Huhn, Linsengericht
Gesetzt aus der Sabon und der Myriad
Druck und Bindung: Beltz Bad Langensalza
Printed in Germany

Dieses Buch ist auch als E-Book erschienen.
www.campus.de

Inhalt

Vorwort

Dieses Buch fand seinen Anfang im Sommer 2010. Ich hatte mich zurückgezogen in einen kleinen stillen Ort an der Ostsee, um innezuhalten und die Informationen, Erfahrungen und Gedanken zu sortieren, die ich in den letzten Jahren gesammelt hatte zu der Frage: Wie reagieren erfolgreiche Führungskräfte auf die drastischen Veränderungen der Arbeitswelt? Was macht Leadership 2.0 aus?

Mir selbst hat sich der Horizont enorm erweitert durch das, was ich für dieses Buch recherchiert, gelesen, gehört und gedacht habe. Und so manches Mal habe ich ein »unglaublich« oder »Wahnsinn« an den Rand geschrieben, wenn ich nicht fassen konnte, welches extreme Maß an Schnelllebigkeit, Flexibilisierung und Unsicherheit unsere Arbeitswelt und unsere Gesellschaft bereits bestimmt. Wir hören und lesen die eine oder andere Zahl und Nachricht, speichern sie ab und gehen wieder zur Tagesordnung über. Hier – ich möchte Sie vorwarnen – bekommen Sie in jedem Kapitel eine gehörige Portion aus aufbereiteten Untersuchungen, Studien und neuesten Erkenntnissen sowie teilweise drastische Beispiele aus dem wirklichen Leben, sodass man den Tatsachen nicht ausweichen kann.

Auch die »schöne neue Arbeitswelt« wird nicht ohne Führung auskommen, das steht fest. Nur werden die Rollen, die in der modernen Führungswelt von uns verlangt werden, andere sein. Eine gute Nachricht vorweg: Alle Führungsmodelle, die Klassiker des situativen Führens, die Erkenntnisse zu Teamrollen, Teamentwicklung und -steuerung sowie die Modelle, die uns die Unterschiedlichkeit der Menschen vereinfachend verdeutlichen – alles das bleibt weiterhin aktuell. Es wird uns jedoch noch mehr Varianz im Verhalten als Führungskraft abverlangt werden, damit wir in der Lage sind, mit noch feineren Antennen zu erkennen, was gerade angemessen ist und zur jeweiligen Lebenssituation und Motivationslage der Mitarbeiter passt, die insgesamt auch bunter und vielfältiger werden.

Daher verfolgt das Buch zwei Ziele: Erstens möchte ich uns alle auffordern, innezuhalten und genau hinzuschauen, welche Aspekte unserer Arbeitswelt sich verändert haben und welche neuen Führungsfragen sich daraus jeweils ergeben. Können wir wirklich so weitermachen wie bisher? Meine Antwort steht fest: Nein.

Zweitens möchte ich Ihnen praktische Tipps vorstellen, mit denen Sie in Ihrem Arbeitsalltag, in Ihrer Führungsrolle, in Ihrem Team und letztlich in Ihrem ganz persönlichen Leben arbeiten können, um den Strudel aktiv zu gestalten und nicht in ihm unterzugehen.

Ich freue mich, wenn Sie am Ende des Buches feststellen, dass Sie Ihre Wahrnehmung für die Bedürfnisse der neuen Arbeitswelt schärfen konnten, um damit besser für die aktuellen und zukünftigen Herausforderungen gerüstet zu sein.

In diesem Sinne möchte ich Sie mit Paul Watzlawicks ironischem Ausspruch »Die Lage ist hoffnungslos, aber nicht ernst!« ermuntern, sich der Zeit zu stellen und als gute Führungskraft dazu beizutragen, dass der soziale Frieden in unserem Land nicht in ernsthafte Gefahr gerät.

Maren Lehky

Einleitung: Schöne neue Arbeitswelt?

Rasant und gleichermaßen besorgniserregend entwickelt sich unsere Arbeitswelt: Qualifizierte Stellen können nicht besetzt werden, Burnout wird immer häufiger, Zeitarbeiter kommen und gehen, die Einkommen haben teilweise ein Niveau erreicht, von dem man nicht mehr leben kann, Smartphones und andere technische Errungenschaften suggerieren, wir müssten ständig erreichbar sein, die Lebensarbeitszeit wird länger, die Generation der Digital Natives steigt ins Erwerbsleben ein und Veränderungen werden Dauerzustand. Was bedeutet das alles für Führung?

Ein Blick zurück zeigt, wie grundsätzlich die Veränderungen sind. Noch vor 100 Jahren war der Alltag vieler Menschen in Deutschland von harter körperlicher Arbeit bestimmt, in der Landwirtschaft ebenso wie in der Industrie. Wirtschaftliche Not, wie wir sie heute aus Schwellen- oder Drittweltländern kennen, prägte das Leben am unteren Ende der gesellschaftlichen Skala, insbesondere im Gefolge der Weltwirtschaftskrise Ende der 1920er Jahre. Vor 60 Jahren, vor nicht mehr als zwei Generationen, hatte das Land zwei Weltkriege hinter sich und die Bundesrepublik setzte zu einer beispiellosen Erfolgsgeschichte an, dem sogenannten Wirtschaftswunder. »Wohlstand für alle« lautete das Versprechen des langjährigen Wirtschaftsministers und späteren Kanzlers Ludwig Erhard, und in der Tat ging es für die meisten Menschen scheinbar unaufhaltsam aufwärts. Das erste eigene Auto, der erste Fernseher, die erste Ferienreise mit dem Käfer nach Italien zeugten davon. Der weitgehenden Vollbeschäftigung entsprachen stabile Arbeitsverhältnisse; Arbeitnehmer wurden nach 40 oder gar 50 Jahren Betriebszugehörigkeit in den wohlverdienten Ruhestand verabschiedet. Die Welt war überschaubar, auch wenn ein Teil der jungen Generation sie als eng und repressiv empfand und Ende der 60er Jahre dagegen rebellierte.

Weitere Risse bekam das Bild des Wirtschaftswunderlandes vor knapp 40 Jahren, als im Gefolge der Ölkrise (1973) die Arbeitslosenzahlen erstmals auf über eine Million stiegen. Seitdem ist die monatliche Arbeitslosenstatistik fester Bestandteil der Nachrichten. Für die Generation der »Babyboomer«, Mitte der 50er bis Mitte der 60er Jahre geboren, schien die bruchlose »Kaminkarriere«, die rasch und geradlinig nach oben führt, schon nicht mehr selbstverständlich. Diskutiert wurde über sterbende Industrien und die moderne Dienstleistungsgesellschaft, über die Lehrerschwemme und Vorruhestandsregelungen, um Platz für die Jungen zu machen. Seit etwa 20 Jahren bestimmen moderne Kommunikationstechnologien und weltweite Vernetzung mehr und mehr das Wirtschaftsleben. Die Wirtschaft ist »global« geworden. Was in China oder Indien passiert, beeinflusst unseren Arbeitsmarkt. World Wide Web und E-Mail beschleunigten Prozesse in einem Maße, wie es unsere Väter und Mütter kaum für möglich gehalten hätten.

Und heute? Was die Babyboomer sich mühsam aneignen mussten, ist für die »Generation Y« selbstverständlich. Diese nach 1980 geborenen »Millennials« oder »Digital Natives« sind bereits mit Handy und Internet aufgewachsen. Jederzeit Zugang zu Informationen zu haben, stets online sein zu können, ist für sie selbstverständlich. Anderes dagegen ist längst nicht mehr selbstverständlich: ein rascher Berufseinstieg etwa, ein unbefristeter Arbeitsvertrag, eine planbare Zukunft. Wer heute 30 ist, weiß, dass er »flexibel« und »mobil« sein muss. Auch die Arbeitsmärkte sind global und bieten manchem traumhafte Chancen. Anderen dagegen bieten sie Zeitarbeit, ein Hangeln von Befristung zu Befristung oder gar Ein-Euro-Jobs. Propagiert wird der hoch qualifizierte Lebensunternehmer, der von seinem Arbeitgeber für hohes Engagement im Gegenzug Gestaltungsfreiraum und Sinnerfüllung erwartet. Gleichzeitig sorgen sich Soziologen um den sozialen Frieden, wenn die Schere zwischen Arm und Reich immer weiter auseinandergeht, mit prekären Arbeitsverhältnissen am einen Ende der Skala und Spitzenboni am anderen.

Von diesen Umwälzungen bleibt natürlich auch der Führungsalltag nicht verschont: Führungskräfte werden weitgehend damit alleingelassen, ihre Mannschaft in der neuen Arbeitswelt und unter so stark veränderten Rahmenbedingungen zu motivieren und auf Erfolgskurs zu halten – eine Mannschaft, in der womöglich Leiharbeiter, befristetet Beschäftigte, langjährige Stammmitarbeiter und karrierehungrige Millennials miteinander auskommen müssen. Wie funktioniert »Führung 2.0«? Das ist das Thema dieses Buches.

Wir leben in unruhigen Zeiten

Wie radikal der Wandel auf dem Arbeitsmarkt tatsächlich ist, verdeutlichte der *Spiegel* im März 2010 in einer Titelgeschichte zum Thema »Moderne Zeiten«[1]. Die Zahlen sprechen für sich:

- Bereits jeder elfte Arbeitnehmer hat einen befristeten Vertrag; bei den Neueinstellungen ist es sogar jeder zweite.
- Weniger als zwei Drittel aller Erwerbstätigen haben noch einen sozialversicherten, unbefristeten »Normaljob«.
- 1,8 Millionen Menschen haben mehr als einen Job, weil sie vom ersten allein nicht leben können.
- Jeder siebte Deutsche im erwerbsfähigen Alter war 2007 Empfänger von Sozialleistungen.
- 20 Prozent aller Erwerbstätigen sind im Niedriglohnbereich tätig, das sind schon doppelt so viele wie 1995.
- In jedem siebten bis achten Betrieb mit Leiharbeit sind über 20 Prozent der Belegschaft Zeitarbeiter; bei BMW in Leipzig waren es zeitweise bis zu 40 Prozent, bei Airbus 33 Prozent. Nur die Hälfte dieser Menschen bleibt länger als drei Monate.
- Zeitarbeit ist die Boombranche der Gegenwart: Im Februar 2010 waren 650 000 Menschen als Leiharbeiter beschäftigt. Für 2012 rechnen Marktforscher mit bis zu einer Million Zeitarbeitern, berichtet das *Handelsblatt* im Mai 2010 (»Der Aufschwung der Zeitarbeit«).

Für den Einzelnen bedeutet das: Alte Gewissheiten brechen weg, das Leben wird weniger planbar. Um nur einige Beispiele zu nennen: Galt früher die Formel »gute Ausbildung = sicherer Job«, sind heute auch hoch qualifizierte Arbeitsplätze dem internationalen Wettbewerb unterworfen. Nicht nur Callcenter-Mitarbeiter konkurrieren mit billigen Arbeitskräften in Schwellenländern, sondern im Zeitalter der Digitalisierung beispielsweise auch Setzer oder Gestalter, Informatiker oder Übersetzer. Fast jedes Buch, das Sie in den Händen halten, könnte in Indien gesetzt und in Osteuropa gedruckt sein. Die Schweizer Großbank Credit Suisse erstellte in Anlehnung an Arbeiten des US-amerikanischen Ökonomen Alan Blinder bereits 2007 einen »Offshorability-Index« für Jobs. Der Grundansatz: Vor allem Tätigkeiten, in denen persönlicher Kontakt oder physische Nähe zum Kunden keine Rolle spielen, können ausgelagert werden. Das gilt für hoch wie niedrig qualifizierte Aufgaben gleichmaßen. Der technische Zeichner oder die Diplom-Informatikerin sind naturgemäß eher gefährdet als die Taxifahrerin oder der Krankenpfleger, wenn es um die Verlagerung ihrer Arbeitsplätze in Niedriglohngebiete geht.[2]

Galt früher »Wenn es dem Unternehmen gut geht, geht es auch den Mitarbeitern gut«, gilt heute »Kann die Arbeit anderswo billiger erledigt werden, ist der Arbeitsplatz in Gefahr«. So kann es selbst dann zu Kündigungen kommen, wenn ein Unternehmen tiefschwarze Zahlen schreibt – früher undenkbar. Wir erinnern uns an Dr. Josef Ackermann, der 2005 auf der Aktionärsversammlung der Deutschen Bank einen Gewinn von rund 4 Milliarden Euro verkündete und gleichzeitig einen Stellenabbau von rund 6 400 Mitarbeitern bekanntgab, was nicht so richtig gut ankam. Oder wir erinnern uns an Nokia-Mitarbeiter in Bochum 2008, die verzweifelt und leider erfolglos demonstrierten, weil das dortige Werk geschlossen werden sollte – obwohl es eines der produktivsten in Europa war.

Galt früher »Es geht mit den Jahren aufwärts (und den Kindern wird es einmal besser gehen)«, gilt heute »Es kann durchaus auch abwärtsgehen«. Das Magazin *Stern* rechnete im Januar 2010 vor, dass viele Arbeitnehmer inflationsbereinigt 2008 weniger verdienten als 18 Jahre zuvor.[3] Zu den Verlierern zählen auch Angehörige der Mittelschicht von der Grundschullehrerin bis zum Werbefachmann. Und auch, wer sich bislang nicht einschränken muss, wird häufig von diffusen Abstiegsängsten geplagt. Das Schreckgespenst heißt Hartz IV.

Galt im Wirtschaftswunderland »Wer Vollzeit arbeitet, kann davon leben«, so sind heute viele Jobs so schlecht bezahlt, dass Arbeitnehmer auf Aufstockung durch den Staat oder einen Zweitjob angewiesen sind. »Nur 3,18 Euro Stundenlohn für eine Friseurin in Thüringen, 6,50 Euro für die Verkäuferin bei Schlecker, 4,58 für eine Floristin in Brandenburg«, präzisiert die *Zeit* in dem Artikel »Die Billigkräfte«[4] im März 2010 über das Heer »dazuverdienender« Frauen.

Die Entwicklung auf dem Arbeitsmarkt ist unumkehrbar. »Es wird nie mehr, wie es war, der Trend geht zu einer weitreichenden Flexibilisierung des Arbeitslebens«, sagt Hans-Jörg Bullinger, Präsident der Fraunhofer-Gesellschaft.[5] Und Michel Domsch, Professor für Personalwesen in Hamburg, stellt fest: »Die Sicherheit, dass ein Unternehmen in zehn Jahren noch so existiert wie heute, ist ja verschwindend gering geworden. Deshalb ist es fast unmöglich, auf eine Laufbahn in ein und derselben Firma zu vertrauen.«[6]

All das ist Ihnen vermutlich nicht neu. Neu ist aber, mit welcher Geschwindigkeit sich diese Entwicklung vollzieht und wie stark sie den (Führungs-)Alltag jedes Einzelnen von uns längst mitbestimmt. Wer heute Führungsverantwortung trägt, muss sich einerseits einem harten globalen Wettbewerb und ambitionierten Zielvorgaben stellen, andererseits den Ängsten, der Unsicherheit, der Desillusionierung seiner Mitarbeiter, auch der Entwicklung, dass mancher Dreißigjährige heute ganz anders tickt als ein Mittvierziger. Welche Antworten haben wir als Führungskräfte darauf und was bedeutet das für unsere Chefrolle?

Neue Aufgaben – neue Führungsrollen

Jede Zeit und jede Generation hat ihre eigenen Herausforderungen zu bewältigen und sucht nach eigenen Antworten. So hat sich auch die Führungsrolle in den letzten Jahrzehnten grundlegend gewandelt. Die 50er und 60er Jahre wurden durch Firmenpatriarchen dominiert, die ihr Unternehmen auf Erfolgskurs führten und dabei wenig Widerspruch duldeten. Geführt wurde oft autoritär, zumindest patriarchalisch, in den Firmen herrschte eine klare Hierarchie. Führen hieß im Kern Aufgaben verteilen, Anweisungen geben und Ergebnisse kontrollieren. Führung basierte dabei auf Expertenmacht, der Chef kannte sich eben (besser) aus. Alle Informationen landeten bei ihm und bildeten die Grundlage seiner Entscheidungen. Er gab die Informationen weiter, hatte alle Fäden in der Hand. Selbstverständlich fügte man sich als Mitarbeiter in diese Kette ein. Der Lohn für diese Form der Ordnung: Stabilität, Sicherheit und – bei entsprechender Charakterstärke – die Fürsorge des Chefs für »seine Leute«. Führungskräfte der alten Schule kümmerten sich um die Mitarbeiter und deren Familien, standen bei privaten Schicksalsschlägen mit Rat und Tat zur Seite, genossen gesellschaftlich und in ihrer Firma großen Respekt. Wollte man diese Chefrolle in einer Kurzformel zusammenfassen, könnte man vom »Chef als (Über-)Vater« reden. Bis heute geistert dieses Bild des überlegenen, allwissenden Vorgesetzten, der sich für seine Mitarbeiter verantwortlich fühlt, in vielen Köpfen herum. Offensichtlich wird dies immer dann, wenn eine klare Marschrichtung eingefordert oder über mangelnde Fürsorge geklagt wird.

Spätestens in den 70er Jahren wurde die patriarchalische Führung in Zweifel gezogen. In einer Zeit, die geprägt war durch die 68er-Bewegung, durch Willy Brandts Anspruch, »mehr Demokratie [zu] wagen«, und durch die kritische Auseinandersetzung mit obrigkeitsstaatlichem Denken und dessen Pervertierung im Nationalsozialismus, erschien ein System von Befehl und Gehorsam nicht mehr zeitgemäß. Parallel zum politischen Wandel vollzog sich ein wirtschaftlicher. Zunehmend komplexere Arbeitsaufgaben ließen sich nicht mehr so leicht anweisen, sondern erforderten mehr Eigenverantwortung und selbstständiges Handeln von den Mitarbeitern. Eine immer stärker vernetzte Weltwirtschaft ließ sich kaum mehr durch allwissende Patriarchen im Auge behalten. Firmengründer wie Max Grundig, der die japanische Hi-Fi-Konkurrenz lange Zeit als »reine Legende« abtat, steuerten ihre Unternehmen schließlich in den Abgrund. Den Vorständen der Grundig AG soll der Patriarch einmal kundgetan haben: »Wofür können Sie denn schon Verantwortung tragen? Vielleicht für Ihr Einfamilienhaus, aber nicht für den Konzern. Der gehört doch mir.«[7] Wenig später wurde das Unternehmen vom niederländischen Philips-Konzern gekauft. Grundig steht hier stellvertretend für viele Nachkriegsgründer, die die Zeichen der Zeit nicht erkannten und deren Scheitern den Gedanken nährte, man müsse die Kompetenz gut ausgebildeter Mitarbeiter in Entscheidungsprozesse einbeziehen. Im Rahmen der »kooperativen Führung« sollten Mitarbeiter ihr Know-how einbringen, Chefs sollten nach Konsultation ihrer Mitarbeiter entscheiden und Verantwortung an sie delegieren. Statt anzuweisen und Aufgaben zu verteilen hieß es nun, Ziele zu formulieren und Ergebnisse zu kontrollieren. Mitarbeiter wiederum sollten »motiviert« (engagiert, eigeninitiativ, selbstverantwortlich) an die Arbeit gehen, statt einfach nur Anordnungen zu folgen. Salopp gesagt: Mitarbeiter sollten wollen, was sie sollten. Das machte das Führen um einiges komplizierter. Kein Wunder, dass seit Jahrzehnten immer neue Führungsmethoden und Führungsrezepte einander ablösen. Mal waren mitreißende Motivatoren gefordert, mal nüchterne Pragmatiker, mal verständnisvolle Partner und Förderer. Mal wurde Charisma als Geheimnis erfolgreicher Führung gepriesen, mal waren es konservative Werte. Der Chef als Coach, als Held, als Visionär? Alles im Angebot, orientiert an Vorbildern von Wendelin Wiedeking, der Anfang der 90er

Jahre Porsche vor dem Untergang »gerettet« hatte, bis zu Steve Jobs, mit dem Apple der Konkurrenz immer mindestens einen Schritt voraus zu sein scheint. Statt »der« Chefrolle gab es plötzlich viele Rollenangebote, auch wenn die Vorstellungen über die Umsetzung im Unternehmensalltag dabei bisweilen schwammig blieben.

Und heute? Während in der Praxis viele noch mit dem kooperativen Führungsstil hadern, werden längst neue Führungsqualitäten gepriesen. »Führungskräfte – ändert euch!«, fordert etwa der *Harvard Business Manager* im Juli 2010.[8] Business-Gurus wie Gary Hamel rufen in Büchern das »Ende des Managements« aus und räsonnieren über »Unternehmensführung im 21. Jahrhundert«.[9] Andere propagieren die »12 neuen Gesetze der Führung« und halten klassische Führungsinstrumente des 20. Jahrhunderts – Zielvereinbarungen, Funktionen, Abteilungen, Budgets – für obsolet.[10] Auslöser sind die oben beschriebenen rasanten Veränderungen der Arbeitswelt, die offenbar zu glühenden Manifesten herausfordern. So fragte kürzlich einer meiner Seminarteilnehmer im Top Executive Program der Handelshochschule in Leipzig, erfolgreicher Manager eines Großkonzerns: »Ja, brauchen wir denn überhaupt noch Organisationen? Kann man das Ganze nicht mal ohne denken?« Die Gesichter der anderen Teilnehmer hätten Sie sehen sollen!

Wer mich kennt, weiß: Ich habe es gern konkret und pragmatisch und bin an den Umsetzungsfragen interessiert. Welchen konkreten Herausforderungen müssen Führungskräfte heute bewältigen – und zwar nicht nur Konzernlenker und unkonventionelle Start-up-Unternehmer, sondern Teamchefs, Abteilungsleiter und alle, die einen guten Job machen wollen, auch oder gerade als Chef? Hier die Themen für Sie im Überblick:

Kapitel 1: Wie führt man eine Dreiklassenbelegschaft? In vielen Unternehmen arbeiten schon heute Mitarbeiter mit unbefristeten »Altverträgen« Seite an Seite mit befristet angestellten Kollegen und mit Zeitarbeitern, die erheblich weniger Lohn bekommen. Im Extremfall tun alle die gleiche Arbeit. Unfrieden, Eifersüchteleien und Demotivation können die Folge sein. Wie verhindert man das? Wie motiviert man Mitarbeiter, die nur wenig mehr als Hartz IV verdienen?

Kapitel 2: Wie führt man im digitalen Zeitalter? Dank WLAN, Smartphone, UMTS und anderen technischen Errungenschaften sind wir heute an fast jedem Ort der Welt und zu jeder Zeit erreichbar, können unsere elektronische Post erledigen, Anfragen von Kunden und Vorgesetzten beantworten, Video- und Telefonkonferenzen abhalten und so weiter. Wie managt man die E-Mail-Flut und wie setzt man sinnvoll Grenzen zur Trennung von Beruf und Privatleben? Worauf kommt es beim Führen auf Distanz an, welche Besonderheiten hat es?

Kapitel 3: Wie führt man einen Taubenschlag? Zeitarbeiter, externe Spezialisten, in Projekte abgeordnete Mitarbeiter, international gemischte Teams, Menschen in und nach der Elternzeit und im Sabbatical, Werkstudenten und Praktikanten, Rückkehrerinnen und Rückkehrer, Vollzeit- und Teilzeitmitarbeiter – manche Abteilung gleicht einem Taubenschlag mit ständigem Kommen und Gehen. Wie sichert man dabei noch den Know-how-Transfer und eine erfolgreiche Zusammenarbeit? Wie sorgt man für fruchtbare Teamstrukturen und managt Diversity?

Kapitel 4: Wie führt man so, dass man die Besten gewinnt – und hält? In manchen Regionen und Branchen suchen Arbeitgeber schon heute händeringend nach geeigneten Fachkräften. Angesichts des demografischen Wandels wird sich der »War for Talents«, der Kampf um Nachwuchstalente, weiter verschärfen. Was können Führungskräfte tun, um attraktive Mitarbeiter für das Unternehmen zu gewinnen und an das Unternehmen zu binden? Wie kann man zum guten Ruf des Unternehmens beitragen?

Kapitel 5: Wie führt man Digital Natives? Inzwischen ist die erste Generation herangewachsen, für die das Arbeiten mit den Neuen Medien und Techniken selbstverständlich ist, die mehr Eigenverantwortung, weniger Hierarchiedenken, Zugang zu allen Informationen als normal und üblich voraussetzt und daraus ihre Erwartungen ableitet. Wie trägt man diesen Erwartungen innerhalb des vorhandenen Systems Rechnung? Und wie schafft man es, die Werte der Jungen und Älteren zu verbinden, zwischen denen oft Welten liegen?

Kapitel 6: Wie führt man Gewohnheitsmenschen in einer wirtschaftlichen Achterbahn? Veränderungen wie Umstrukturierungen, Auslagerung von Geschäftsbereichen, Zusammenlegung von Einheiten und deren erneute Trennung, Fusionen, Übernahmen prägen das Wirtschaftsleben. In manchen Unternehmen kehrt kaum noch Ruhe ein, Wandel ist der Normalzustand. Wie nimmt man Mitarbeiter dabei mit, beugt Ängsten und Demotivation vor? Wie managt man die unterschiedlichen Reaktionsweisen von Menschen? Wie geht man mit Widerstand um?

Kapitel 7: Wie führt man durch persönliche Krisen? Leistungsträger werden immer häufiger krank. Burnout, Hörsturz oder Depression treten bei Menschen auf, die bis gestern nie krank waren und sich so etwas nicht vorstellen konnten. Hinzu kommt, dass unsere Lebenswelten insgesamt von Dynamik und Instabilität gekennzeichnet sind: hohe Scheidungsraten, Patchworkfamilien, Zeiten von Arbeitslosigkeit, Brüche im Lebenslauf. Wie stärkt man Mitarbeiter, die Krisen durchmachen? Wie kann man ein »Ausbrennen« verhindern, gerade bei besonders gefährdeten Leistungsträgern?

Kapitel 8: Wie führt man sich selbst? Chefs sind keine Übermenschen. Auch an ihnen gehen Erfolgsdruck, hohe Arbeitsbelastung, das Eindringen moderner Kommunikationstechnologie in eigentlich »private« Zeiträume, stetiger Wandel und die Beschleunigung aller Prozesse nicht spurlos vorbei. Wie bleibt man dennoch selbst in der Balance? Wie managt man seine Zeit, Gesundheit, Ängste und schafft es, Energie aufzubauen, damit man etwas geben kann?

Antworten auf diese Fragen finden Sie auf den folgenden Seiten. Mein Anliegen dabei ist es wie immer in meinen Büchern, Sie mit konkreten Strategien für Ihren Führungsalltag auszurüsten. Jedes Kapitel beginnt mit einer Szene aus dem betrieblichen Alltag, liefert anschließend Zahlen und Hintergrundinformationen, leitet daraus Fragen für Ihren Führungsalltag ab, um mit Handlungsvorschlägen für Sie zu enden.

1 Wie führt man eine Dreiklassenbelegschaft?
Der Chef als Menschenfreund

Autorität wie Vertrauen werden durch
nichts mehr erschüttert als durch das Gefühl,
ungerecht behandelt zu werden.

Theodor Storm

Unternehmenswelten: Bei einem großen Mittelständler im Anlagenbau hat sich die Stammbelegschaft im wirtschaftlichen Auf und Ab des letzten Jahrzehnts auf niedrigem Niveau stabilisiert. Die Konkurrenz auf dem Weltmarkt ist groß, Kostensenkung hat auch in wirtschaftlich guten Zeiten einen hohen Stellenwert. In der Werkshalle führt das dazu, dass ein Facharbeiter, der schon 20 Jahre im Betrieb ist, Seite an Seite mit einem jüngeren Kollegen arbeitet, der vor 1,5 Jahren befristet eingestellt wurde und nicht weiß, ob sein Zweijahresvertrag demnächst verlängert wird. Er bedient die Maschine neben dem »alten Hasen« und steht diesem in der Qualifikation in nichts nach. Die anderen in der Gruppe sind Zeitarbeiter, die selten länger als drei, vier Monate bleiben und für gut die Hälfte des Festangestellten-Lohns arbeiten. Davon können sie zwar kaum leben, aber für das Kantinenessen zahlen sie als »Gäste im Unternehmen« den vollen Preis ohne Zuschuss. In den Pausen dreht sich ihr Gespräch oft um ihre prekäre Situation, darum, wie es weitergehen soll und wann man wohl endlich mal »fest« irgendwo arbeiten könne. Die vertraglich Bessergestellten haben ein schlechtes Gewissen und fühlen sich unbehaglich. Der Vorarbeiter kennt die Situation und findet sie »eigentlich unzumutbar«. Er würde gern einige der Zeitkräfte fest einstellen, insbesondere, weil die so gut und so engagiert sind und man ja kaum noch gute Mitarbeiter findet. Das ist nicht durchsetzbar, und viel weiter oben möchte er lieber keine schlafenden Hunde wecken und sich womöglich Ärger einhandeln.

Die Arbeitswelt am Beginn des 21. Jahrhunderts hat in vielen Produktionshallen und Büros nur noch wenig mit den stabilen Verhältnissen der 60er und 70er Jahre des vorigen Jahrhunderts zu tun. Betriebsrente, Kündigungsschutz und soziale Absicherung scheinen Relikte aus einem anderen Zeitalter zu sein. Immer häufiger arbeiten Menschen unter ganz unterschiedlichen Bedingungen zusammen, verrichten die gleiche Arbeit, haben aber weder gleiche Rechte noch die gleiche Vergütung. »Im Norden von

Wilhelmshaven, wo die Müllautos parken und die Abfallentsorgung der Stadt organisiert wird, kann man die Ungerechtigkeit an der Farbe erkennen«, schreibt beispielsweise die *Zeit* im Mai 2007. »Jeden Morgen zwischen sechs und halb sieben beginnt hier der Dienst für ein paar Dutzend Müllmänner. Einige steigen im grünen Anzug auf, andere tragen Orange. Kenner sehen daran auf den ersten Blick, wie viel der Kollege verdient, wie sehr er sich beim Tonnentragen beeilen muss und wie viel Urlaub er hat. Es gibt hier nämlich Müllmänner erster und zweiter Klasse: Orange tragen die Angestellten der Stadt, Grün ist für die Mitarbeiter eines vor drei Jahren gegründeten Tochterunternehmens reserviert.« Man teilt die Aufgabe, die Duschen, den Sozialraum. Nur verdienen die einen 14 Euro pro Stunde und die anderen 10,50.[11] Nicht nur an der Werkbank und auf dem Müllwagen gibt es solche Unterschiede, sondern beispielsweise auch in der Medienlandschaft. In vielen Zeitungsredaktionen arbeiten noch fest angestellte Redakteure zu den segensreichen Bedingungen eines modernen Sozialstaats. Die Mehrzahl ihrer Artikel aber kaufen sie bei einem Heer freier Journalisten, die von ihrer Arbeit kaum noch leben können. Wie soll das auch gehen, wenn die Artikelzeile mit 50 Cent oder weniger honoriert wird, inklusive Recherche und Vorarbeiten? Und dabei sprechen wir nicht von einem unbedeutenden Provinzblatt, sondern von einer angesehenen Tageszeitung. In den schicken Büros der Werbeagenturen stemmen Hochschulabsolventen im Langzeitpraktikum Projekte, die Personalabteilungen großer Unternehmen vergeben konzeptionelle Aufgaben an Werkstudenten und an Diplomanden. Luxushotels werden von Zimmermädchen gereinigt, die von einer Servicefirma ausgeliehen werden und gerade noch 2,80 Euro pro Zimmer verdienen.[12] Die Löhne stürzen in manchen Bereichen ins Bodenlose. Niedriglohn, Befristung, Leiharbeit kennzeichnen weite Teile des Arbeitslebens. Werfen wir einen Blick auf die Zahlen. Vielleicht bekommt dann auch für Sie die Mindestlohndebatte eine neue Facette.

Der Arbeitsmarkt in Zahlen

Fast jede zweite Neueinstellung ist heute befristet. Im ersten Halbjahr 2009 waren es exakt 47 Prozent, hat das Institut für Arbeitsmarkt- und

Berufsforschung (IAB) der Bundesagentur für Arbeit errechnet – 2001 waren es noch 32 Prozent. Damit ist heute rund jeder zehnte Arbeitnehmer befristet angestellt. Für 2008 ermittelte das Statistische Bundesamt eine Quote von 8,9 Prozent, zu Beginn der gesamtdeutschen Statistik (1991) waren es noch 5,7 Prozent. Das entsprach 2008 2,7 Millionen der insgesamt 30,7 Millionen Arbeitnehmer, deren Zeitverträge in der Regel auf 24 Monate begrenzt waren.[13] Auch Zeiten des Aufschwungs sorgen nicht unbedingt für mehr unbefristete Arbeitsplätze. Nach einer im September 2010 veröffentlichten Studie des Institutes für Wirtschaftsforschung (ifo) planten zwar neun von zehn Firmen in Deutschland Neueinstellungen in den nächsten zehn Monaten; nur 4 Prozent wollten allerdings Befristungen zurückfahren, während rund ein Viertel angaben, Zeitverträge würden zukünftig eine noch größere Rolle spielen.[14] Hintergrund ist die Liberalisierung im Arbeitsrecht in den letzten Jahren. Im ersten Zeitvertrag muss heute kein Grund mehr für die Befristung genannt werden, weitere Befristungen müssen begründet werden. Gründe sind beispielsweise befristete Projekte, Elternzeitvertretungen oder das Einspringen für einen Kollegen im Sabbatical. Auf diese Weise können etliche befristete Verträge aufeinanderfolgen. Befristete Anstellungen sind heute also ein stabiler Bestandteil des Arbeitsmarktes und werden es wohl auf absehbare Zeit bleiben.

Dasselbe gilt für den Einsatz von Zeitarbeit in vielen Unternehmen, also für das »Ausleihen« von Mitarbeitern bei Zeitarbeitsfirmen. Zwischen 2003 und 2008 verdoppelte sich die Zahl der Zeitarbeiter in Deutschland. 2008 waren 800 000 Menschen in dieser Branche beschäftigt; 2010 waren es nur noch 650 000; bis 2012 halten Marktforscher laut *Handelsblatt* einen Anstieg auf eine Million für möglich – und sie werden immer qualifizierter! Von Leiharbeitern kann man sich im Abschwung am einfachsten trennen, um im Aufschwung wieder Einstellungen vorzunehmen. So sank im Krisenjahr 2009 der Umsatz der Branche um 23,8 Prozent, weil insbesondere die Automobilindustrie und Maschinenbauer Zeitarbeiter entließen.[15] Zeitarbeiter erhalten einen deutlich geringeren Lohn als ihre fest angestellten Kollegen, weil das Zeitarbeitsunternehmen als Arbeitgeber einen Teil der Lohnkosten abschöpft. Die *Wirtschaftswoche* spricht sogar vom »Ausbeuter- und Schmuddelimage« der Branche, dem man durch Tarifverträge zwischen dem Interessenverband der Deutschen Zeitarbeitsunternehmen (IGZ) und den Arbeitgeberverbänden begegnen möchte. Darin wurden 2010 Mindestlöhne für Zeitarbeiter von 7,56 Euro im Westen und 6,62 Euro im Osten festgelegt sowie stufenweise Erhöhungen in den Folgejahren.[16] Zwei Drittel der Zeitarbeiter heuern aus der Arbeitslosigkeit heraus beim Zeitarbeitsunternehmen an, 12,5 Prozent direkt nach Studium oder Berufsausbildung, ein gutes Fünftel aus einer Festanstellung heraus *(Handelsblatt)*. Für manchen jungen Ingenieur mag Zeitarbeit eine Chance sein, zu fairem Gehalt interessante Erfahrungen in verschiedenen Ländern und Unternehmen zu sammeln. Für das Gros der Beschäftigten ist sie der Strohhalm, nach dem man greift, weil man keine Alternative hat. Eine Allensbach-Umfrage[17] vom Februar 2011 stellte die Frage: »Finden Sie es gerecht, wenn Zeitarbeiter für dieselbe Arbeit weniger Geld bekommen?« Von 1 000 Teilnehmern über 16 Jahre finden das 5 Prozent gerecht, 8 Prozent sind unentschieden, 87 Prozent finden das ungerecht.

Zum schlechten Image der Zeitarbeit hat neben der hohen Lohndifferenz auch beigetragen, dass etliche Unternehmen eigene Verleihfirmen gegründet haben, um auf diese Weise flexibler agieren zu können und Lohnkosten zu sparen. Beispiele von Arbeitgebern, die fest angestellten Mitarbeitern kündigten, um sie anschließend zu deutlich schlechteren Bedingungen über ein Subunternehmen wieder auszuleihen, gingen durch die Presse, beispielsweise der Fall der Drogeriekette Schlecker. Diesen »Drehtüreffekt« kritisierte nicht nur die Bundesarbeitsministerin von der Leyen, sondern auch Vertreter der großen Zeitarbeitsunternehmen wie Adecco, Manpower oder Randstad, etwa der Präsident des Bundesverbandes Zeitarbeit (BZA) Volker Enkerts: »Ein Zeitarbeitsunternehmen zu gründen, nur um Tarifkonditionen zu umgehen, ist eine Trickserei.«[18] Doch ob Arbeiterwohlfahrt oder große Krankenhäuser, ob Bahn oder Telekom, TUI oder BASF, der hausinterne Arbeitnehmerverleih gilt längst als »das neueste Mittel gegen nach unten starre Tariflöhne und teuren Kündigungsschutz«, so die *Wirtschaftswoche* im November 2009. Eckart Hildebrandt, Arbeitsforscher am Wissenschaftszentrum Berlin WBZ, spricht angesichts von Niedriglöhnen und dauerhaften Ausleihpraktiken von »wilder Ökonomie« und forderte schon 2007 »Sicherungsmaßnahmen für die Menschen«.[19]

Solche Entwicklungen unterstreichen, dass sich die Rolle der Leiharbeit in den letzten Jahren verändert hat. Der Industriesoziologe Hajo Holst unterscheidet in diesem Zusammenhang drei Phasen: Zuerst seien Leiharbeiter ein »Ad-hoc-Ersatz« für ausgefallene Mitarbeiter gewesen. Ich erinnere selbst noch, was für eine positive Erfindung es damals war, wie schlagkräftig sie uns in den Unternehmen machte. Endlich gab es eine Alternative zu den Arbeitsämtern, die damals das Monopol zur kurzfristigen Beschaffung von Mitarbeitern hatten. Dann, so Holst, sei Leiharbeit als »Flexibilitätspuffer« für Schwankungen beim Auftragsvolumen hinzugekommen. Inzwischen aber sei Leiharbeit auch eine Strategie, um Personalkosten zu minimieren und die Stammbelegschaft möglichst klein zu halten. Das ist der Fall, wenn wie im Eingangsbeispiel Leiharbeiter und fest angestellte Kollegen längerfristig dieselben Aufgaben zu unterschiedlichen Bedingungen erfüllen. Holst, der für seine Studie 80 Interviews mit Personalverantwortlichen, Mitarbeitern der Stammbelegschaft, Leiharbeitern und Betriebsräten vorwiegend in der Metall- und Elektroindustrie geführt hat, spricht von »Disziplinierung durch Leiharbeit«, weil auch der Kernbelegschaft auf diese Weise permanent ihre Ersetzbarkeit vor Augen geführt werde.[20] Für andere, wie den nordrhein-westfälischen Arbeitsminister Karl-Josef Laumann, profitieren die Festangestellten von ihren ausgeliehenen Kollegen: »Um die Stammbelegschaft zu schützen, mussten wir Zeit- und Leiharbeit zulassen.«[21] Die Arbeitsplätze der Stammbelegschaft seien sicherer, weil sich Unternehmen in schlechten Zeiten primär von Leiharbeitnehmern trennen würden, und diese hätten ja die Chance, bei anderen Arbeitgebern eingesetzt zu werden. Mit welcher Nonchalance damit ein Zweiklassensystem auf dem Arbeitsmarkt propagiert wird, stimmt schon nachdenklich. Nur langsam scheint hier ein Umdenken einzusetzen, etwa wenn die Arbeitgeber im Tarifvertrag für die Stahlindustrie Ende 2010 erstmals gleichen Lohn auch für Leiharbeiter zugestanden.[22] Letztlich: Die Flexibilität bleibt dem Arbeitgeber und das ist doch schon ein kostbarer Nutzen.

Gewöhnt haben sich offenbar viele längst auch daran, dass im unteren Lohnsektor Menschen zu Stundenlöhnen arbeiten, die für die Bestreitung ihres Lebensunterhaltes kaum ausreichen. Im Jahre 2007 verdienten rund 1,2 Millionen Menschen weniger als 5 Euro pro Stunde und immerhin 5 Millionen Menschen weniger als 8 Euro. Das war etwa ein Sechstel der Beschäftigten. Ein Mindestlohn von 8,50 Euro im Pflegebereich (West, im Osten 7,50 Euro) wurde 2010 als Erfolg gefeiert.[23] Alte Menschen werden also in etwa zu dem Satz betreut, den eine Nachhilfe gebende Elftklässlerin berechnet und nicht einmal versteuert. Zwei Drittel der »Niedriglöhner« sind Frauen. Über 70 Prozent von ihnen besaßen entgegen landläufiger Meinung eine Berufsausbildung, waren Friseurin, Floristin oder Verkäuferin.[24]

Als »Niedriglohn« gilt übrigens ein Lohn, der weniger als zwei Drittel des durchschnittlichen Bruttolohns beträgt. Dieser Niedriglohn betrug in 2006 9,85 Euro. Der Durchschnittslohn betrug in 2006 im Osten 13,51 Euro und im Westen Deutschlands 17,22 Euro. 2008 erhielten einen Niedriglohn: 19,5 Prozent aller Teilzeitbeschäftigten, 36 Prozent aller befristet Beschäftigten, 67,2 Prozent aller Zeitarbeitnehmer, 81,2 Prozent aller geringfügig Beschäftigten, aber nur 11,1 Prozent aller »Normalarbeit-nehmer«, so das Statistische Bundesamt.[25] Wer ein unsicheres Arbeitsver-hältnis hat, verdient also oft noch besonders wenig. Das funktioniert in diesem Ausmaß nur, weil dahinter häufig das Modell »Alleinverdiener plus« steckt: Der Mann hat eine Vollzeitstelle, die Ehefrau einen schlecht bezahlten Teilzeitjob.[26] Ist der Vater auf dem Bau beschäftigt oder Dach-decker, Maler, Gebäudereiniger, Wachmann, wird es zum Monatsende dennoch eng. Hier gelten Mindestlöhne zwischen 10,80 Euro (Bauhaupt-gewerbe; im Osten: 9,25 Euro) und 8 Euro (Wach-/Sicherungsgewerbe, im Osten: 6,53 Euro). Es ist daher keine Überraschung, dass Geringverdiener weitaus pessimistischer in die Zukunft blicken als Besserverdienende, wie die BAT-Stiftung für Zukunftsfragen Anfang 2011 nach einer Repräsen-tativbefragung mitteilte: 25 Prozent von ihnen machen sich große Sorgen, bei den Gutverdienern sind es nur 8 Prozent.[27]

Dennoch zahlen viele Unternehmen nicht einmal den Mindestlohn.[28] Immerhin 300 000 Menschen bezogen 2009 in Deutschland Hartz-IV-Leistungen, obwohl sie Vollzeit berufstätig waren. Das ist zwar nur ein kleiner Teil der insgesamt 1,3 Millionen »Aufstocker«, zu denen auch Teilzeitbeschäftigte, Auszubildende und Selbstständige gehören.[29] Es heißt aber auch: Hunderttausende Menschen erzielen in unserem Land Arbeits-einkommen, von denen sie nicht einmal auf bescheidenem Niveau leben können. Und Abermillionen lesen täglich in den Zeitungen von »Aufsto-ckern«, »Dumpinglöhnen«, »Verstoß gegen Mindestlöhne« und so weiter. Und sie verfolgen auf der anderen Seite die Meldungen zu Millionenab-findungen für Topmanager (selbst für gescheiterte), Meldungen über ver-gebliche Versuche, Spitzengehälter und Boni in Banken zu verhindern, die eben noch mit Steuermitteln stabilisiert wurden. Wie beeinflusst das unser gesellschaftliches Klima? Und welche Auswirkungen hat das auf das Klima in den Unternehmen?

Führungsfragen

Viele der skizzierten Entwicklungen auf dem Arbeitsmarkt mögen wirtschaftlicher Notwendigkeit in Zeiten internationalen Wettbewerbs gehorchen und der im Herbst 2010 leidenschaftlich beschworene Aufschwung wird als Beleg für die Richtigkeit all dieser Maßnahmen herangezogen. Tatsächlich ist schwer abzugrenzen, was notwendig und was längst verantwortungslos ist. Dafür zahlen wir einen Preis, der sich nicht in Euro und Cent beziffern lässt. Aber moralische Werturteile helfen Ihnen als Führungskraft vor Ort nicht weiter. Führungskräfte müssen mit Bedingungen klarkommen, die sie häufig nicht selbst bestimmen. Fragen, die sich in diesem Zusammenhang stellen:

- Wie motivieren Sie Mitarbeiter, die für einen sehr geringen Lohn arbeiten – Menschen, die mit ihrer Arbeit womöglich kaum mehr verdienen als in vergleichbarer Situation an Hartz-IV-Leistungen gezahlt würde?
- Was können Sie tun, um Zeitarbeiter so gut wie möglich zu integrieren und »Kastendenken« zu vermeiden?
- Wie gehen Sie mit befristet eingestellten Mitarbeitern fair und offen um und machen die Unsicherheit erträglicher?
- Wie sorgen Sie für mehr Gerechtigkeit, wenn Sie selbst nicht die Macht haben, die Spielregeln im Unternehmen grundsätzlich zu verändern?
- Wie beugen Sie einem leistungsfeindlichen Klima der Resignation oder der Unkollegialität vor?

Von Gerechtigkeit, Zugehörigkeit und Leistung

Im kraftzehrenden Führungsalltag ist man oft schon froh, wenn »der Laden einigermaßen läuft«. Der Druck, der auf dem mittleren Management lastet, ist enorm, wie mir Klienten im Coaching regelmäßig bestätigen. Und auch wer es weiter nach oben geschafft hat, wird an Zahlen und Ergebnissen gemessen und hat wenig Spielraum für soziale Wohltaten, selbst wenn er wollte.

So sah einer meiner Klienten in seinem Betrieb mittags immer wieder Zeitarbeiter und Arbeiter von Fremdfirmen mit ihren Brotdosen auf den Fluren sitzen. Auf Nachfrage erfuhr er, das Essen in der Kantine sei zum

Gästepreis von 6,50 Euro zu teuer für sie, der Preis für Mitarbeiter gelte für sie leider nicht. Und wenn man anderthalb Stunden für ein Mittagessen arbeiten müsste, das rechne sich nicht. Der Klient, ein angesehener und gut vernetzter Abteilungsleiter mit langer Betriebszugehörigkeit, versuchte alles, vom Personalbereich über die Steuerabteilung: Es war kein Weg zu finden, das Unternehmen von Sonderwegen zu überzeugen.

Auch wenn Sie die Dinge manchmal nicht ändern können, möchte ich Sie ermutigen, zunächst einen Schritt zurückzutreten und sich damit zu beschäftigen, was die eingangs skizzierten Arbeitsbedingungen für die Mitarbeiter bedeuten und welche Auswirkungen sie auf deren Arbeitsleistung und Motivation haben können – den Nutzen erkennen Sie später.

Die Gerechtigkeitsfrage

Nach einer repräsentativen Umfrage der Zeitschrift *GEO* im Sommer 2007 meinen nur noch 18 Prozent der Deutschen, dass die »Einkommens- und Vermögensverhältnisse gerecht verteilt« sind.[30] Vier von fünf Deutschen sind demnach der Meinung, dass es ungerecht zugeht im Lande, darunter auch viele Angehörige der Mittelschicht, die sich vor dem sozialen Absturz fürchten. Der Soziologe Heinz Bude postuliert angesichts prekärer Arbeitsverhältnisse sogar das »Ende vom Traum einer gerechten Gesellschaft«.[31] Was »gerecht« ist, darüber kann man lange streiten. Anhänger verschiedener politischer Parteien sind sich darüber nicht einig; ein Unternehmer definiert »Gerechtigkeit« im Allgemeinen anders als ein Gewerkschafter; selbst Angehörige einer Familie sind verschiedener Auffassung. Das hängt auch damit zusammen, dass verschiedene Gerechtigkeitsbegriffe miteinander konkurrieren, etwa »Verteilungsgerechtigkeit«, »Bedarfsgerechtigkeit«, »Leistungsgerechtigkeit«, von »Geschlechter-« oder »Generationengerechtigkeit« ganz zu schweigen. Jedem das Gleiche, jedem nach seinen Bedürfnissen, jedem nach seiner Leistung: Was ist »gerecht«? Eines ist jedoch klar: Die Tatsache, dass Menschen die gleiche Arbeit im selben Unternehmen zu ganz unterschiedlichen Bedingungen verrichten, lässt sich nicht als »gerecht« verkaufen.

Gerechtigkeit ist für die Mehrheit der Menschen ein hohes Gut. In der schon zitierten GEO-Umfrage gaben 85 Prozent der Befragten an, »oft« oder

»manchmal« über dieses Thema zu diskutieren.»Gerechtigkeit und Fairness spielen eine wichtige Rolle bei der Regelung des menschlichen Zusammenlebens«, schreibt der Psychologe Manfred J. Schmitt, der seit vielen Jahren zum Thema soziale Gerechtigkeit forscht. Er sieht in Ungerechtigkeit, die am Arbeitsplatz erlebt wird, eine Hauptquelle von Konflikten zwischen Kollegen sowie zwischen Führungskräften und Mitarbeitern. Schmitt unterstreicht:»Wie auch immer Ungerechtigkeiten zustande kommen, sie schaden in der Regel dem Wohlergehen der Betroffenen und des Unternehmens. Erlebte Ungerechtigkeiten sind emotional belastend und gedanklich penetrant. Sie stören Aufmerksamkeit, Konzentration und Leistungsfähigkeit, und sie begünstigen einen ›defensiven Egoismus‹: Das betriebliche Gesamtwohl rückt zugunsten der Abwehr persönlicher Nachteile in den Hintergrund.«[32]

Interessant ist die Frage, ob die Ungleichbehandlung ganzer Gruppen sich ebenso dramatisch auswirkt wie individuell erlebte Benachteiligungen. Möglicherweise schmerzt es weniger, zu einer größeren Gruppe zu gehören, die »anders« behandelt wird, als sich nur allein als Opfer von Ungerechtigkeit zu fühlen? Und möglicherweise wird die geringere Motivation ausgeglichen durch den Druck, unter dem Mitarbeiter auf Abruf stehen? Denn wer als Zeitarbeiter oder befristet Eingestellter keine Leistung bringt, muss eben gehen und wird sich daher schon anstrengen. Ein zynisches Kalkül.

Selten gelangt das so deutlich ins Bewusstsein der Öffentlichkeit wie Ende März 2009, als sieben Leiharbeiter von Volkswagen wegen ihrer drohenden Entlassung in einen Hungerstreik traten.[33] Bereits im Oktober 2008 war gemeldet worden, dass der Autobauer sich weltweit von bis zu 25 000 (!) Leiharbeitern trennen wolle. Im Internet kann man Kommentare dazu nachlesen, die mit »Leihsklave« überschrieben sind.[34] Andere Kollegen schreiben von ihren Ängsten, wie es weitergehen soll, davon, dass »Urlaub bei Krankheit« schon »Standard« sei und dass man oft bis wenige Tage vor Vertragsende nicht wisse, wie es weitergehe.[35] Nach »Gewöhnung« klingt das nicht; dass es anderen auch so geht, macht die Sache nicht besser. Es ist wohl eher so, dass die Ungleichbehandlung tiefe Gräben reißt und eine Mehrklassenbelegschaft sich schwer tun wird, dennoch an einem Strang zu ziehen und gemeinsam die Zukunft zu gestalten.

Doch auch Leiharbeit kann man erträglicher und weniger erträglich gestalten. Gerechtigkeitsforscher Manfred Schmitt weist darauf hin, dass bei einer als ungerecht empfundenen Verteilung von Gütern nicht nur materielle Zuwendungen eine Rolle spielen, sondern auch »symbolische Werte (Anerkennungen, Auszeichnungen), sozioemotionale Werte (Zuneigung, Vertrauen), Positionen und daran gebundene Werte wie Status, Prestige, Macht, ferner Befugnisse (Entscheidungen, Weisungen, Kontrolle, Informationszugänglichkeit) und schließlich Privilegien (Arbeitszeitgestaltung, Dienstwagen, Nutzung betrieblicher Einrichtungen für private Zwecke etc.)«.[36] Wie stark Sie als Vorgesetzter ein Zweiklassensystem in Ihrer Abteilung zulassen, können Sie also mit beeinflussen: Sie können Gräben vertiefen oder Unterschiede abmildern. Das beginnt beim Essensbon in der Werkskantine, der entweder dieselbe oder eine andere Farbe hat wie der des fest angestellten Kollegen. Es geht weiter über die Frage, wer zu Fortbildungsrunden eingeladen wird oder welche Farbe die Arbeitshose hat. Und selbst wenn Sie materielle Rahmenbedingungen nicht ändern können, bleiben Ihnen die sozioemotionalen und symbolischen Werte. Dazu später mehr.

Zugehörigkeit und Lebensplanung

»So lange ich nicht weiß, ob ich in einem halben Jahr noch einen Job habe, der mir auch für die kommenden Jahre ein Einkommen sichert, denke ich nicht groß über Familienplanung nach«, sagt eine 32-jährige Werbefachfrau, die befristet in einer Münchener Agentur angestellt ist. So nachvollziehbar es sein mag, dass sich ein Unternehmen in wirtschaftlich schwierigen Zeiten nicht fest binden will – für viele Mitarbeiter bedeutet das ein Leben in Wartestellung. »Immer Höchstleistung, kein Urlaub, keine Kinder«, resümiert die *Süddeutsche Zeitung* und spricht von einer »Generation auf Abruf«.[37] Arbeitspsychologen differenzieren zwar zwischen der Generation der heutigen Berufseinsteiger, die weiß, dass lebenslange Anstellungen nicht mehr die Regel sind, und älteren Arbeitnehmern, die sich damit schwerer tun. Doch auch die Jüngeren fühlen sich zunehmend gestresst und berichten, dass sie beim x-ten befristeten Job die Motivation verlieren und sich zur Arbeit schleppen müssen. Psychologen sind nicht überrascht: »Als Druckmittel zur Motivation funktionieren befristete Verträge nicht, zu Höchstleistung spornen sie nicht an. Die ständige Unsicherheit und der Druck gehen zu sehr auf die Gesundheit«, sagt Thomas Rigotti, Mitarbeiter am Lehrstuhl für Arbeits- und Organisationspsychologie der Universität Leipzig. Sein Kollege Dieter Frey, Professor für Arbeitspsychologie an der Ludwig-Maximilians-Universität München, stimmt zu: »Menschen, die Routine und Berechenbarkeit brauchen, sehen sich mit großen Ängsten und Kontrollverlusten konfrontiert, die mit Arbeitslosigkeit korrespondieren. Die Folgen sind psychosomatische Störungen, Schlaf- und Essstörungen, bis hin zur Depression.«[38] Menschen gehen unterschiedlich mit Unsicherheit um, doch der Anteil derjenigen, die unter einem befristeten Vertrag leiden, ist beträchtlich. Nach Angaben der Bertelsmann Stiftung fühlen sich 52 Prozent der Beschäftigten mit einem zeitlich begrenzten Vertrag psychisch unter Druck gesetzt.[39]

Wandel und Veränderung werden von vielen Menschen als Bedrohung erlebt, wie jeder im eigenen Team und vielleicht auch an sich selbst beobachtet hat, der schon einmal ein Change-Projekt geleitet hat. Dabei sind wir Opfer unserer urzeitlichen Reflexe, die uns jede Umweltveränderung zunächst auf potenzielle Bedrohung prüfen lassen – ein Mechanismus, der in der Savanne oder im Dschungel überlebenswichtig war, in der schnelllebigen modernen Zivilisation aber zur Quelle zahlloser Sorgen werden kann. In einen befristeten Vertrag ist der Wandel quasi eingebaut. Hinzu kommt, dass der Antritt eines neuen Arbeitsplatzes zu den starken Stressoren im Leben gehört. Die US-Psychiater Holmes und Rahe entwickelten in den 60er Jahren eine Stressskala für 43 »kritische Lebensereignisse«. Der Tod des Ehepartners rangiert mit 100 Stresspunkten an der Spitze, eine berufliche Veränderung bringt es auf 65 Punkte, die Teilnahme an einem Sportwettkampf noch auf 20.

Auch wenn diese Skala individuelle Unterschiede nicht berücksichtigt, spiegelt sie doch deutlich die Belastung, die es für die meisten Menschen bedeutet, wenn sie eine neue Stelle antreten, und den erhöhten Stresspegel der ersten Wochen und Monate, bis man sich einigermaßen auskennt. Erst wenn man seinen Platz im neuen Team gefunden hat und dort akzeptiert wird, lässt die Anspannung nach. Dabei spielt auch eine Rolle, dass es für Menschen als soziale Wesen sehr wichtig ist, in einer Gruppe anerkannt zu werden und dazuzugehören. »Jeder Mensch kennt das Gefühl, sich in einer Gruppe nicht akzeptiert und zugehörig zu fühlen. Und er weiß aus eigener Erfahrung, dass er in solchen Situationen nur ein Schatten seiner selbst ist«, schreibt Winfried Berner in einem lesenswerten Artikel und schlussfolgert: »Offenbar ist es nicht nur für unsere Befindlichkeit wichtig, ob wir uns akzeptiert und zugehörig fühlen, sondern auch für unsere Leistungsfähigkeit.«[40] Wer befristet eingestellt ist und über sein weiteres

Schicksal nachgrübelt, wird sich ebenso wenig zugehörig fühlen wie ein Leiharbeiter auf Abruf oder die Billigkraft des Reinigungsunternehmens, die im Eiltempo Hotelzimmer putzt. Das kann dazu führen, dass die nüchterne Kostenrechnung der Chefs sich als Milchmädchenrechnung erweist. Auch zeitweisen Mitarbeitern im Unternehmen mit Wertschätzung und Respekt zu begegnen ist daher im ureigensten Interesse eines Vorgesetzten. Nur so können Sie als Führungskraft auf deren Einsatz, Leistungswillen und vor allem auf deren Loyalität bauen.

Manch ein kostengünstiges Outsourcing-Projekt erscheint vor diesem Hintergrund in fragwürdigem Licht. Ich erinnere mich an den Fall eines großen Mittelständlers, der die interne Pförtnerei auslagerte: Die Pförtnerloge »beherbergte« langjährige Mitarbeiter, die oft aus gesundheitlichen Gründen ihre ursprünglichen Jobs nicht mehr ausüben konnten. Jetzt gehören sie zu einem namhaften und großen Sicherheitsunternehmen und arbeiten für 5 Euro die Stunde. Alles andere blieb beim Alten: Die Kollegen sind dieselben, die Wege, die Ausstattung des Arbeitsplatzes. Nur der Lohn ist auf weniger als die Hälfte geschmolzen, und die Uniform zeigt mit neuem Firmenlogo deutlich, dass sie nicht mehr dazugehören. Die Wochenarbeitszeit wurde gesteigert auf 60 Stunden an sechs Tagen, sodass sie immerhin auf 1 200 Euro brutto kommen. Zeitgleich tauschte der erweiterte Führungskreis seine Dienstwagen aus und rollte mit teuren neuen Limousinen durch das Tor – anstatt die Verträge der Wagenflotte um 25 000 Kilometer zu verlängern und somit Outsourcing und Neuanschaffung nicht parallel durchzuführen. Ich frage mich bei Beispielen wie diesem: Weiß die Geschäftsführung, was das Outsourcingprojekt, mit dem sich der Leiter Facility Management profilierte, für Opfer gefordert hat? Ist es das, was alle wollen? Um welchen Preis spart man? Welche »psychologischen« Kosten hat man in Kauf genommen? »Manager unterschätzen brutal, wie mieses Betriebsklima von Mitarbeitern auf die Kunden und das Geschäft durchschlägt«, warnte das *Handelsblatt* im September 2008 unter der Überschrift »Wie sich Firmen selbst demontieren«.

Leistung und psychologischer Vertrag

Erwarte Engagement und Leistung, biete sicheren Arbeitsplatz und Gerechtigkeit – auf diese Kurzformel lässt sich der klassische »psychologische Vertrag« bringen, den Unternehmen mit ihren Mitarbeitern eingingen. Anders als der eigentliche Arbeitsvertrag ist dieser Vertrag nicht schriftlich fixiert. Der modernen Arbeitswelt mit ihren Anforderungen an Flexibilität und Mobilität entspricht er immer weniger. Das heißt aber nicht, dass er auch aus den Köpfen der Mitarbeiter verschwunden ist. Wie sichern wir uns heute das Commitment der Mitarbeiter? Was bieten wir im Gegenzug für ihre Leistung, wenn wir nur noch sagen können: »Hier ist eine spannende Aufgabe. Aber nur für zwei Jahre.« Oder: »Steigen Sie bei uns ein. Wir sind ein dynamisches Unternehmen. Aktuell sind die Perspektiven gut. Was übermorgen sein wird, wissen wir leider nicht.« Das wäre immerhin ehrlich und besser als leere Versprechungen.

Gerne wird in diesem Zusammenhang von einem »neuen« psychologischen Vertrag gesprochen, der das Engagement des Mitarbeiters mit Entwicklungsperspektiven, Erweiterung der Fähigkeiten und somit einer Erhaltung der »Arbeitsmarktfähigkeit« honoriere.[41] »Employability« ist essenziell für den Arbeitgeber, der fördert und unterstützt, aber auch für den Arbeitnehmer: Seine Bereitschaft zu lebenslangem Lernen wird vorausgesetzt. Und wer aktiv an seiner eigenen Beschäftigungsfähigkeit arbeitet, sorgt automatisch für mehr Beschäftigungssicherheit, wenngleich vielleicht nicht beim selben Arbeitgeber. Vielleicht gehen Sie im Geiste einmal die Mitarbeiter Ihrer Abteilung durch: Wie viele von ihnen arbeiten aktiv an ihrer »Employability«? Wie viele von ihnen würden die Möglichkeit zum Ausbau fachlicher und persönlicher Kompetenzen als befriedigenden Ersatz für einen sicheren Arbeitsplatz akzeptieren? Manchmal beschleicht mich der Verdacht, dass die schönen Konzepte des einen oder anderen Personalexperten an der Lebenswirklichkeit vieler Menschen vorbeigehen und allenfalls für die überschaubare Gruppe der ehrgeizigen, qualifizierten Fachleute passen, die die Arbeitgeber in den meisten Fällen ohnehin zu halten suchen (siehe Kapitel 4). Was ist mit den anderen, die weniger flexibel, weniger ehrgeizig, weniger gut ausgebildet sind und weniger stark auf ihre eigenen Fähigkeiten vertrauen? Natürlich hat der Arbeitsmarkt sich enorm verändert. Aber reicht es auch, einfach den passenden idealen Arbeitnehmer zu fordern – den autonomen Lebensunternehmer, der seine Arbeitsfähigkeit als Kapital erkannt hat und zielbewusst ausbaut? Meine Lebens- und Managementerfahrung sagen mir: Viele Menschen sind nicht so, und auch für die brauchen wir Antworten.

Wenn der klassische psychologische Vertrag nicht mehr gilt, sehe ich uns Führungskräfte also verstärkt in der Pflicht, Lern- und Entwicklungsangebote zu machen und das Bewusstsein zu stärken, dass der Einzelne etwas tun kann und muss, wenn er nicht hilfloses Blättchen im Wind des wirtschaftlichen Auf und Abs sein will. Also sollten wir beispielsweise im Mitarbeitergespräch fragen: Wo sehen Sie Ihre besonderen Stärken? Wie bleiben Sie fit für den Arbeitsmarkt? Und wie kann ich Sie dabei konkret unterstützen? Und wir sollten gerade jene von diesen Anregungen nicht ausnehmen, die wir selbst wahrscheinlich nicht dauerhaft behalten können. Volkswirtschaftlich lohnt sich dieses Investment dennoch, denn wenn jeder Arbeitgeber Menschen für den Markt und nicht nur für das eigene Unternehmen qualifizierte, dann hätten wir alle etwas davon! Fürsorge für Mitarbeiter bedeutet heute tatsächlich nicht mehr, die Garantie für einen sicheren Arbeitsplatz zu übernehmen. Aber dann müssen wir unsere Führungsrolle neu definieren im Sinne einer gezielten Hilfe zur Selbsthilfe, einer Fürsorge des Stärkens.

Was Sie tun können: für mehr Menschlichkeit sorgen

Möglicherweise sträuben sich Ihnen bei dieser Überschrift die Nackenhaare. Schließlich sind Sie eingestellt worden, um Ergebnisse zu erzielen und nicht, um das Betriebsklima zu pflegen. Und dennoch meine ich es genau so, denn das eine hängt mit dem anderen zusammen. Das Klima in unseren Betrieben ist ein Wirtschaftsfaktor, auch wenn es sich nicht in Zahlen fassen lässt. Viele von Ihnen kennen inzwischen den »Gallup Engagement Index«, der alljährlich mit schöner Regelmäßigkeit ein erschreckend niedriges Motivationslevel in unseren Betrieben belegt. Die Zahlen für 2010:[42]

- 21 Prozent der Arbeitnehmer haben innerlich gekündigt (»keine emotionale Bindung« an das Unternehmen);
- 66 Prozent machen Dienst nach Vorschrift (»geringe emotionale Bindung« an das Unternehmen);
- lediglich 13 Prozent sind stark engagiert und leistungsorientiert (»hohe emotionale Bindung« an das Unternehmen).

Grundlage des Engagement Index sind jährliche repräsentative Umfragen, die die Zustimmung der Mitarbeiter zu insgesamt 12 Statements über ihren Arbeitsplatz erheben. Dabei erweist sich das Verhalten des Chefs als entscheidender Bindungsfaktor. »Ich habe in den letzten sieben Tagen für gute Arbeit Anerkennung und Lob bekommen« bejahen 63 Prozent der hoch Engagierten, aber nur 6 Prozent der Mitarbeiter ohne emotionale Bindung. Persönlich gefördert sehen sich 67 Prozent der hoch Engagierten und 2 Prozent der nicht Engagierten. Dass sich die Führungskraft für sie als Mensch interessiert, meinen 90 Prozent der Spitzengruppe, aber nur 2 Prozent am unteren Ende der Skala. Anders formuliert: Ein guter Chef ist auch ein Menschenfreund, dem die Bedürfnisse seiner Mitarbeiter nicht gleichgültig sind. Fehlt dieses menschliche Interesse für die eigenen Leute, kann es teuer werden: Gallup schätzt die jährlichen Kosten der Resignation am Arbeitsplatz auf 92 bis 121 Milliarden Euro allein in Deutschland, so das Institut in einer Pressemitteilung.[43] Dahinter verbergen sich höhere Fehlzeiten und geringerer Output. Interessant wäre, den Engagement Index einmal nach der Beschäftigungssituation (unbefristet/befristet/Zeitarbeiter sowie Durchschnittslohn/Niedriglohn) zu differenzieren. Möglicherweise bekämen wir dann eine Ahnung davon, welche indirekten Kosten die Flexibilisierung des Arbeitsmarktes verursacht.

Je härter die Zeiten, desto stärker sind Sie als Vorgesetzter als menschlicher »Anker« im Arbeitsalltag gefragt. Verweigern Sie diese Rolle, so müssen Sie womöglich permanent Krisen managen, weil Gleichgültigkeit und Demotivation um sich greifen oder Ängste und Sorgen Ihre Mitarbeiter an produktiver Arbeit hindern. Welche Signale können Sie ganz konkret im Alltag setzen?

Präsent sein

Seien Sie ansprechbar, auch und gerade für nicht permanente Mitarbeiterinnen und Mitarbeiter. Die Versuchung mag groß sein, sich hier menschlich nicht so stark zu engagieren, weil die Leute ja doch bald wieder weg sind. Geben Sie dieser Versuchung nicht nach. Merken Sie sich Namen, interessieren Sie sich für die Menschen. Wenn Sie ein schwaches Namensgedächtnis haben, bauen Sie sich Eselsbrücken oder machen Sie es wie der Direktor eines großen Hotels, der am Tag vor Beginn des neuen Ausbildungsjahres die Namen der neuen Azubis mithilfe von Fotos auswendig lernt und vom ersten Tag an alle 15 oder 20 mit Namen kennt. Informieren Sie nicht permanente Mitarbeiter, wie und wann Sie ansprechbar sind, ob per Mail oder Telefon, ob täglich zu festen Zeiten (beispielsweise gleich nach der Mittagspause) oder immer dann, wenn Ihre Tür offen steht. Seien Sie informiert über deren Arbeitsbedingungen, auch wenn die Vereinbarungen mit der Zeitarbeitsfirma oder der befristete Vertrag nicht über Ihren Schreibtisch gingen. Wer nicht Bescheid weiß, signalisiert Desinteresse. Nur wenn Sie informiert sind, können Sie bei Fragen oder Problemen reagieren. Nur so können Sie sich einschalten, wenn Sie merken, dass vereinbarte Bedingungen der Arbeitnehmerüberlassung nicht eingehalten werden. Bei befristeten Mitarbeitern oder Zeitarbeitnehmern lohnt es sich auch, ein Abschiedsgespräch zu führen, in Ruhe bei einem Glas Wasser auf die Zeit zu schauen, die der Arbeitnehmer im Unternehmen verbracht hat, ihn zu fragen, was ihm gefallen hat, was er vermisst hat. So verabschiedet, kommt man gern wieder und wird anderen berührt davon erzählen, dass er letztlich sogar noch ein »Dankeschön« bekommen hat zum Abschied. Es kostet Sie 20 Minuten.

Positive Signale setzen

Begrüßen Sie die neuen Mitarbeiter offiziell im Unternehmen, danken Sie ihnen schon vorab für die Unterstützung. Kann Ihre Abteilung nur dank der Unterstützung von Zeitarbeitern saisonale Spitzenbelastungen bewältigen, sollten Sie deren Bedeutung für das Funktionieren des Ganzen öffentlich hervorheben. Wenn sich Menschen wie »Leihsklaven« fühlen (siehe oben), wurden sie vermutlich auch so behandelt: als Mitarbeiter zweiter Klasse, als gesichtsloses Heer von Zuarbeitern. Hat sich Ihr Unternehmen entschlossen, Leistungen kostengünstig an externe Anbieter auszulagern, sollte allen bewusst sein, dass Niedriglöhne der Preis dafür sind. Häufig kann die Führungskraft vor Ort diese Entscheidungen nicht beeinflussen. Sie können aber durch Freundlichkeit Zeichen setzen und Ihren sozialen Handlungsspielraum ausloten, von der Teilnahme am Kantinenessen bis zum Jobticket für den öffentlichen Nahverkehr, vom Werksverkauf bis zur Einladung zur Betriebsfeier, von der Möglichkeit, an Seminaren teilzunehmen, bis zur Grippeimpfung durch den Werksarzt. Interne Verrechnungs- und Steuerfragen lassen sich lösen, wenn man es wirklich will. Unterschätzen Sie auch kleine Zeichen nicht, für die es oft nur ein wenig

Überlegung braucht und gelegentlich ein entschlossenes Auftreten gegenüber der nächsten Ebene. Hierher gehört auch, Negativsignale zu vermeiden, die häufig aus purer Gedankenlosigkeit geschehen – etwa, wenn allen Mitarbeitern zu Jahresbeginn brieflich durch die Geschäftsleitung gedankt wird und nur die Leiharbeiter leer ausgehen, weil für die ja das Zeitarbeitsunternehmen zuständig ist. Oder wenn eine Geburtstagsgratulation mit Blumenstrauß in der Abteilung üblich ist, aber niemand daran gedacht hat, auch die Geburtstage der beiden befristet engagierten Aushilfen mit auf die Liste zu setzen. Oder wenn ausgerechnet in Zeiten der Sparappelle und des Outsourcens die Dienstwagenflotte erneuert wird – und es dann noch heißt, das eine habe doch mit dem anderen nichts zu tun.

Berechenbar sein

Handhaben Sie Entscheidungen so transparent wie möglich und lassen Sie die Mitarbeiter nicht unnötig lange im Ungewissen. Das betrifft beispielsweise Entfristungen oder Folgeverträge oder auch die Dauer eines Zeitarbeitseinsatzes. Wenn Sie durch rechtzeitige Überlegung und Abstimmung nach oben für mehr Planungssicherheit bei den Mitarbeitern sorgen können, tun Sie das auch. Zögern Sie Entscheidungen nicht bis zum letzten Moment hinaus und benutzen Sie Unsicherheit auf keinen Fall als Druckmittel. Das funktioniert ohnehin nur auf kurze Sicht und provoziert je nach Temperament Zorn oder Apathie auf der anderen Seite. Wenn Sie selbst gute Leute nicht behalten können, überlegen Sie, wie Sie sie unterstützen können: Stellen Sie sich als telefonische Referenz für andere Arbeitgeber zur Verfügung. Gehen Sie Ihr berufliches Netzwerk durch, ob Sie den Mitarbeiter an jemanden empfehlen können. Rufen Sie die Zeitarbeitsfirma an und loben Sie den Mitarbeiter, setzten Sie sich dafür ein, dass er ein höheres Gehalt bekommt, das hat schon in vielen Fällen geklappt. Zeitarbeitsfirmen sind dankbar für diese Hinweise, denn auch diese Branche muss versuchen, die Besten zu halten. Machen Sie hingegen niemandem leichtfertig Hoffnungen und sagen Sie auch, wenn Sie jemanden nicht behalten werden, weil seine Kompetenzen oder seine Leistungen nicht ausreichen. Die Zeiten sind unsicher und schnelllebig genug. Seien Sie als Person so klar und berechenbar wie möglich. Ihre Aufrichtigkeit wird Ihnen hoch angerechnet werden.

Menschen ermutigen

Eine Führungsaufgabe ist eine Herausforderung, zweifellos. Hoher Arbeitsdruck, widerstreitende Ansprüche von Geschäftsleitung und Mitarbeitern, interner wie externer Wettbewerb, das Gefühl kaum jemals »alles« schaffen zu können, sind für viele Chefs stetige Begleiter. Doch bei all dem Druck sind wir als Vorgesetzte in einer privilegierten Position: Wir gestalten selbst, bestimmen die Regeln mit und müssen nicht tagtäglich ums finanzielle Überleben kämpfen, darum, dass genug Geld für Miete, Lebensmittel, Schulhefte oder Klassenausflug da ist. Vielen Mitarbeitern geht es da anders. Wer von uns kann sich wirklich noch vorstellen, was es heißt, von 1 200 oder 1 500 Euro brutto eine Familie zu ernähren? Jeden Morgen früh aufzustehen und eine anstrengende oder eintönige Arbeit zu tun, während der Nachbar liegen bleiben kann und dank Sozialleistungen kaum weniger Geld zur Verfügung hat? Gerade die Geringverdiener haben unseren Respekt verdient, Ermutigung, ideelle – und wenn eben möglich auch finanzielle – Honorierung ihrer Leistung. Geld mag in anderen Gehaltsklassen ein schlechter Motivator sein: Im unteren Lohnbereich ist es einer. Schauen Sie also, was Sie möglich machen können, wenn jemand sich anstrengt. Auch Zeitarbeitnehmern können Sie eine Einmalprämie zukommen lassen, indem Sie das beim Zeitarbeitsunternehmen anweisen und dafür sorgen, dass der Betrag direkt und zu 100 Prozent dem Mitarbeiter zufließt, ohne dass noch vom »Verleiher« etwas einbehalten wird. Loben und ermutigen Sie. Zeigen Sie, dass Sie zu schätzen wissen, was jemand tagtäglich für das Unternehmen tut. Loten Sie aus, ob Sie jemanden (be-)fördern können, der erkennbar mehr kann. Seien Sie sich bewusst, dass das Verhalten des Chefs oft prägend für die ganze Abteilung ist. Schreiten Sie ein, wenn Sie bemerken, dass eine ungute Hackordnung entsteht, in der Mitarbeiter mit den unsichersten oder schlechtesten Arbeitsverträgen von Kollegen auch noch geringschätzig behandelt oder sogar schikaniert werden.

Bei einem meiner Kunden war das Verhalten der gewerblichen Mitarbeiter gegenüber Zeitarbeitern so kritisch, dass Betriebsrat und Produktionsmeister sich gemeinsam entschlossen, ein Gedicht von Fritz Kukuk aufzuhängen, das so beginnt: »Seid nett zueinander, wo immer es geht, man erntet doch nur das, was man sät.« Dieser Aushang wurde mit vielen Gesprächen unterstützt und so hat sich durch ein klares Bekenntnis aller Verantwortlichen, einen anderen Stil zu wollen, etwas verändert.

Fürsorglich sein

Ich weiß, das klingt wie aus einer anderen Zeit, altmodisch. Die Zeiten haben sich zweifellos geändert, die Menschen nicht. Wir alle haben ein Bedürfnis nach Aufmerksamkeit und Wertschätzung. Das geht von kleinen Gesten wie Gruß und Blickkontakt über die Nachfrage, wenn jemand unglücklich oder krank wirkt, bis zu konkreten Hilfs- oder Förderangeboten. Bieten Sie Weiterbildungsmöglichkeiten an, wenn das in Ihrer Macht steht. Stehen Sie Ihren Mitarbeitern mit Rat und Tat zur Seite. Das kann ein Hinweis auf Kinderbetreuungsmöglichkeiten oder Wohngeld sein. Das kann ein Gespräch über fehlende fachliche Kompetenzen sein und über die Möglichkeit, diese in Eigenregie zu erwerben. Das kann ein ernstes Wort für jemanden sein, der durch sein Verhalten gerade seine Weiterbeschäftigung aufs Spiel setzt. Das kann ein kurzes Bewerbungscoaching für einen befristeten Mitarbeiter sein, der demnächst wieder auf Stellensuche gehen muss. Im Kern bedeutet Fürsorge nichts anderes als: sich kümmern. In der Managementlehre unterscheidet man gern zwischen Aufgabenorientierung und Menschenorientierung in der Führung. Ich bin mir sicher: Wenn wir es in Zukunft als Führungskräfte nicht schaffen, einen Draht zu unseren Mitarbeitern aufzubauen, wird es uns immer weniger gelingen, gute Ergebnisse zu erzielen. Wir müssen die Menschen mitnehmen, auch und gerade unter schwierigen Bedingungen.

Fazit: Empathische Führungspersönlichkeiten gefragt

Leider können wir als Führungskräfte allein die Welt nicht verändern und dafür sorgen, dass alle unsere Mitarbeiter mit ihrem Einkommen in Würde leben oder eine Familie ernähren können. Die Lohnpolitik findet woanders statt. Und wir können auch nicht im Alleingang den massiven Einsatz von Zeitarbeit, Kostenoptimierung auf Kosten Einzelner und überzogene Flexibilitätserwartungen aus der Welt schaffen. Hier ist das Topmanagement gefragt und auch gefordert, sich an seine Werte und Leitsätze zu erinnern. Und die Politik ist gefragt, Rahmenbedingungen zu schaffen, in denen Unternehmen und Arbeitnehmer zurechtkommen, und so zum sozialen Frieden in unserem Land beizutragen. Führungskräften, die angestellte Manager sind und nicht in der Unternehmerfunktion führen, bleibt – immerhin – eines: unter den gegebenen Umständen eine Atmosphäre zu schaffen, in der Mitarbeiter sich trotz der schwierigen Rahmenbedingungen anerkannt und respektiert fühlen. Engagieren Sie sich, versuchen Sie, Gräben zu überbrücken, statt sie zu vertiefen. Lippenbekenntnisse, dass Sie selbst bestimmte Bedingungen auch für »unzumutbar« halten, nützen den Menschen nichts und verletzen das Loyalitätsgebot gegenüber der Geschäftsleitung. Handeln Sie lieber! Nur dann werden Mitarbeiter sich mit dem Unternehmen und ihrem Bereich identifizieren und bereit sein, etwas zu leisten. Und auch wenn die Diskussionen um ungerechte Löhne in den Unternehmen immer lauter werden und das Thema Gehalt in den unteren Einkommensgruppen wieder eine Rolle beim Wechsel des Unternehmens spielt: Es gilt immer noch, dass Mitarbeiter letztlich ihre Chefs verlassen und nicht Unternehmen.

2 Wie führt man im digitalen Zeitalter?
Der Chef als Dirigent

> Die neuen Technologien sollten uns befreien.
> Aber es hat nicht funktioniert. Sie machen uns zu Sklaven.
>
> *Mark Hurst, Computerwissenschaftler*
> *und Businessvordenker*

Unternehmenswelten: *Ein Mann in den besten Jahren sitzt auf einem Bootssteg am See, auf den Knien ein Laptop, das Handy am Ohr. Die Sonne scheint, der See funkelt, die Welt ist strahlend grün und blau. »Wo bleiben die aktuellen Zahlen für die Präsentation?«, will der Mann wissen, ganz offensichtlich ein Chef im Gespräch mit dem Mitarbeiter. Der versichert, die Daten seien schon unterwegs. »Auch noch im Büro?«, fragt der Chef. – »Ja, ja«, heißt es am anderen Ende. Der Senior blickt auf und stutzt: Gerade rudert der junge Mitarbeiter an ihm vorbei, ebenfalls das Laptop auf den Knien und das Handy am Ohr. Beide lachen.*

Mal abgesehen davon, dass sich hier Chef und Mitarbeiter belügen ... So will uns die Werbung die schöne neue Kommunikationswelt schmackhaft machen: Wir können jederzeit und überall arbeiten, Sonne und See genießen und dabei noch Präsentationen erstellen, Daten verschicken, telefonieren. Erst vor wenigen Jahren hat uns Wireless LAN einen weiteren Schritt in Richtung Mobilität eröffnet. Heute ist es dank neuer Technologien schon fast selbstverständlich, nicht nur von fast überall zu telefonieren und sich abzustimmen, sondern sich Unterlagen zuzusenden, gemeinsam auf Dateien und große Skizzen zu schauen und daran zu arbeiten, Zugriff auf seine Mails und Dateien in der Cloud zu haben.

Die Schattenseite der digitalen Erreichbarkeit: Die Arbeit dringt wie ein Krake in unser Privatleben vor, sie erobert immer mehr von unserer Zeit. Muss, wer ständig erreichbar ist, nicht auch immer verfügbar sein? Manche Unternehmen erwarten, dass ihre Angestellten auch sonntags, abends und im Urlaub per Diensthandy erreichbar sind. Und manche Angestellte können auch im Urlaub unter Palmen gar nicht mehr anders, als immer mal wieder »Mails zu checken« oder die Mailbox abzuhören, obwohl das niemand von ihnen erwartet. »Meine Arbeit hat keinen Anfang – und kein Ende«, erzählt eine junge Informatikerin dem *Magazin Neon*. Das habe Vorteile: Sei die Tochter krank, könne sie von zu Hause aus arbeiten. Und wenn es terminlich eng werde, arbeite sie auch schon mal eine Nacht durch.[44] Sich nach einem vollen Arbeitstag von zu Hause aus noch mal einzuloggen und ein paar Stunden dranzuhängen, ist für viele Mitarbeiter ganz normal. Betriebsräte beobachten vermehrt, dass Mitarbeiter nach Dienstschluss ganz selbstverständlich unbezahlt weiterarbeiten. Auch wenn das dem Unternehmen auf den ersten Blick Vorteile bringt, kann es teuer und juristisch unangenehm werden, wenn bei Unfällen oder gar Todesfällen Verstöße gegen das Arbeitszeitgesetz nachgewiesen werden.

Das Arbeitsverhalten im Blackberry-Zeitalter treibt auch sonst seltsame Blüten. Ein Businessflug von Hamburg nach Köln dauert 45 Minuten. Kaum hat der Flieger die Parkposition erreicht, werden hektisch die Blackberrys und iPhones gezückt. Auf dem Weg zum Taxistand stürmen rechts und links Anzugträger mit wehenden Krawatten an einem vorbei, in der Rechten den Aktenkoffer, in der Linken das Handy. Standardfrage: »Gab's was?« 45 Minuten Unerreichbarkeit – was kann da Weltbewegendes passiert sein!? Kein Wunder, dass neue Flugzeuggenerationen auch in der Luft einen Internetzugang und Handytelefonate ermöglichen sollen, wovor mir jetzt schon graut. Psychologen sprechen schon von der »Disconnect Anxiety«, von der Panik, vom Netz abgeschnitten zu sein. Aber kann jemand, der ständig auf Sendung ist, überhaupt noch strategische Aufgaben erledigen, planen, nachdenken und Ideen entwickeln?

Szenenwechsel: Kaum jemand hört sich heute noch Vorträge konzentriert an oder ist in einem Meeting voll präsent. Wer nicht selbst auf der Bühne steht, ist zumindest zeitweise mit seinem Smartphone beschäftigt und glaubt dabei auch noch, das merke niemand. Wen wundert es, dass im Anschluss Missverständnisse und Kommunikationspannen geklärt werden müssen. Können wir tatsächlich so viel gleichzeitig tun, wie wir uns vorgaukeln? Ist es wirklich so toll, die Präsentation auf dem Bootssteg am See zu basteln? Und dabei weder See und Sonne voll zu genießen noch mit ganzer Konzentration am Vortrag zu arbeiten?

Letzter Szenenwechsel: Wie verändert es das Führen, wenn man sich immer seltener persönlich gegenübersitzt, sondern per SMS, Mail, Telefon-, Videokonferenz oder Skype Kontakt hält? In internationalen Projektteams sieht man sich womöglich nur alle paar Monate. Zwischendrin wählt man sich in eine Telefonkonferenz ein, die zeitzonenoptimiert anberaumt wurde und die sich durch Zuspäteinwähler, schlechte Moderation und Paralleltätigkeiten der Teilnehmer zur echten Geduldsprobe entwickeln kann. Wer kann schon widerstehen, wenn Schreibtisch und E-Mail-Fach überquellen und es ja sowieso scheinbar keiner mitbekommt, dass man leise nebenbei arbeitet. Manche Dienstreise wird heute eingespart, weil man die Leiter verschiedener Standorte kostengünstiger und zeitsparender zu einer Videokonferenz zusammentrommeln kann. Aber ist es wirklich egal, ob man sich persönlich begegnet und vielleicht noch beim Business-Lunch weiter austauscht oder einander nur noch gelegentlich auf einem Bildschirm begegnet?

Die digitale Arbeitswelt in Zahlen

Wer bei Google das Stichwort »E-Mail-Flut« eingibt, wird mit mehreren Millionen Treffern belohnt. Kein Wunder: 100 bis 200 E-Mails bekommen Manager heute. Täglich! Kürzlich sprach ich mit einer Konzern-Managerin, die von *einem* ihrer Mitarbeiter bis zu 160 Mails am Tag erhielt. Man stelle sich vor, wie der Aktienkurs der Post in die Höhe schösse, wenn alle diese Nachrichten noch per Brief versendet werden müssten. Oder auch nicht, denn zwingend notwendig ist nur ein kleiner Teil dieser Mails. Der Rest sind gedankenlos oder zur eigenen Absicherung per CC versendete Kopien (auch »Save-your-Ass-Mails« genannt), Teile endloser Mail-Ketten (»Re: Re: AW: Re ...«), die durch ein kurzes Telefonat entbehrlich wären, oder gar Spam-Mails, die durch den Filter gerutscht sind. Dreieinhalb Jahre ihres Lebens vergeuden Manager im Schnitt mit unwichtigen oder überflüssigen Mails, ergab eine Befragung von 180 Führungskräften aus Deutschland, Großbritannien, Dänemark und Schweden durch Wissenschaftler am Henley Management College, so *Spiegel online* unter der Überschrift »Bürowahnsinn kostet Unternehmen Milliarden«.[45] Eine ähnlich erschreckende Rechnung macht die US-Beratungsfirma Basex auf. Danach verschwenden amerikanische Manager im Jahr 28 Milliarden Arbeitsstunden, etwa ein Drittel ihrer Arbeitszeit, mit Unterbrechungen durch den ständigen Wechsel der Tätigkeit. Das koste die Wirtschaft pro Jahr rund 588 Milliarden Dollar.[46] Überträgt man das auf Deutschland, kommt man auf einen jährlichen Verlust von 5,8 Milliarden Arbeitsstunden, so die *Financial Times Deutschland* im Januar 2010.[47] All diese

Rechnungen berücksichtigen nur die direkten Kosten für den Arbeitsaufwand. Wie viele gute Ideen verloren gehen, weil just im entscheidenden Moment elektronische Post eintrudelt oder das Handy klingelt, ist ebenso wenig berücksichtigt wie die Folgekosten für Fehler und Flüchtigkeiten, die durch hektisches Multitasking entstehen.

Der Alltag vieler Führungskräfte und ihrer Mitarbeiter gleicht inzwischen einem mentalen Hindernislauf, bei dem zusammenhängendes Arbeiten kaum noch möglich ist. Die Wissenschaftlerin Gloria Mark protokollierte den Alltag der Angestellten zweier Hightech-Firmen, um herauszufinden, wie häufig sie unterbrochen wurden. Die Wirklichkeit sei »sehr viel schlimmer«, als sie es sich vorgestellt habe, sagte die US-Amerikanerin. Die Zeitspanne ungestörten Arbeitens betrug im Schnitt 11 Minuten.[48] Dabei ist vielen Menschen vermutlich kaum bewusst, wie lange es dauert, bis man nach einer Unterbrechung wieder voll auf die Ausgangstätigkeit konzentriert ist, sich wieder in die Budgetplanung, das Protokoll, die Präsentation hineingedacht hat. So warnt beispielsweise Kreativgeschäftsführer Matthias Spaetgens von der Agentur Scholz & Friends Berlin: »Wir leben von den Ideen unserer Leute. Doch die Mailflut unterbricht permanent kreative Prozesse und zerstört die Kommunikationskultur.«[49] In der Agentur handelte man schließlich und formulierte einen *E-Mail-Knigge* für den Umgang mit E-Mails. Regel 1 lautet: »Nicht gesendete E-Mails sind gute E-Mails.«[50]

Dass die Informationsflut eines Tages von allein wieder abebbt, ist kaum zu erwarten, denn mit der Verfügbarkeit von E-Mail und Telefonnetzen wächst auch ihr Gebrauch. Bis Mitte 2010 wurden 100 Millionen Blackberrys verkauft; im zweiten Quartal des Jahres waren es stolze 43 Prozent mehr Geräte als im ersten. Längst sind Blackberry, Smartphone, iPhone und Co. zu Statussymbolen geworden, die man gerne zeigt und auch deshalb permanent benutzt. Nach einer Umfrage des Telekommunikationsverbandes Bitkom ist ein Drittel der Arbeitnehmer »jederzeit« per Mail oder Handy für Vorgesetzte und Kunden erreichbar.[51] Dabei schaltet selbst Jim Balsillie, Chef des kanadischen Blackberry-Produzenten RIM, sein Gerät nach 22 Uhr aus. Balsillie betont im Interview mit der *Welt* schon Ende 2007: »Die wichtigste Regel ist, dass der Nutzer das Gerät kontrolliert und nicht das Gerät den Nutzer« und »Niemand sollte sich zum Sklaven der Technologie machen«.[52] Inzwischen ist schon die Rede von Blackberry-Sucht und von Crack-Berries, die es nicht ertragen, auch nur wenige

Minuten vom elektronischen Datenfluss abgeschnitten zu sein. Im Online-Netzwerk XING findet sich schon eine Selbsthilfegruppe unter dem Gruppennamen »Standby – wenn der Blackberry zum Crack-Berry wird«. Derzeit hat sie knapp 200 Mitglieder, der Bedarf aber könnte riesig sein: Einer Emnid-Studie zufolge lesen 63 Prozent aller Männer und 39 Prozent aller Frauen auch im Urlaub geschäftliche E-Mails.[53] Am häufigsten griffen Mitarbeiter mit einem mittleren Einkommen zwischen 2 000 und 2 500 Euro zum Smartphone. Weil ihre Chefs das wollen? Oder weil diese sie nicht daran hindern? Doch auch Führungskräfte gehen kaum bewusster mit dem Medium um, wenn man einer Umfrage des Umfragepanels »Manager Monitor« glaubt: Nur 31 Prozent von ihnen rufen im Urlaub nie geschäftliche Mails ab, 40 Prozent bei dringenden Projekten und 25 Prozent einmal täglich; 5 Prozent gehen sogar mehrmals pro Tag ins Netz.[54] Und wenn wir auch beim Blackberry-Einsatz die US-Bürger zum Vorbild nehmen, verwischt die Grenze zwischen Beruf und Privatleben vollends: Einer US-Studie zufolge lesen 60 Prozent der Smartphone-Besitzer schon morgens im Bett Mails, 37 Prozent während sie Auto fahren, 10 Prozent legen das Gerät sogar angeschaltet neben ihr Bett![55] Wir sind offenbar nicht weit davon entfernt, denn schon so mancher männliche Klient erzählte mir von dem Ärger, den er mit Frau und Kindern am Frühstückstisch bekommt, wenn er seine Mails checkt. Der Konflikt verschiebt sich von Zeitung lesenden zu Mails checkenden Männern. Bedenklich dabei finde ich auch die Vorstellung, dass Job-E-Mails die erste »geistige Mahlzeit« des Tages sind. Die Verbindung zwischen seelischer Gesundheit und verwischenden Grenzen werden wir später ausführlich beleuchten.

Ähnlich wie Mails gehören auch Telefonkonferenzen heute in vielen Organisationen zum Alltag. Bei Mitarbeitern mittlerer und großer Unternehmen stünden täglich im Schnitt zwei Telefonkonferenzen mit mehreren Teilnehmern im Kalender, so ein deutscher Anbieter für Konferenztechnik. Die Zahl der Telefonkonferenzen in den mittleren und oberen Managementetagen steige jährlich um rund 30 Prozent.[56] Wettbewerber berichten von monatlichen Wachstumsraten von 15 bis 20 Prozent.[57] Nach der Studie »Wettbewerbsfaktor effiziente Kommunikation« (2008)[58] des Berliner Instituts Berlecon Research nutzen 47 Prozent der Befragten aus den Geschäftsbereichen Vertrieb/Außendienst und Einkauf/Beschaffung Telefonkonferenzen, 24 Prozent Desktop- und Application-Sharing, 23 Prozent Videokonferenzen. »Unified Communication« ist das Zauberwort – Softwareangebote, die gemeinsames Arbeiten über das Internet und damit auf räumliche Distanz ermöglichen. Knapp zwei Drittel der Verantwortlichen gehen davon aus, dass die Rolle von Telefonkonferenzen in Zukunft »etwas« oder sogar »deutlich« zunehmen wird; bei den anderen Techniken ist es knapp die Hälfte. Zum Argument der Effizienz kommt das der Umweltverträglichkeit hinzu: Virtuelle Konferenzen werden gerne als »Ökomeetings« gepriesen und die gesparten Flugkilometer auch schon mal in CO_2-Tonnen umgerechnet. Solche Stimmen kommen freilich häufig aus der Telekommunikationsbranche selbst.[59] Dass bei virtuellen Treffen viele Informationen auf der Strecke bleiben – nämlich alle Feinheiten in Gestik, Mimik, Tonfall, die den persönlichen Kontakt mitbestimmen – sagen diese Anbieter verständlicherweise nicht. Können auf diesem Wege persönliche Beziehungen und gegenseitiges Vertrauen entstehen, die die Zusammenarbeit erleichtern und manches Geschäft erst möglich machen? Die Tatsache, dass Video- und Telefonkonferenzen über Zeitzonen hinweg auch die normalen Arbeitszeiten vieler Mitarbeiter sprengen, ist selbstverständlich kein Thema, wenn die Vorteile der Zusammenarbeit auf Distanz gepriesen werden.

Ein Führen auf Distanz ist auch erforderlich, wenn man die Möglichkeiten nutzen will, die Telearbeit und Home-Office-Tage bieten – ein Thema, dem viele Chefs und Unternehmen bislang reserviert gegenüberstehen. Einer repräsentativen Umfrage aus dem Jahre 2009 zufolge arbeiten 10 Prozent aller Berufstätigen bereits ganz oder teilweise zu Hause, 62 Prozent würden das gern regelmäßig tun und nur 28 Prozent gehen am liebsten jeden Tag ins Büro.[60]

Alle dezentral organisierten Unternehmen kennen das Problem schon lange. Neu ist nur, dass die Niederlassungen heute nicht am anderen Ende der Republik, sondern auch auf fernen Kontinenten liegen können. Wie verhindern Sie als Führungskraft, dass Distanz zur Distanzierung führt? Wie verhindern Sie eine Mitarbeiter-Haltung, die der Filialleiter einer großen deutschen Bank mir gegenüber kürzlich so formulierte: »Wissen Sie, jeder Kilometer, der mich von der Zentrale entfernt, ist ein guter Kilometer.«

Führungsfragen

Ohne Zweifel können die neuen technischen Möglichkeiten den Firmenalltag beträchtlich erleichtern. Sie können aber auch zu einer kaum noch beherrschbaren Informationsflut führen, zu blindem Aktionismus und zur Schwächung persönlicher Beziehungen durch eine Überbetonung digitaler Kommunikation. Es kommt wie immer darauf an, was man draus macht. Fragen, die sich für Sie als Führungskraft in diesem Zusammenhang stellen:

- Wie stellen Sie einen verantwortungsvollen Umgang mit Mails sicher und verhindern eine Flut von E-Mails, die allenfalls noch halb gelesen werden?
- Welche Spielregeln definieren Sie für die Erreichbarkeit Ihrer Mitarbeiter außerhalb der Kernarbeitszeiten? Wie gewährleisten Sie Erholung und kreative Pausen?
- Wie schaffen Sie Bewusstsein für die Tücken des Multitaskings und unterstützen eine Arbeitskultur, in der wichtige Aufgaben konzentriert und störungsfrei erledigt werden?
- Wie können Sie für den Zusammenhalt eines Teams sorgen, das sich selten sieht und vorwiegend in virtuellen Räumen miteinander kommuniziert?
- Wie schaffen Sie beim Führen auf Distanz Vertrauen und sorgen für Loyalität?

Die Gefahren ständiger Erreichbarkeit

Warum ist es für die meisten von uns eigentlich so verführerisch, ständig auf Sendung zu sein? Auch in diesem Punkt möchte ich Sie zu einem Überblick aus der Vogelperspektive einladen, bevor wir uns führungspraktischen Fragen widmen.

Flucht in die Betriebsamkeit

Im Coaching klagen meine Klienten oft darüber, dass ihnen alles über den Kopf wächst. Man komme kaum noch zum Arbeiten, ständig klingle das Handy, die vielen Mails, nicht mal im Urlaub habe man seine Ruhe … Rate ich zum Abschalten – im Wortsinne! –, ernte ich Unverständnis und es folgen wortreiche Erklärungen, warum das »nicht geht«. Also frage ich: Worin liegt für Sie der Reiz, sich so vermeintlich unersetzbar zu fühlen, dass ohne Sie nichts geht? Viele Manager kommen da ins Grübeln. Oft steckt hinter dem Leben auf Standby die Angst, tatsächlich durchaus entbehrlich zu sein. Solange man überall mitmischt, hält man diese Angst besser im Zaum. Denn mal ehrlich: Wie häufig wäre wirklich eine Katastrophe passiert, wenn Sie mal einige Stunden oder Tage offline und ohne Mobilfunknetz gewesen wären? Und umgekehrt: Wie viele Probleme und Fragen haben sich von selbst erledigt, wenn Sie durch eine längere Sitzung oder einen Flug tatsächlich mal für ein paar Stunden offline waren? In der Zwischenzeit ist mancher Termin durch ein halbes Dutzend E-Mails schon zweimal umgeworfen worden, und man kann froh sein, dass man das wortreiche Hin und Her verpasst hat.

Für andere sind Mobilfunk und E-Mail auf Reisen so etwas wie die Nabelschnur nach Hause. Wer bei einer Zugfahrt einmal auf die Inhalte der zahllosen Telefonate Geschäftsreisender achtet, hat den Eindruck, dass es hier hauptsächlich um Subbotschaften wie »Ich bin auch noch da!« oder »Vergesst mich nicht!« geht. Selbst wenn man alle »Ich bin gerade im Zug kurz vor XY«, alle »Gab's was?« und alle »Achtung, gleich kommt ein Tunnel, es kann sein, dass ich da kein Netz mehr habe« abzieht, haben viele Gespräche erstaunlich wenig Substanz. Inhalte, die man knapp auf den Punkt bringen könnte, werden ausgewalzt, Gesprächsergebnisse ausführlichst mitgeteilt, und am Schluss heißt es dann: »Aber das lesen Sie ja dann alles in meinem Protokoll!« Gerne werden Storys auch zwei-, dreimal wiederholt, mit leichten Varianten in der Formulierung. Manchmal kommt es mir so vor, als seien die modernen Medien ein Ersatz für die Schmusedecke, die Linus von den Peanuts immer mit sich herumschleppte: ein Trost gegen das Gefühl von Einsamkeit oder Leerlauf, ein Anker nach Hause, wenn man unterwegs ist. Das würde auch manche abendliche Mail aus einem der immer gleichen Hotelzimmer erklären. Diese vermeintlichen Kontaktmedien sind zuverlässige Ablenkungshilfen.

Noch drastischer formuliert es Stephan Grünewald, Psychologe und Leiter des Rheingold-Instituts in Köln: »Die meisten Menschen finden es zwar schlimm, dass sie so viel arbeiten müssen«, sagt er. »Aber wenn sie aus dem Hamsterrad aussteigen, an einem Sonntag zum Beispiel, und dann plötzlich feststellen, dass sie gar nicht mehr wissen, wofür sie eigentlich arbeiten, wenn dann unvermittelt all die ungelösten Sinnfragen auf sie hereinstürzen – dann ist das mitunter noch viel schlimmer. Und sie steigen schnell wieder ein ins Hamsterrad, weil sie sich in dieser besinnungslosen Betriebsamkeit wenigstens nicht mit sich selbst und ihren ungelösten Lebensfragen beschäftigen müssen.«[61] Prüfen Sie ruhig einmal, inwieweit das für Sie stimmt.

Der Multitasking-Irrtum

Vor einigen Jahren machten Wissenschaftler am Londoner King's College einen merkwürdig anmutenden Versuch: Man ließ zwei Gruppen von Probanden dieselben Aufgaben erledigen. Eine der beiden Gruppen rauchte vor der Arbeit Haschisch, die andere bekam während der Erledigung mehrere E-Mails zugesandt. Die Ergebnisse der »Kiffergruppe« waren besser.[62] An der Carnegie-Mellon-Universität in Pittsburg verzichtete man auf den Einsatz von Drogen, beobachtete aber per Kernspintomograf die Aktivitäten im Gehirn der Versuchspersonen. Die Studenten mussten sprachliche und visuelle Aufgaben lösen, während ihnen gleichzeitig Sätze vorgelesen wurden. Ergebnis: Durch die akustische Berieselung sank die Gehirnaktivität, die auf die eigentlichen Aufgaben gerichtet war: bei Bildaufgaben um 29 Prozent, bei Sprachaufgaben um 53 Prozent.[63] Und auch Forscher der Stanford University entlarvten Multitasking als Mythos: Wer versuche, Dinge gleichzeitig zu tun, habe häufig Schwierigkeiten, Informationen zu trennen, einzuordnen und zu behalten, so ihr Fazit.[64]

Die eigene Lebenserfahrung bestätigt solche Ergebnisse: Zwar kann man durchaus zwei Tätigkeiten gleichzeitig ausführen. Ohne Stress und Qualitätsverlust klappt das jedoch nur, wenn eine davon automatisch abläuft und keine Aufmerksamkeit verlangt. So können wir problemlos in der Mittagspause den Weg zu unserem Lieblingscafé finden und dabei ein lockeres Telefonat führen. Wird das Gespräch plötzlich heikel oder unangenehm, bleiben wir vermutlich stehen. Und sind wir in einer fremden Stadt und müssen pünktlich zu einem Termin erscheinen, würden wir jedes Gespräch auf später verschieben.

Unsere Aufnahmefähigkeit ist begrenzt, und Aufgaben, die Konzentration erfordern, können wir nicht beliebig nebeneinander erledigen. Versuchen wir es trotzdem, passieren Fehler, unsere Produktivität sinkt. E-Mails zu lesen, während man telefoniert, oder auch nur Spam-Mails herauszufischen, funktioniert nicht, jedenfalls nicht zuverlässig. Hinterher sind wir gestresst, unser Gesprächspartner hat mindestens einmal »Sind Sie noch dran?« gefragt und wir grübeln womöglich, ob wir nicht irrtümlich die falschen Nachrichten gelöscht haben. Ebenso wenig sind komplexe Mitarbeiter- oder Kundengespräche vom Autotelefon auf der linken Spur bei Tempo 180 zu empfehlen. Warum versuchen wir es dann überhaupt? Möglicherweise, weil Multitasking als der letzte Ausweg scheint, im hektischen Alltag Zeit zu sparen. In Wahrheit sparen wir keine Zeit, sondern wir vergeuden sie, weil die Ergebnisse nicht mehr stimmen. Wie oft erhalten Sie Mails, die einen Anhang ankündigen, ohne Anhang oder mit einem veralteten Dokument? Wie häufig gehen Rundschreiben an falsche Verteiler? Wie viele Einladungen, die Sie bekommen oder verschicken lassen, enthalten falsche Daten, etwa bei Ort und Zeit der Veranstaltung? Und wie viel Zeit kostet das Aufklären von Missverständnissen und die Korrektur solcher Fehler? Gleichzeitig haben wir das Gefühl, die Zeit rast uns davon, eben weil wir sie mit so vielen verschiedenen Dingen vollstopfen.

Eine einfache Übung hilft, um sich darüber klar zu werden und wieder zu sich zu kommen:

Tun Sie mal bewusst nur noch eine Sache zur gleichen Zeit, fokussieren Sie sich auf das, was gerade ansteht. Sie werden feststellen, wie die Konzentration auf eine Sache oder ein Gegenüber dazu führt, dass wir bewusster wahrnehmen und dazu, dass die Zeit ein wenig angehalten wird. Außerdem können wir unsere Konzentration besser halten, was wiederum zu besseren und gehaltvolleren Meetings oder Telefonaten führen wird. Und so sparen wir am Ende Zeit. Aber wahrscheinlich werden auch Sie bei diesem kleinen Selbstversuch schon feststellen, wie schwer es uns fällt, wirklich nur eine Sache zur Zeit zu tun.

Leben im Standby-Modus

»Besser, ich checke im Urlaub zweimal täglich meine Mails und rufe immer um 17 Uhr im Büro an, dann erlebe ich hinterher keine bösen Überraschungen und habe nicht Hunderte von Mails im Posteingang. Das stresst mich wirklich nicht.« So etwas höre ich öfter, von Coaching-Klienten, von Beratungskunden, von Geschäftspartnern. Klingt plausibel, aber stimmt das wirklich? Ich halte gern dagegen, dass das arme Gehirn wüsste, dass es bald 17 Uhr ist und wir ja noch anrufen müssen. Und dass der ganze Tag anders verläuft, wenn man gar keinen Termin hat und sich eben frei entscheiden kann, ob man noch eine Runde schwimmt oder doch schon einen Sundowner nimmt oder, oder … Mit der Uhr im Hinterkopf gelingt es den wenigsten, wirklich abzuschalten, fürchte ich. Dafür braucht es ungestörte Muße – im Urlaub, nach Feierabend, am Wochenende.

Doch die Muße hat ein schlechtes Image: Müßiggang ist angeblich aller Laster Anfang. Und »mal eben schnell« ins elektronische Postfach zu gucken oder die Mailbox abzuhören kostet ja nicht viel Zeit. Aber wie lange grübeln wir hinterher, wie es mit dem ins Stocken geratenen Projekt weitergehen soll oder ob der gehetzt klingende Chef vielleicht sauer war? »Wie neurobiologische Experimente zeigen, braucht unser Gehirn offenbar immer wieder Zeiten des Nichtstuns – nicht etwa zum Ausruhen, sondern um sich gesund sortieren zu können; ein gewisser Leerlauf im Kopf ist für unsere geistige Stabilität geradezu unabdingbar«, schreibt der Wissenschaftsjournalist Ulrich Schnabel.[65] Und für die österreichische Wissenschaftsforscherin Helga Nowotny ist Muße eine unverzichtbare Bedingung, zu sich selbst zu finden. Nowotny hat dafür ein schönes Wort geprägt: »Eigenzeit«.[66]

Ein Leben auf Standby beraubt uns dieser Eigenzeit, ob abends, sonntags oder im lang ersehnten Urlaub. Offizielle Rufbereitschaft, wie sie in manchen Branchen erforderlich ist, wird daher über Tarifverträge und Betriebsvereinbarungen geregelt und zusätzlich zum Gehalt mit einer Pauschale vergütet. Wird der Mitarbeiter während der Zeit der Rufbereitschaft in Anspruch genommen, und sei es auch nur für eine telefonische Beratung, leistet er im Verständnis des Arbeitsrechtes Überstunden, die zusätzlich bezahlt werden.[67] So gesehen, dehnt ein Mitarbeiter in »inoffizieller Rufbereitschaft« am Strand oder im heimischen Garten seine Arbeitszeit kostenlos aus. Das passiert nicht immer freiwillig, oft wird die Bereitstellung von Diensthandy oder Smartphone mit der Erwartung verknüpft, auch über die eigentliche Arbeitszeit hinaus ansprechbar zu sein. Eine prominente Management-Trainerin berichtete einmal von einer gestressten Seminargruppe, die sie bat, doch bei der Geschäftsleitung durchzuboxen, dass man am Wochenende bitte nicht angerufen werde. Dabei handelte es sich nicht etwa um unerfahrene Nachwuchskräfte, sondern um gestandene Manager, die hier gerettet werden wollten! Auch im Bundesurlaubsgesetz betont der Gesetzgeber die Rolle ungestörter Auszeiten. So dient der Urlaub ausdrücklich der Regeneration: Weder dürfen Mitarbeiter den Erholungswert durch andere Tätigkeiten schmälern, noch darf der Arbeitgeber verlangen, dass der Arbeitnehmer im Urlaub erreichbar ist. Hinter all dem steckt die Erkenntnis: Atempausen sind wichtig. Und mancher, der diese Erkenntnis jahrelang ignoriert, zahlt irgendwann einen hohen Preis bezogen auf Gesundheit und/oder Privatleben (siehe Kapitel 7).

Was Sie tun können: Mediennutzung steuern

Neue technische Möglichkeiten führen zu neuen Arbeitsweisen, und dieses neue Arbeiten erfordert neue Kompetenzen – nicht nur technische, sondern auch soziale. Das klingt selbstverständlich. Dennoch scheint es in vielen Köpfen noch nicht angekommen zu sein, vielleicht, weil wir als Führungskräfte das Neue gerade selbst für uns erkundet und bewältigt haben. Was also können wir tun, um in der neuen Kommunikationswelt möglichst erfolgreich zu führen?

Vorbild sein und Zeichen setzen

Ihr Verhalten prägt das Ihrer Mitarbeiter, ob Sie wollen oder nicht. Wenn Sie selbst großzügig E-Mails per CC verschicken und gern noch am Wochenende Nachrichten versenden, wenn Sie selbst aus dem Urlaub jeden Tag anrufen und »jederzeit« für Rückfragen zur Verfügung stehen, setzen Sie damit einen Standard. Der erste Schritt zum Grenzensetzen ist also Selbstdisziplin. Je effizienter und sparsamer Sie Handy und Mail nutzen, desto eher werden das auch Ihre Mitarbeiter tun. Wer muss tatsächlich über alle Zwischenschritte eines Projekts auf dem Laufenden sein? Für wen genügt der Endstand, den man im nächsten Jour fixe kommuniziert? Wer ist überhaupt von einer Sache betroffen? Wie viele Ihrer Mails sind so geschrieben, dass sie unweigerlich eine Mailkette in Gang setzen? Offene Fragen nach dem Muster »Wie ist der Stand bei x?« oder »Haben Sie sich schon um y gekümmert?« bescheren Ihnen und Ihren Mitarbeitern ein zeitraubendes Hin und Her per Mail. Senden Sie stattdessen kurze, klare Botschaften. Alles, was Nachfragen erfordert, klärt man besser in einem Telefonat oder in der nächsten Abteilungssitzung.

Dämmen Sie den CC-Wahn ein, indem Sie deutlich signalisieren, wenn Sie Mails für überflüssig halten. PwC-Vorstand Norbert Winkeljohann, bekennender Blackberry-Fan, fragte bei Mails öfter mal nach: »War diese Mail jetzt erforderlich?« Seitdem habe die CC-Flut deutlich abgenommen, berichtete er der *Wirtschaftswoche*.[68] Und Kontinentaleuropa-Chef von Mars-Drinks Friedrich-Georg Lischke sendet seinen Mitarbeitern keine Mails mehr nach 19 Uhr, nachdem die Mitarbeiter einer französischen Niederlassung auf die Mailflut bis spätabends mit einem Notruf reagiert hatten – das setze sie unter Druck, sie fühlten sich gedrängt, sofort zu reagieren.[69] Ein Vorstand eines der weltweit führenden Telekommunikationsunternehmen forderte dazu auf, sonntags keine Mails mehr zu versenden – das führt laut Aussage seiner Topmanager dazu, dass Mails am Sonntag produziert und gespeichert werden, um sie dann Montagmorgen abzusenden, um der Regel zu folgen.

Minimieren Sie Unterbrechungen, indem Sie »Ad-hoc-Management« vermeiden. Mancherorts greift die Unsitte um sich, Mitarbeiter spontan zu Meetings zusammenzutrommeln (»In 15 Minuten in meinem Büro!«). Jeder, der diese Mail erhält, wird aus seiner Arbeit herausgerissen, um genervt zu einem schlecht vorbereiteten Meeting zu eilen, das meist länger dauert als nötig. Damit verschwenden Sie Zeit und Geld. Dasselbe gilt für die Unsitte, terminierte Meetings spontan zu verschieben oder kurzfristig abzusagen. Dafür kann es im Ausnahmefall gute Gründe geben. Wenn es zur Regel wird, stimmt etwas mit Ihrer Organisation nicht. Ad-hoc-Management per E-Mail transportiert zudem die Erwartung, dass Mails grundsätzlich *sofort* gelesen werden. Damit machen Sie störungsfreies Arbeiten unmöglich, weil ständig auf das E-Mail-Signal reagiert werden muss – und sei es nur, um wie 762 weitere Kollegen zu lesen: »Habe auf der Betriebsfeier meinen lila Schirm vergessen. Hat ihn jemand gesehen?« Menschlich nachvollziehbar und schnell gemacht, aber leider teuer, denn 762 Minuten bezahlte Arbeitszeit ergeben rechnerisch viele Regenschirme!

Spielregeln festlegen

Lassen Sie es nicht zu, dass sich bestimmte Unsitten einschleichen. Reden Sie mit Ihren Mitarbeitern darüber, wie in Ihrer Abteilung mit Smartphone & Co. umgegangen werden soll. Wie schnell soll auf Mails geantwortet werden? Wer muss in welchen Fragen mitinformiert werden? Was hat Zeit bis zum regelmäßigen Meeting, das wöchentlich oder monatlich stattfindet? Bis wann sollte man werktäglich per Handy erreichbar sein? Was ist am Wochenende, abends oder im Urlaub? Nehmen Sie sich für solche Fragen, die das Arbeiten jedes Einzelnen so stark bestimmen, einmal einen halben Tag Zeit, gehen Sie mit Ihrem Team in Klausur. Am Ende sollte ein Regelkatalog stehen, an den sich alle halten und auf den man sich bei Regelverstößen berufen kann. Wer ein »Kommunikationsfoul« begeht, bekommt die Gelbe Karte. Je nach Abteilungskultur können Sie auch Sanktionen vereinbaren. In einem jungen Software-Unternehmen macht jeder, der zu spät zum Meeting erscheint, zehn Liegestütze (öffentlich!). Der Vorschlag sei aus dem Entwicklerteam selbst gekommen, berichtete mir der Geschäftsführer schmunzelnd. Seitdem ginge es immer pünktlich los.

Arbeiten Sie darauf hin, dass Ihre Mitarbeiter (und Sie selbst!) der Arbeit Grenzen setzen und sich ungestörte Zeiten reservieren, abends, am Wochenende und im Urlaub. Das beginnt damit, dass es im Arbeitsalltag möglich sein muss, sich mehrere Stunden konzentriert mit einer Sache zu beschäftigen. Halten Sie dazu an, das akustische Signal für den Mail-Eingang zumindest phasenweise zu unterdrücken und/oder Mails nur dreimal am Tag abzurufen. Für die Absender genügt eine solche Reaktionszeit. Für die Empfänger ist sie eine echte Veränderung, mit der sich viele schon schwertun. Unterstreichen Sie, dass berufliche und private Kommunikation zu trennen sind. Das bedeutet konkret: zwei Mobiltelefone, ein dienstliches und ein privates, und eine ebensolche Trennung der E-Mail-Accounts. Verhindern Sie, dass die Grenzen zwischen beiden Lebensbereichen, dem privaten und dem beruflichen, verschwimmen.

Dazu wird es zum Beispiel auch erforderlich sein, dass man rechtzeitig nachdenkt und vorher überlegt wird, von wem man wofür noch etwas braucht. Wenn eine Bestellung erst Freitagmittag für Montag aufgegeben wird, kommen andere um Nacht- und Wochenendarbeit nicht herum. Disziplin fängt bei einem selbst an!

Vielleicht halten Sie es ja wie Timothy Ferriss, Autor des Bestsellers *Die 4-Stunden-Woche* und Gründer eines sehr erfolgreichen Unternehmens, das Nahrungsergänzungsmittel vertreibt. Wer ihn anmailte, bekam eine Auto-Reply, die darauf hinwies, dass Herr Ferriss seine Mails zweimal täglich, nämlich um 12 und um 16 Uhr beantworte. In dringenden Notfällen (»Bitte nur, wenn es wirklich dringend ist!«), solle man ihn unter der Telefonnummer XYZ kontaktieren. Ferriss' Begründung: »Ich bitte um Verständnis für diese Maßnahme, die effizienteres und effektiveres Arbeiten gewährleistet. Meine erhöhte Produktivität kommt auch Ihnen zugute.«[70]

Digitale Kompetenz fördern

Das »verdichtete« Arbeiten unserer Zeit stellt höhere Anforderungen an Selbstorganisation und Selbstmanagement. Daran scheitert auch manche Führungskraft. In Kommentaren zu einem Artikel der *Wirtschaftswoche* über »Info-Stress« heißt es beispielsweise: »Mein Chef ist auch in diese Falle getappt. Früher hatte er keinerlei Gadgets, alles lief über seine Sekretärin nach guter alter Art. Telefon und Fax. Nun ist er auf den Zug aufgesprungen und hat Laptop und Smartphone. Er schreibt immer und überall zig Mails und mischt sich auch überall ein. Der Mann wird zugemüllt und müllt andere zu. [...] Keine Konzentrationsfähigkeit mehr. 51 von 100 Entscheidungen sind aus der Hüfte, ohne jegliche Basis, weil keine Zeit zum Analysieren ...«[71] Das Pendant zu diesem Desaster sind Adressaten im Lesestreik: Ich kenne Menschen, die ihre Mails kaum noch lesen, weil sie davon ausgehen, das wirklich Wichtige bekämen sie ohnehin mit. Bemerkenswerte Auswüchse und Notwehrstrategien!

Was brauchen Ihre Mitarbeiter, um in einem temporeichen Arbeitsumfeld mit potenziellem Informationsoverkill gute Arbeit leisten zu können und befriedigend mit anderen zusammenzuarbeiten? Folgende Kompetenzen gehören sicher dazu:

- Beherrschung von digitalen Helfern (Web-Browser, Mail-Programme, Adressdatenbanken etc.);
- Business-English (um bündig in der immer häufiger geforderten Fremdsprache kommunizieren zu können);
- Basisfertigkeiten im Zeitmanagement (Prioritäten setzen, gleichartige Aufgaben bündeln, störungsfreie Zeiten blocken etc.);
- Konfliktfähigkeit und Durchsetzungskraft (um die eigenen Spielregeln gegen Zugriffe von außen zu verteidigen – und sei es nur, weil andere Abteilungen im Haus anders agieren);

- die Fähigkeit, ergebnisorientiert und auf den Punkt zu kommunizieren (bündig formulieren und entscheiden, wann welches Medium das beste ist);
- Entspannungstechniken, um im täglichen Ansturm einen klaren Kopf zu bewahren und nach der Arbeit abschalten zu können.

Letztlich brauchen wir alle das Bewusstsein, dass wir uns dem täglichen Informationsansturm nicht kopflos ergeben müssen, sondern ihn aktiv gestalten können. Und wir brauchen die Fähigkeit, dies auf kluge und sozial verträgliche Weise tatsächlich zu tun. Sprechen Sie mit Ihren Mitarbeitern darüber, welche Fertigkeiten sie in diesem Zusammenhang ausbauen möchten. Nutzen Sie dafür das jährliche Mitarbeitergespräch und gehen Sie schon vorher auf Ihre Mitarbeiter zu, wenn sich jemand erkennbar im dichten Kommunikationsnetz verfängt. Achten Sie darauf, dass Pausen gemacht werden, und vor allem: Machen Sie selbst erkennbar welche, damit Ihre Appelle auch Wirkung zeigen! Eine halbe Stunde an der frischen Luft oder ein gemeinsamer Gang in die Kantine wird die Tagesleistung unterm Strich eher steigern als schmälern. Als Führungskräfte kommen wir heute nicht umhin, uns auch für die Gesundheit unserer Mitarbeiter verantwortlich zu fühlen, und zwar bevor einige ausbrennen und andere in die innere Kündigung abtauchen (siehe Kapitel 7).

Gegen Auswüchse vorgehen

Wenn früher das Postfach eines Mitarbeiters überquoll, konnte man das sehen: Briefe, Hausmitteilungen und Notizen stapelten sich. Im digitalen Zeitalter sehen wir nicht mehr, was alles per Mail auf unsere Mitarbeiter einströmt: Projektanfragen, Informationen, Kundenbeschwerden, Eilaufträge, Kollegenanfragen, Hilfsgesuche, Ablenkungen durch Nebenschauplätze, Aufträge unserer Chefs im direkten Zugriff auf unsere Mitarbeiter. Früher gab es eine Büro-Telefonnummer und häufig war um 17 Uhr Schluss. Niemand wäre auf die Idee gekommen, Kunden und Kollegen »für alle Fälle« seine Privatnummer zu geben. Heute klingelt das Diensthandy womöglich bis in den späteren Abend, weil anspruchsvolle Kunden oder ungeduldige Kollegen »sofort« eine Antwort des direkt Zuständigen erwarten.

Die Führungskraft war früher auch eine Art Puffer zwischen Markt, Kunde und Mitarbeiter. Heute prasselt alles ungefiltert auf jeden Einzelnen ein, ohne dass es gesteuert, erklärt, in kleinen Schritten eingefädelt würde. Das wiederum erzeugt mehr Druck und verlangt mehr Eigenverantwortung: Als Mitarbeiter muss ich nun die Initiative ergreifen und auf den Chef zugehen, um mir Informationen oder Rückendeckung zu holen oder auch nur, um meine Prioritäten neu zu sortieren. Das wird ein Mitarbeiter jedoch nur tun, wenn er mit Unterstützung rechnen kann, also entsprechende Erfahrungen gemacht hat. Darin liegt eine große Verantwortung für das Führen im digitalen Zeitalter: Wir sind auch dazu da, unseren Mitarbeitern immer wieder dabei zu helfen, die Prioritäten neu zu setzen, das Mosaik zu einem neuen Bild zu ordnen. Also sollte ein fester Bestandteil des Jour fixe sein, Fragen zu stellen wie: »Was liegt an?«, »Welche neuen Themen kamen seit unserem letzten Treffen rein?«, »Woran arbeiten Sie gerade?« Und es liegt an uns, das so zu tun, dass es nicht als Kontrolle, sondern als Unterstützung und Interesse ankommt. Wie entlastend diese Form der Anteilnahme wirkt, sehen wir später im Zusammenhang mit Burnout-Erkrankungen (siehe Kapitel 7).

Heutzutage wird viel delegiert und auf Eigenverantwortung gesetzt. Das ist gut und richtig, weil es den Ambitionen gut ausgebildeter Fachkräfte entspricht und anders auch gar nicht mehr geht. Dennoch gilt in Deutschland das Arbeitszeitgesetz (ArbZG), das auch bei aufgehobener Stempelkultur seine Gültigkeit behält. Es soll nach § 1 »die Sicherheit und den Gesundheitsschutz der Arbeitnehmer bei der Arbeitszeitgestaltung gewährleisten« und Sonn- und Feiertage »als Tage der Arbeitsruhe und der seelischen Erhebung der Arbeitnehmer schützen«. Und so altmodisch das klingt: Etwas anderes sagen die Verfechter von Achtsamkeit und Work-Life-Balance auch nicht – nur formulieren sie geschmeidiger.

Das Arbeitszeitgesetz legt fest, dass allerspätestens nach 10 Stunden pro Tag Schluss ist. Bei einer Arbeitszeit von mehr als 6 Stunden sind 30 Minuten Pause zu gewährleisten, bei mehr als 9 Stunden 45 Minuten. Zwischen dem Ende der Arbeitszeit und dem Neubeginn am Folgetag hat eine »ununterbrochene Ruhezeit« von mindestens 11 Stunden zu liegen. Und 8 Arbeitsstunden täglich dürfen auch nur dann überschritten und auf 10 ausgedehnt werden, wenn im Halbjahresdurchschnitt nicht mehr als 8 Stunden pro Werktag gearbeitet wird. Ausnahmen vom Arbeitszeitgesetz sind vom Gewerbeaufsichtsamt zu genehmigen! Verstöße werden als Ordnungswidrigkeit mit einer Geldbuße bis zu 15 000 Euro belegt. Damit nicht genug: Wer *vorsätzlich* das Gesetz verletzt und dadurch »Gesundheit oder Arbeitskraft eines Arbeitnehmers gefährdet«, kann sogar mit bis zu einem Jahr Gefängnis bestraft werden. Und es kommt noch besser: Haftbar ist nicht »der Arbeitgeber« an sich, sondern der direkte Vorgesetzte. Er haftet mit seinem Vermögen und mit seiner Karriere, mit seiner weißen Weste. Insofern verbietet sich vieles, was längst um sich gegriffen hat: ausstempeln und weiterarbeiten, das Stempeln vergessen und hinterher per Hand eintragen, Vertrauensarbeitszeit, ohne dass jemand hinschaut, die Firma nach 9,5 Stunden verlassen und sich für ein paar Stunden von zu Hause einloggen. Spätestens, wenn jemandem etwas passiert, auf dem Weg von oder zur Arbeit oder während der Arbeit im Büro (Herzinfarkt, plötzlicher Tod durch Aneurysma, Schlaganfall mit anschließender Berufsunfähigkeit – alles schon vorgekommen), wird die Arbeitszeit geprüft, da zu klären ist, wer die Hinterbliebenen oder den Berufsunfähigen alimentiert. Auch da haftet jeder Chef ganz persönlich, wenn nachgewiesen ist, dass der Mitarbeiter häufig länger da war, als erlaubt.

Natürlich ist es in Hochphasen von Projekten und bei sehr engagierten Mitarbeitern schwer, genau nach 10 Stunden plus Pausenzeiten Schluss zu machen, wenn es doch vielen sogar Spaß macht. Und dennoch: Ich kenne genügend Fälle aus der Praxis, wo jemand vom Reinigungspersonal tot aufgefunden wurde oder wegen Sekundenschlafs auf dem Nachhauseweg verunfallte. Und wo anschließend nachgewiesen werden konnte, dass der Chef gegen das Arbeitszeitgesetz verstoßen hatte. »Karoshi« nennt man in Japan den Tod durch Überarbeitung, und selbst im Land der Vielarbeiter verurteilt der Gesetzgeber die Verantwortlichen in den Chefetagen inzwischen zu Entschädigungen in Millionenhöhe.[72] Hierzulande arbeiten nach aktuellen Erhebungen der Bundesanstalt für Arbeitsschutz und Arbeitsmedizin 6,2 Prozent der Arbeiter und Angestellten mehr als 60 Wochenstunden und immerhin 15,4 Prozent 48 bis 59 Wochenstunden; zusammen macht das mehr als ein Fünftel aller Arbeitnehmer aus.[73] Die Wahrscheinlichkeit ist also hoch, dass es auch in Ihrer Abteilung jemanden gibt, den Sie bremsen sollten. Grundsätzlich tun Sie als Chef gut daran, sich mit Ihren Mitarbeitern über diese Problematik zu unterhalten und darauf zu achten, dass es keine Abweichungen gibt. Ist das doch der Fall, sorgen Sie dafür, dass diese beantragt und genehmigt werden. Und den Personalabteilungen rate ich dringend, darauf zu achten, dass allen Führungskräften (auch zum Selbstschutz) klar ist, mit welch hohem Einsatz sie hier spielen – und sich das schriftlich geben zu lassen! Letzten Endes ist es auch im unternehmerischen Interesse, dass Mitarbeiter gesund und langfristig fit bleiben. »Selbst hoch motivierte Angestellte sind nur so lange gut für das Unternehmen, bis sie an ihre körperlichen und psychischen Grenzen geraten und krankheitsbedingt ausfallen«, sagt Jan Kuhnert, Vorsitzender des Fachverbandes Personalmanagement beim BDU.[74] Das zu verhindern ist Führungsaufgabe – Ihre Aufgabe! Mehr zu diesem Thema in Kapitel 7.

Führen auf Distanz (Distance-Leadership)

Jeder fünfte Manager arbeitet heute schon in einem virtuellen Team[75] – mit »Telko«, Skype, Desktop-Sharing und Co. ist das technisch kein Problem mehr. Die eigentlichen Schwierigkeiten lauern woanders: in den Fallstricken der indirekten Kommunikation. Der kurze Austausch auf dem Flur, bei dem man nebenbei das eine oder andere klärt, fällt weg. Ebenso das bessere Kennenlernen, wenn man sich Tag für Tag begegnet und sich öfter im Meeting gegenübersitzt. Im persönlichen Kontakt nehmen wir nicht nur wahr, was der andere sagt, sondern auch *wie* er es sagt. Ist er angespannt, ärgerlich, gelassen, freundlich, begeistert? Ein Teil der Informationen, insbesondere emotionale Anteile, werden nonverbal übermittelt, durch Mimik, Gestik, Betonung, Stimmqualität. Probieren Sie einmal aus, wie viele Bedeutungen Sie dem simplen Satz »Schön, Sie einmal wiederzusehen!« geben können – von Erfreutheit über Erleichterung bis zur Verärgerung oder gar einer Drohung. Technisch vermittelte Kommunikation ist reduzierte Kommunikation – und daher anfällig für Missverständnisse. Damit echte Vertrautheit – und damit Vertrauen – entstehen kann, brauchen wir Menschen als soziale »Nahwesen« den direkten, persönlichen Kontakt.

Führung auf Distanz hat also eine sachliche/praktische und eine psychologische/emotionale Seite. Rein praktisch geht es darum, ein über das Land (oder sogar über die Erde) verstreutes Team effizient zu den gewünschten Ergebnissen zu führen, Doppelarbeit, Verzögerungen und Fehlinterpretationen zu minimieren. Auf der emotionalen Ebene geht es darum, Isolation, Cliquenwirtschaft und Konflikteskalationen zu vermeiden und gegenseitiges Vertrauen und Engagement für die Aufgabe zu erzeugen. Loyalität erwächst aus fairen Arbeitsbedingungen, aber auch aus persönlichen Bindungen. Vertrauen entsteht nicht von heute auf morgen, sondern dadurch, dass man sich im häufigen Kontakt aufeinander einstellen kann, dass man das Verhalten des anderen zu deuten weiß und ihn als berechenbar und verlässlich erlebt – eben weil man auch die kleinen Signale mitbekommt und weil man bei Unsicherheiten, ob alles im grünen Bereich ist, einfach kurz beim Vorgesetzten vorbeischauen kann. So unterstützt jeder Weg zum Händewaschen oder Kaffeeautomaten, und jede kleine Begegnung wird zum Puzzlestück für das große Vertrauensbild. Bis man diese vertrauensbildende Häufigkeit der Kontakte im dezentralen Kontext erreicht hat, vergehen Jahre. Deshalb ist es wichtig, immer, wenn man zusammenkommt, direkt in Vertrauen zu investieren, sich berechenbar zu zeigen sowie über Missverständnisse zu sprechen.

Dezentrale Führung fordert von Ihnen als Führungskraft daher neben guter Planung und klarer Kommunikation auch erhöhte Sensibilität, damit Sie Misstöne und sich anbahnende Konflikte auch aus der Ferne möglichst früh erkennen. Sollten Sie also mit virtuellen Teams die Hoffnung verbinden, sich »die Leute ein bisschen vom Leib zu halten«, vergessen Sie das lieber schnell: Sie werden im Gegenteil verstärkte Anstrengungen unternehmen müssen, Ihre Mitarbeiter aneinander und an sich zu binden. Gleichzeitig werden Sie gar nicht anders können, als ihnen auf die Distanz einen Vertrauensvorschuss zu geben. Naturgemäß fällt das Führungskräften mit einem geringen Kontrollbedürfnis leichter als anderen.

Was Sie tun können: für gute Kooperation sorgen

Die Grundvoraussetzung für Führen auf Distanz versteht sich von selbst: Die Technik muss einwandfrei funktionieren und jeder Mitarbeiter muss mit ihr vertraut sein, ob Skype, Telko, Desktop-Sharing oder Videokonferenz. Dabei sollten auch die Besonderheiten der verschiedenen Medien vermittelt werden, etwa der klitzekleine Zeitversatz zwischen Bild und Ton bei Video- und Skypekonferenzen, der zunächst befremdlich ist. Blickkontakt und langsame Bewegungen sind wichtig. Telefonkonferenzen brauchen einen Moderator und eine klare Agenda, wenn mehr als vier oder fünf Gesprächspartner teilnehmen, weil sonst ohne Blickkontakt die

Verteilung der Redezeiten kaum funktioniert. Wie können Sie eine erfolgreiche Zusammenarbeit auf Distanz fördern?

Das Team zusammenschweißen

Investieren Sie in den Teambuilding-Prozess. Wenn Sie ein neues dezentrales Team zusammenstellen, gehört dazu unbedingt ein ausführliches Kickoff-Meeting, das der inhaltlichen Abstimmung dient, aber auch ausführlich Gelegenheit zum informellen Kennenlernen gibt. Inhaltlich geht es neben der Information über Ziele und Prozesse auch um die Abstimmung gegenseitiger Erwartungen. Kommunizieren Sie in diesem Rahmen auch Ihre Grundwerte und Erwartungen als Führungskraft – was ist Ihnen besonders wichtig, wann möchten Sie direkt involviert werden und auf welchem Wege?

Für den informellen Teil ist ein gemeinsamer Abend das absolute Minimum und eigentlich zu kurz; ratsamer ist eine gemeinsame Tagesaktivität. Ob Sie einen Berg besteigen, auf eine Kanutour gehen oder zum Sightseeing einladen, können Sie von der Gruppe und Ihren Möglichkeiten abhängig machen. Wichtig ist, dass sich Kollegen, die in den nächsten Monaten nur noch auf Distanz arbeiten werden, erst einmal persönlich beschnuppern können. Auch später sollte sich das Team in regelmäßigen Abständen treffen, um sich inhaltlich abzustimmen, aber auch, um im Rahmen informeller Kommunikation die Beziehungen im Team zu festigen. Das gilt im Übrigen genauso für Mitarbeiter, die in Niederlassungen und Filialen sowie im Home-Office oder im Außendienst arbeiten. Wer nur sporadisch ins Unternehmen kommt, sollte dort Möglichkeiten der informellen Vernetzung vorfinden. Das verlangt entsprechende Anlaufpunkte, an denen man sich begegnen und sich gezielt treffen kann, zum Beispiel ein Abteilungscafé oder eine Lounge. Und schließlich: Feiern Sie Erfolge! Auch das schweißt ein Team zusammen.

Verantwortungsbereiche und Spielregeln eindeutig klären

Je eindeutiger Zuständigkeiten und Verfahrensweisen allen bekannt sind, desto besser beugen Sie Missverständnissen vor. Sorgen Sie dafür, dass folgende Fragen für alle Mitarbeiter geklärt sind:

- *Ziele:* Welche (messbaren) Ziele sollen bis wann erreicht werden?
- *Aufgaben:* Was wird von wem erwartet (Stellenprofile, Aufgaben)?
- *Berichte:* Wer berichtet an wen? Wie häufig und auf welchem Wege gehen schriftliche Berichte an wen?
- *Dokumentation:* Wie werden (Zwischen-)Ergebnisse systematisch und einheitlich dokumentiert?
- *Termine:* Zu welchen regelmäßigen Terminen finden persönliche Treffen statt?
- *Umgang mit Informationen:* Welche Informationen sind vertraulich? Wer hat Zugriff worauf? Was ist Hol- und was ist Bringschuld?
- *Kommunikation:* Wie schnell sollen E-Mails beantwortet werden? Wer erhält Kopien per CC (und wer nicht)? Wie werden Ergebnisse von Telefongesprächen dokumentiert?
- *Führungsverantwortung:* Wann ist die Führungskraft zu informieren/involvieren?
- *Entscheidung:* Auf welchem Wege werden welche Entscheidungen getroffen?
- *Sanktionen:* Wie ist bei Regelverletzung und Nichteinhaltung von Abmachungen vorzugehen?
- *Feedback:* Welche Spielregeln gelten für die Weitergabe von Kritik und Anerkennung?

Es lohnt sich, Spielregeln und Prozesse schriftlich zu dokumentieren und im Laufe der Zusammenarbeit zu ergänzen, damit jeder im Bedarfsfall nachschlagen oder im Intranet nachsehen kann.

Klar kommunizieren und regelmäßig Feedback geben

Achten Sie bei der technisch vermittelten Kommunikation noch stärker auf eindeutige Formulierungen. Jede Rundmail erfüllt durch kurze Sätze, klare Aussagen und auf den ersten Blick erkennbare Struktur (Absätze mit Leerzeilen, Hervorhebungen) am ehesten ihre Funktion. Nutzen Sie beliebte Emoticons wie :-)) oder ;-), um Botschaften unkompliziert eine persönliche Note zu geben. Andeutungen, Vagheiten oder ironische Untertöne sind auch bei Telefon- und Videokonferenzen aufgrund des technisch bedingten Informationsverlustes problematisch. Am Bildschirm kommt vieles nicht an, was in der direkten Face-to-face-Kommunikation richtig entschlüsselt wird. Reden Sie lieber freundlich Klartext: »Ich erwarte ...«, »Ich möchte ...«, »Mir ist dabei besonders wichtig, dass ...«, »Bitte achten Sie darauf, dass ...«, »Wir sind am Ziel, wenn folgende Bedingungen erfüllt sind: ...«

Schalten Sie sich früh ein, wenn Sie den Eindruck gewinnen, dass sich Konflikte oder Konkurrenzkämpfe anbahnen. Lesen Sie zwischen den Zeilen. Wenn der Ton frostiger wird oder sich Absicherungsmails häufen, sollten Sie der Sache nachgehen – am besten im direkten Gespräch. Sondieren Sie telefonisch die Lage. Geizen Sie nicht mit positivem Feedback, bedanken Sie sich, melden Sie sich auch zu Wort, wenn die Dinge gut laufen, nicht nur, wenn etwas schiefgegangen ist. Wie selten wir das augenscheinlich tun, sieht man daran, wie ungläubig Mitarbeiter fragen »Und das war alles, warum Sie anrufen? Sonst nichts?«

Ein faires Leistungsfeedback ist aus der Distanz nicht einfach, da Sie als Führungskraft selten dabei sind, wenn Leistungen erbracht werden. Auch, wie viel Einsatz in einem Ergebnis steckt, können Sie oft nur erahnen. Als verlässlicher Maßstab bleibt Ihnen nur das Endresultat beziehungsweise die hoffentlich definierten Meilensteine. Geben Sie Ihren Mitarbeitern einen Vertrauensvorschuss, übertragen Sie ihnen ausdrücklich die Eigenverantwortung, ohne die die neuen Arbeitsformen, ob Home-Office oder virtuelles Team, schlicht nicht praktizierbar sind. Nehmen Sie Klagen über ein Teammitglied ernst, hören Sie aber immer auch den Betroffenen, bevor Sie sich ein Urteil bilden. Häufen sich Reklamationen oder Konflikte, müssen Sie einschreiten. Dabei bleiben Sie bis zu einem gewissen Grad als Führungskraft auf Distanz auf Hörensagen angewiesen und kommen insofern nicht umhin, manches dann doch persönlich vor Ort zu klären.

Im persönlichen Kontakt ungeteilte Aufmerksamkeit schenken

Wenn viel beschäftigte Manager sich Zeit für Familie, Freunde oder persönliche Interessen nehmen, heißt das auf Neudeutsch »Quality-Time« – kurz, aber intensiv. Betrachten Sie die seltenen direkten Treffen mit Ihren Mitarbeitern ebenfalls als »Qualitätszeit«. Fokussieren Sie sich ganz auf Ihr Gegenüber, auf das Thema und schenken Sie ungeteilte Aufmerksamkeit. Allein das ist heute schon eine starke Form der Wertschätzung, weil es so selten passiert. Aufmerksamkeit ist eine der knappsten

Ressourcen unserer Tage, und wenn wir ehrlich sind, hungern wir alle danach. Schaffen Sie beim direkten Zusammentreffen also Raum für Persönliches, für Small Talk, für lockeren Austausch. Ob Sie sich also mit Einzelnen treffen oder das Team insgesamt bei sich versammeln – planen Sie die Agenda lieber ein bisschen großzügiger.

Beim Führen auf Distanz fällt Ihnen als Führungskraft unweigerlich eine Gastgeberrolle zu, denn bei den Gelegenheiten, zu denen Mitarbeiter in den Betrieb kommen, um sich zu treffen, Arbeiten abzugeben, Projekte abzustimmen, neu gebrieft zu werden, haben Sie nicht nur die Chance, persönliches Feedback zu geben und vertiefte Gespräche zu führen. Sie haben vor allem die Chance, das Wir-Gefühl zu stärken und die Loyalität zum Team und zu Ihnen als Chef zu festigen. Ein guter Gastgeber kümmert sich so um seine Gäste, dass sie gern wiederkommen.

Fazit: Souveräne Führungskräfte gefragt

Der US-amerikanische Soziologe Richard Sennett ist der Auffassung, das heute erreichte Maß an Freiheit führe dazu, dass vielen Menschen ein »mentaler und emotionaler Anker« fehle. Die neuen Institutionen erzeugten nur ein geringes Maß an Loyalität und Vertrauen, dafür aber ein hohes Maß an Angst vor Nutzlosigkeit, deren Folge eine fortschreitende Entsolidarisierung sein könne. Umso wichtiger ist es daher, dass in dieser hektischen und hochgradig individualisierten Arbeitswelt jemand die Fäden zusammenhält und einen Rest an »Heimat« bietet. Wenn alle ständig auf allen Informationskanälen präsent sind und die Grenzen zwischen Privatem und Business sich immer mehr verwischen, dann ist es gut, wenn jemand steuernd eingreift, hier Prioritäten neu ordnet, dort Übereifer bremst, hier zusammenbringt, dort beruhigt und Konflikte schlichtet. Für Sie als Führungskraft heißt das: Es ist nicht Ihre Aufgabe, überall mitzumischen und die Hektik noch zu vergrößern. Ihre Aufgabe ist es vielmehr, Distanz zum Geschehen zu wahren und den Überblick zu behalten, damit am Ende nicht alle hektisch in Bewegung sind, nur leider jeder in eine andere Richtung. Gefragt ist der souveräne Dirigent, der die Einzeltalente mit Abstand so lenkt und leitet, dass jeder gehört wird und seinen Beitrag zum Gesamtwerk leisten kann.

3 Wie führt man einen Taubenschlag?
Der Chef als Integrationsfigur

> Bevor jemand geht, ist er meist schon längere Zeit weg.
>
> *Hermann Simon*

Unternehmenswelten: »*Bei mir beginnt sich das Team zu spalten: Die Langjährigen, die zusammengehören und sich in der Welt unseres Unternehmens sicher fühlen und auskennen, und die Neuen, unter denen ein ständiger Wechsel herrscht. Inzwischen sagen die Stammkräfte mir, es lohne nicht, sich auf die Neuen einzustellen, die seien ja eh bald wieder weg.*« *So schildert eine Führungskraft im Seminar ihr Team, in dem es aus betrieblichen Gründen häufige Wechsel gibt. Ungefähr ein Drittel der gut 30 Mitarbeiter ist ständig in Bewegung, da Auftragsspitzen durch Zeitarbeit aufgefangen werden und Werkstudenten sich die Klinke in die Hand geben. Auf diese Weise wird der Graben innerhalb des Bereiches immer tiefer, was nicht nur das Klima belastet, sondern inzwischen auch den Output gefährdet. Die neuen Mitarbeiter werden nur halbherzig eingearbeitet, weil »zum x-ten Mal dasselbe« erklärt werden muss; befristet Eingestellte haben »keinen Bock« auf große Übergaben vor dem Ausscheiden und sind von heute auf morgen weg. »Ich habe den Eindruck, wir treten auf der Stelle. Es gibt immer wieder dieselben Pannen und Missverständnisse.*«

Während wir uns im ersten Kapitel eher mit der emotionalen Seite des Managens einer »Mehrklassenbelegschaft« beschäftigt haben, zeigt dieses Beispiel, dass die Unruhe, die dadurch im Team entsteht, die Führungskraft auch vor praktisch-organisatorische Herausforderungen stellt. Ihre Aufgabe ist es, die Kontinuität im Wechsel zu garantieren. Wer vor 40 Jahren Führungsverantwortung trug, sah sich mit großer Wahrscheinlichkeit einer relativ homogenen Gruppe von Mitarbeiterinnen oder Mitarbeitern gegenüber, häufig Männern, die als Alleinverdiener ihre Familie versorgten. »Samstags gehört Vati mir!« – diese Gewerkschaftsforderung vom Ende der 50er Jahre bringt die gesellschaftlichen Verhältnisse knapp auf den Punkt. Heute führen wir Mitarbeiter in ganz unterschiedlichen Lebenssituationen und mit ganz unterschiedlichen Bedürfnissen: mit unbefristeten oder befristeten Arbeitsverträgen, in Elternzeit oder Sabbatical, Wiedereinsteiger nach der Familienpause, ins Ausland entsendete Mitarbeiter und Rückkehrer, Mitarbeiter am Karrierestart, die bald gezielt wechseln werden, Mitarbeiter im letzten Drittel des Berufslebens, die länger arbeiten wollen oder müssen, Praktikanten, Zeitarbeiter und temporäre Aushilfen. Immer mehr Mitarbeiter gehören nur zeitweise zum Team. Was bedeutet das für die Führung?

Die flexible Arbeitswelt in Zahlen

Auch wenn manche Abteilung heute einem bunten Taubenschlag gleicht, ist es durchaus nicht so, dass alle Mitarbeiter immer kürzer im Unternehmen bleiben. Der Europäische Labour Force Survey (LFS) ergibt für Deutschland im Jahre 2008 eine durchschnittliche Dauer der Betriebszugehörigkeit von 10,8 Jahren. 1992 wahren es 10,3 Jahre. In Spanien, Großbritannien oder Dänemark wechselt man seinen Job öfter, am häufigsten in Dänemark mit einer aktuellen Verweildauer von 7,3 Jahren.[75] Allerdings bleiben Mitarbeiter ja auch während einer Familienphase oder eines Sabbaticals rechtlich dem Unternehmen zugehörig. Und auch unternehmensinterne Stellenwechsel sind hier natürlich nicht miterfasst.

Die Fluktuationsrate, das heißt die Zahl der Mitarbeiter, die in den letzten zwölf Monaten den Job gewechselt haben, ist von Branche zu Branche unterschiedlich. Während etwa in der Agenturszene (Werbung, PR) ein ständiges Kommen und Gehen herrscht, bleiben beispielsweise Ingenieure deutlich länger in einem Unternehmen. Das Institut der Deutschen Wirtschaft Köln ermittelte, wie viele Arbeitnehmer im letzten Jahr ihre derzeitige Tätigkeit aufgenommen haben und kam für 2007 auf eine Quote von 14,3 Prozent (2006: 13,6 Prozent; 2005: 12,5 Prozent). Hinter diesem Durchschnittswert verbergen sich jedoch beträchtliche Spannen. In der öffentlichen Verwaltung hatten im Laufe des Jahres lediglich 7 Prozent der Beschäftigten ihren Job neu angetreten, im Gastgewerbe waren es gut 17 Prozent. Und bei den Unternehmensdienstleistungen, zu denen die Statistiker nicht nur Wirtschaftsprüfungsgesellschaften oder Anwaltskanzleien, sondern auch Zeitarbeitsunternehmen und Gebäudereiniger zählen, waren es sogar 20 Prozent.[77]

Zum Kommen und Gehen in vielen Abteilungen trägt auch bei, dass heute knapp die Hälfte aller Neueinstellungen befristet ist und insgesamt etwa ein Zehntel aller Beschäftigten mit einem befristeten Vertrag arbeitet (siehe Kapitel 1). Auch Praktikanten gehören in vielen Abteilungen inzwischen zum Alltag. Viele von ihnen haben ihr Studium bereits abgeschlossen und überbrücken mit einem sogenannten Absolventenpraktikum von mehreren Monaten die Zeit bis zu einer Festanstellung. Nach einer Befragung, durchgeführt von der FU Berlin unter Absolventen der Freien Universität sowie der Universität Köln gut drei Jahre nach dem jeweiligen Studienabschluss, war der Anteil derjenigen, die nach dem Examen noch ein Praktikum absolviert hatten, bereits zwischen 2000 und 2003 von 25 auf 41 Prozent angestiegen. Der DGB schätzte ihre Zahl 2005 bundesweit auf etwa 400 000.[78] Die Experten des Hochschul-Informationssystems HIS relativieren mit einer repräsentativen Umfrage unter den Studienabsolventen des Jahrgangs 2005 allerdings den medialen Vorwurf einer flächendeckenden Ausbeutung der »Generation Praktikum«. Danach konzentrieren sich Absolventenpraktika vor allem auf einige Fachbereiche (Sprach- und Kulturwissenschaften, Wirtschaft, Architektur, Psychologie), während technische und naturwissenschaftliche Fächer weit weniger betroffen seien.[79]

Auf der anderen Seite denken immer mehr Arbeitnehmer über einen Ausstieg auf Zeit nach: Nach einer Forsa-Umfrage waren das 2010 bereits 38 Prozent aller Deutschen. Bei Führungskräften und Managern sind es 69 Prozent, ermittelte die Personalberatung Heidrick & Struggles im Frühjahr 2009.[80] Dem Wunsch nach einem Sabbatical steht noch die Wirklichkeit in vielen Unternehmen entgegen: Die Sozialwissenschaftlerin Barbara Siemers, die zum Thema Ausstieg auf Zeit promoviert hat, schätzt, dass gerade einmal 3 Prozent aller Beschäftigten sich tatsächlich längere Zeit ausklinken. Dabei gelte, dass Großunternehmen wie BMW mit Blick auf die längere Arbeitsfähigkeit ihrer Mitarbeiter entsprechende Programme auflegten, während kleinere Firmen dem Thema reservierter gegenüberstünden.[81] Noch sind Sabbaticals also eher ein Randthema, aber angesichts der Befragungsergebnisse können Sie davon ausgehen, dass auch in Ihrer Abteilung der eine oder die andere darüber nachdenkt und sich möglicherweise nur nicht traut, diesen Wunsch anzumelden.

Etwas anders sieht das aus, wenn der Gesetzgeber den Weg für eine Auszeit vom Job ebnet, wie bei der Elternzeit. In einer ersten Bilanz zum Elterngeld stellte das Statistische Bundesamt fest: »Von Januar 2007 bis einschließlich Juni 2008 wurden insgesamt 752 000 Anträge auf Elterngeld für im Jahr 2007 geborene Kinder bewilligt; davon waren 103 000 Anträge von Vätern (14 Prozent) und 649 000 von Müttern (86 Prozent). Beim Erziehungsgeld, das Ende 2006 ausgelaufen ist, lag der Anteil der Bewilligungen für Väter zuletzt nur bei knapp über 3 Prozent.« Das heißt: Auch Väter gehen vermehrt in eine Familienpause, selbst wenn sie das überwiegend (zu 65 Prozent) nur für zwei Monate tun, für die sogenannten »Partnermonate«, die andernfalls verfallen würden. Die Frauen dagegen pausieren überwiegend (zu 87 Prozent) 12 Monate.[82] Auch in diesen Zahlen deutet sich ein gesellschaftlicher Wandel an – das Bedürfnis beider Elternteile, zumindest für einen überschaubaren Zeitraum ganz für die Kinder da zu sein.

Mit der Auflösung der Großfamilien und der zunehmenden Berufstätigkeit von Frauen stellt sich für immer mehr Mitarbeiter zudem eines Tages die Frage, wer die eigenen Eltern betreut. Erste Unternehmen wie etwa die Braun Melsungen AG oder die Schwäbisch Hall AG ermöglichen ihren Mitarbeitern daher eine Pflegepause, und auch in der Politik wird dieses Thema verstärkt diskutiert.[83]

Eine typische Berufsvita könnte nach diesen Zahlen bald so aussehen: Nach Ausbildung oder Studium ein befristeter Jobeinstieg, eventuell mit dem Umweg über ein Absolventenpraktikum. Nach circa zwei Jahren Übernahme in die Festanstellung oder ein Wechsel des Arbeitgebers. In der Familienphase dann ein zeitweiser Ausstieg, inzwischen nicht mehr nur der Frauen. Anschließend ein Teilzeitjob oder flexible (familienfreundliche) Arbeitszeiten; dafür möglicherweise ein erneuter Arbeitgeberwechsel oder Zeitarbeit. Spätestens in der Midlife-Crisis folgt ein Sabbatical – und im letzten Drittel des Berufslebens der Wunsch nach einer Pflegepause zugunsten der Angehörigen, nach einer Stundenreduktion für mehr Lebensqualität oder nach einer Aufgabe, die dem Erfahrungsschatz älterer Arbeitnehmer entspricht, ohne sie dem Druck, der Schnelllebigkeit und der enormen Hektik auszusetzen, die die Jüngeren besser verkraften. Hinzu kommen Ortswechsel, Kinder, die die Schule wechseln müssen, und/oder eine Phase der Wochenendbeziehung und des Pendelns mit allen Nebenwirkungen; Projekteinsätze im Ausland, die sich schnell aus Gründen der Unentbehrlichkeit auf mehrere Monate ausweiten können, ein zurückgelassener Partner, der von heute auf morgen für viele Monate alleinerziehend ist. Und gekrönt werden diese Lebensläufe durch fünf Chefs in sieben Jahren. Schon vom Lesen wird einem schwindelig.

Mit Blick auf die Alterspyramide werden wir schon in naher Zukunft das Potenzial erfahrener Mitarbeiter mehr wertschätzen (müssen). »Der Jugendwahn ist vorbei«, konstatierte denn auch die *Frankfurter Allgemeine Zeitung* im Herbst 2010 unter Berufung auf Zahlen der Bundesagentur für Arbeit: Der Anteil der Beschäftigten im Alter zwischen 55 und 64 Jahren sei von 2,8 Millionen 1999 auf 3,6 Millionen 2009 stark angestiegen.[84] Daneben sind Unternehmen gefordert, qualifizierte Einwanderer anzuwerben und bereits hier lebende Migranten gezielt zu qualifizieren: »Diversity« ist längst kein modisches Schlagwort für die Hochglanzbroschüren von Großunternehmen mehr. Es ist eine praktische Herausforderung, der sich auch kleine und mittlere Unternehmen in Branchen mit akutem Fachkräftemangel (IT, Maschinenbau, Pflege, Medizin) schon heute stellen müssen (siehe Kapitel 4). Die Zeiten weitgehend stabiler Abteilungen mit den üblichen Nine-to-five-Jobs und überwiegend langjährigen Mitarbeitern sind in den meisten Branchen längst zu Ende. Was bedeutet alles das für Führung?

Führungsfragen

Wechselnde Teambesetzungen verlangen nicht nur Ihren Mitarbeitern, sondern auch Ihnen persönlich vermehrte Anstrengungen ab, um für kontinuierliche Erfolge zu sorgen. Auf folgende Fragen müssen Führungskräfte eine zeitgemäße Antwort finden:

- Wie sorgen Sie dafür, dass Neuzugänge in Ihrer Abteilung möglichst rasch produktiv mitarbeiten können?
- Wie sichern Sie bei zunehmender Fluktuation im Team (aufgrund befristeter Einsätze sowie befristeter Auszeiten) den Know-how-Transfer?
- Wie schweißen Sie Mitarbeiter in ganz unterschiedlichen Lebenssituationen und mit unterschiedlichen Erfahrungshintergründen immer wieder zu einem Team zusammen?
- Wie verhindern Sie, dass Konflikte und Vorurteile (Teilzeitarbeiter, die sich einen »lauen Lenz« machen, Ältere, die man »mitschleppen« muss) Ihre Abteilung entzweien?
- Wie gestalten Sie die Verabschiedung von Mitarbeitern wertschätzend und profitieren von deren Erkenntnissen und Einschätzungen?

Wie Teams funktionieren

Blicken wir auch hier zunächst auf das große Ganze. Traditionell gehört eine hohe Fluktuationsquote zu den Kennzahlen, die eine Geschäftsleitung mit Sorge erfüllt: Know-how-Verlust, hohe Kosten für Recruiting und Neueinstellungen sowie aufwändige Einarbeitungen drohen. Erschwerend kommt hinzu: Es kündigen die Falschen! Die Vorteile einer gewissen Stabilität im Mitarbeiterstamm sind lange bekannt. Doch auch die Nachteile zu geringer Fluktuation und fehlender Veränderung sind offenkundig: Wir alle kennen die lähmende Erstarrung in Abteilungen, die die Dinge am liebsten weiter so handhaben wollen, wie man das »schon immer gemacht hat«. Damit ist man für die Anforderungen eines modernen Wettbewerbes nicht gewappnet. Die neue Buntheit in den Abteilungen, in denen Alte und Junge, Männer und Frauen, Inländer und Einwanderer, Karriereorientierte und Familienbezogene, Menschen unterschiedlicher Religion und Herkunft zusammenarbeiten, macht das Zusammenfinden und damit das Führen zwar anstrengender, ist aber gleichzeitig ein Spiegel unserer Gesellschaft. Wenn unsere Kunden immer unterschiedlicher sind, ist es dann nicht gut, wenn auch unsere Mitarbeiter unterschiedlich sind? Wenn wir beispielsweise jemanden in unserem Vertriebsteam haben, der sich auf smarte Jungmanager versteht, jemanden, der perfekt Türkisch spricht, jemanden, der langjährige Traditionskunden schon seit Jahren kennt, und jemanden, der genau weiß, wie man den Vorstellungen von Frauen entgegenkommt? Diese Einsicht ist inzwischen selbst in Traditionskonzernen angekommen, etwa beim Siemens-Chef Peter Löscher, der befand, im Management seines Hauses gebe es zu viele »weiße, deutsche Männer«, und im April 2009 den ersten »Chief Diversity Officer« einsetzte. Schützenhilfe bekommt er nicht nur von einer McKinsey-Studie, die belegt, dass von etlichen Hundert börsennotierten Konzernen in Europa diejenigen im Schnitt erfolgreicher sind, die von gemischten Teams aus Männern und Frauen geleitet werden.[85] Auch das Marktforschungsinstitut Gallup hat sich des Themas »Diversity« in einer repräsentativen Studie zur Innovationskraft von US-Unternehmen angenommen und kam zu dem Schluss, »dass gut gemanagte gemischte Teams erfolgreicher sind als homogene« und eine »deutlich höhere Kreativität« aufweisen.[86] Die entscheidende Frage ist allerdings: Was heißt

»gut gemanagt«? Wer gemischte Teams mit wechselnder Besetzung gut führen will, dem hilft ein Basiswissen, wie Teams funktionieren.

Teamrollen

Die Grundidee von Teamwork ist, dass sich die Stärken der Teammitglieder ergänzen und so zu einem besseren Gesamtergebnis führen. Damit sind nicht nur verschiedene Fachkompetenzen gemeint, sondern auch unterschiedliche Persönlichkeitstypen. Abteilungen, in denen lauter detailverliebte Perfektionisten zusammenfänden, wären für viele Aufgaben ebenso ungut wie solche mit lauter durchsetzungsstarken Machern, die einen Großteil ihrer Energie unweigerlich in Konkurrenzkämpfen vergeuden würden.

Der britische Psychologe und Berater R. Meredith Belbin entwickelte eine Typologie von neun Teamrollen, die Ihren Blick auf Ihr Team schärfen kann[87]:

1. Umsetzer (Company-Worker, Implementer) Umsetzer sind ergebnisorientierte Pragmatiker, die diszipliniert und systematisch arbeiten und an Machbarkeit interessiert sind. Sie sind effektiv und verlässlich und häufig im Management zu finden. Manchmal fehlt es ihnen an Spontaneität und Flexibilität.

2. Koordinator (Chairman, Co-ordinator) Koordinatoren sind selbstsicher und zielorientiert und gehen vorurteilsfrei auf andere zu. Das befähigt sie, Verantwortung für eine Gruppe von Menschen mit unterschiedlichen Fähigkeiten und Persönlichkeiten zu tragen und integrierend zu wirken. Allerdings sind sie häufig weniger kreativ oder intellektuell. Im Zusammenspiel mit Machern drohen aufgrund des unterschiedlichen Führungsstils Konflikte.

3. Macher (Shaper) Macher sind hoch motivierte, energische Führungspersönlichkeiten, extrovertiert, zielorientiert und fordernd. Sie treiben die Dinge voran und scheuen weder Konflikte noch unpopuläre Entscheidungen. Sie sind nicht sehr flexibel und tolerant und reagieren emotional auf Frustrationen. Wenn Strukturen und Menschen in Bewegung gebracht werden müssen, sind sie eine gute Besetzung. In ruhigerem Fahrwasser sind sie schnell unterfordert.

4. Neuerer/Erfinder (Plant) Erfinder sind kreativ und fantasievoll. Sie entwickeln Ideen, verlieren dabei aber schon mal die Bodenhaftung und damit die Umsetzbarkeit ihrer Vorschläge aus den Augen. Eher introvertiert, arbeiten sie am liebsten allein; Kommunikation ist nicht ihre Stärke. Besonders wertvoll sind ihre Fähigkeiten bei der Ideenfindung; die anschließende Umsetzung langweilt sie eher.

5. Weichensteller (Resource Investigator) Weichensteller sind extrovertierte, lebendige und begeisterungsfähige Persönlichkeiten, kommunikativ und kontaktfreudig. Sie entwickeln selten eigene Ideen, greifen Neuerungen aber rasch auf, beschaffen Ressourcen und stellen nützliche Kontakte her. Sie sind gute Netzwerker und »Botschafter« des Projektes, brauchen jedoch viel Bestätigung von außen.

6. Beobachter (Monitor-Evaluator) Beobachter sind besonnene Analytiker, die Entscheidungen gründlich durchdenken und durch das Abwägen von Pro und Kontra manchmal die Geduld ihrer Umgebung auf die Probe stellen. Enthusiasmus lässt sie kalt, auch fehlt ihnen die Fähigkeit, andere zu inspirieren oder anzutreiben. Ihre Stärken sind ihr kritischer Verstand und die Fähigkeit zur treffsicheren Analyse komplexer Probleme.

7. Teamarbeiter (Teamworker) Teamarbeiter sind gute Zuhörer, einfühlsam und diplomatisch. Sie fördern das Wir-Gefühl, sorgen für eine angenehme Arbeitsatmosphäre und integrieren neue und schwächere Teammitglieder. Die Kehrseite ihrer Anpassungsfähigkeit ist oft ein hohes Harmoniebedürfnis, gepaart mit Konfliktscheu.

8. Perfektionist (Completer/Finisher) Perfektionisten arbeiten gewissenhaft und präzise. Sie sind die Idealbesetzung, wenn eine Aufgabe genau und konzentriert bearbeitet werden muss. Für Menschen, die nicht so strukturiert arbeiten, haben sie wenig Verständnis. Aufgaben an andere abzugeben fällt ihnen daher schwer.

9. Spezialist (Specialist) Für Spezialisten hat das eigene Fachgebiet einen hohen Stellenwert, für andere Themen oder Persönlichkeiten sind sie nur schwer zu begeistern. Ihre hohe Professionalität und ihr Berufsethos machen sie zu exzellenten Beratern in fachlichen Spezialfragen; jenseits davon sind sie eher schwer in eine Gruppe zu integrieren.

Wie jede Typologie, so vereinfacht auch diese; Menschen entsprechen niemals reinen Typen. Die meisten Mitarbeiter vereinen Merkmale von zwei bis drei Teamrollen – es gibt beispielsweise umsetzungsorientierte Macher, perfektionistische Erfinder und Weichensteller, die zugleich enthusiastische Teamarbeiter sind. Dennoch lohnt es sich, sein eigenes Team einmal auf diese Typologie hin zu betrachten und die Teamzusammensetzung bei der vorübergehenden oder dauerhaften Neubesetzung von Stellen im Hinterkopf zu haben. Konkret kann das heißen:

- Sie können Mitarbeiterfluktuation nutzen, um gezielt ein Ungleichgewicht im Team auszugleichen, beispielsweise, wenn Sie der Meinung sind, bereits zu viele harmonieorientierte Teamplayer oder zu viele ideenreiche Erfinder zu haben. Schauen Sie im Vorstellungsgespräch nicht nur auf Fachkompetenzen und eine diffuse persönliche Chemie, sondern werden Sie sich vor dem Zusammentreffen mit Bewerbern klar darüber, welche Persönlichkeitsmerkmale und Teameigenschaften ein Neuzugang mitbringen sollte.
- Sie sollten vermeiden, durch Doppelbesetzung von Rollen harte Konkurrenzkämpfe zu provozieren, etwa indem Sie ein weiteres Teammitglied mit ausgesprochener Machermentalität einstellen, wenn es bereits mehrere Platzhirsche gibt, oder durch mehrere kreative Erfinder endlose Diskussionen provozieren. Wettbewerb ist nur bis zu einem gewissen Grad ein Leistungsansporn; wenn er das Klima vergiftet, leidet auch die Produktivität.
- Es lohnt sich, auch bei Interimsbesetzungen große Sorgfalt walten zu lassen. Da jeder Neue das Teamgefüge erst einmal belastet, sollten Sie mit Bedacht auswählen. Selbst ein Praktikant, der nicht ins Team passt, läuft eben nicht nur mit, sondern strapaziert die Nerven seiner Betreuer. Das gilt erst recht für Elternzeitvertretungen, Aushilfen oder befristete Anstellungen. Wenn wir Mitarbeiter nicht mit der nötigen Sorgfalt auswählen, werden die Kollegen darunter leiden müssen. Sie haben die Mühe, immer wieder Neue einzuarbeiten und sich mit ihren

Schwächen auseinanderzusetzen. Sie werden kaum Entlastung erfahren, wenn jemand nicht der Richtige am richtigen Platz ist. Dann ist die Versuchung groß, denjenigen einfach links liegen zu lassen – das ist nicht nur eine Verschwendung von Ressourcen, sondern führt auch zu Demotivation auf beiden Seiten. Hinzu kommt: Ein Zeitarbeiter oder eine befristet Angestellter, der frustriert von dannen zieht, ist ein schlechter Werbeträger für das Unternehmen und Sie persönlich. Negative Erfahrungen werden bekanntlich viel häufiger verbreitet als positive. Auch wenn es nur um eine kurzzeitige Besetzung geht, sollte das kein Argument sein, Mitarbeiter zwischen Tür und Angel einzustellen.

- Beziehen Sie Mitarbeiter in die Auswahl neuer Kollegen mit ein. Das kann beispielsweise durch einige Probearbeitstage geschehen, nach denen Sie die Eindrücke erfragen. Hinzu kommt: Wer seine temporäre Aushilfe selbst mit ausgewählt hat, gibt sich bei der Einarbeitung in der Regel mehr Mühe.

- Schaffen Sie ein Klima, in dem Unterschiede wertgeschätzt werden und neue Kollegen eher als Bereicherung denn als Belastung empfunden werden. Heben Sie bei der Vorstellung neuer Mitarbeiter, in Zweiergesprächen oder in Meetings individuelle Stärken hervor und schaffen Sie ein Bewusstsein dafür, dass jeder Eigenschaften mitbringt, von denen alle profitieren – der eine zum Beispiel seinen klaren analytischen Blick, der andere unkonventionelle Ideen, der Dritte Kontaktstärke. Lenken Sie die Aufmerksamkeit auf Begabungen, nicht auf Defizite, und unterstützen Sie eine Aufgabenverteilung, in der Talente zum Tragen kommen.

Teamphasen

Wenn sehr erfolgreich gearbeitet wird, führen wir das gern auf ein »eingespieltes Team« zurück. Dahinter steht die Erkenntnis, dass sich eine gute Zusammenarbeit erst einmal einstellen muss. Verschiedene Wissenschaftler, darunter der US-amerikanische Psychologe Bruce W. Tuckman, haben erforscht, wie sich Gruppen konsolidieren. Tuckman fasste die Phasen in einer bündigen Formel zusammen: »Forming – Storming – Norming – Performing«, später hat er eine Phase »Adjourning« ergänzt.

1. Orientierung (Forming) Im Vordergrund steht das gegenseitige Kennenlernen und die Orientierung in der Gruppe. Meist gehen die Teammitglieder höflich-abwartend miteinander um.

2. Konfrontation (Storming) Die unterschiedlichen Auffassungen über Ziele und Vorgehensweisen sowie über die Rollenverteilung im Team prallen aufeinander. Diese Konflikte müssen ausgetragen werden. Was hier unter den Teppich gekehrt wird, bricht ziemlich sicher irgendwann wieder auf und hemmt eine produktive Zusammenarbeit.

3. Regelung (Norming) Die Gruppe handelt Spielregeln für die Zusammenarbeit aus. Arbeitsabläufe werden vereinbart, die Rollenverteilung steht fürs Erste fest.

4. Zusammenarbeit (Performing) In dieser Phase findet die Gruppe zu Produktivität und Arbeitslust, wenn Konflikte beigelegt sind, man Vertrauen zueinander gefasst hat und sich Arbeitsabläufe und Rollenverteilung eingespielt haben. Erst jetzt kann man sich als Führungskraft zurücknehmen und darauf vertrauen, dass ein eingespieltes Team seine Aufgaben weitgehend selbstständig löst.

5. Abschied und Transfer (Adjourning) Einzelne Gruppenmitglieder verlassen die Gruppe oder die Gruppe löst sich auf. Die Sachaufgaben sind für Einzelne oder die Gruppe abgeschlossen, es gilt Übergabe und Transfer zu organisieren und auf psychosozialer Ebene den Abschied zu gestalten.

Aufgabe der Führungskraft im Prozess der Gruppenbildung ist es, das Ziel immer wieder ins Bewusstsein zu rücken, Konflikte zu schlichten und bei der Etablierung von Spielregeln zu unterstützen.

Nun ist es ja nicht so, dass Sie im Arbeitsalltag laufend völlig neue Teams installieren – es sei denn, Sie sind Projektleiter. Aber ein eingespieltes Räderwerk wird schon durch einzelne Zu- und Abgänge zumindest zeitweise ins Stocken gebracht, wie das Eingangsbeispiel zeigt. Bei Neueinstellungen haben wir im Blick, dass der neue Mitarbeiter eine stressige Phase durchmacht und sich erst einmal zurechtfinden muss. Wir vergessen darüber gern, dass jeder Neue auch das eingespielte Team mehr oder weniger aus der Balance bringt und unter Stress setzt. Bisherige Mitarbeiter werden sich fragen, ob die Rollen jetzt neu verteilt werden. Einige werden sich vielleicht bedroht fühlen – möglicherweise ist der neue Kollege ja kompetenter oder engagierter, und sei es nur, weil er seine Aussichten auf eine Festanstellung erhöhen will? Einige Alteingesessene wiederum werden sich Chancen ausrechnen, ungeliebte Aufgaben loszuwerden, und versuchen, vollendete Tatsachen zu schaffen. Der Neuzugang stellt durch sein Verhalten überdies eingespielte Abläufe und Spielregeln infrage, zum Teil aus Unwissenheit, zum Teil gezielt und mit viel Selbstbewusstsein. Wer noch nicht betriebsblind ist, sieht eben manches anders als die alten Hasen in der Abteilung. Ob das produktiv genutzt werden kann oder gleich hohem Anpassungsdruck zum Opfer fällt, hängt von Ihnen als Führungskraft ab. Und auch der Weggang von Teamkollegen bringt Unruhe – man hatte sich miteinander arrangiert, und nun muss man sich plötzlich neu sortieren. Es geht Know-how verloren, und es fehlt jemand, mit dem man sich im Idealfall auf Zuruf verstand. Unterm Strich bedeutet das: Fluktuation wirft Ihr Team zwar nicht komplett in die Storming-Phase zurück, kann aber zumindest für einige heftige Böen sorgen. Ihre Präsenz als Führungskraft ist unweigerlich stärker gefragt, wenn Sie verhindern wollen, dass daraus ein echter Sturm wird.

Was ratsam ist:

- Bereiten Sie Ihr Team darauf vor, wenn es viel Wechsel und wenig Stabilität geben wird. Wenn man weiß, was auf einen zukommt, kann man leichter damit umgehen. Unterstreichen Sie, dass Toleranz nötig sein wird, Konfliktfähigkeit, Feedbackfähigkeit sowie Mut zur Auseinandersetzung. Unterstützen Sie das klare Formulieren von Erwartungen und fördern oder gestalten Sie ein Minimum von Grundregeln, die im Team gelten sollen.
- Wenn möglich, geben Sie Ihrer Abteilung genügend Zeit, sich wieder zu finden und zu konsolidieren. Vermeiden Sie pausenlose Wechsel. Wenn ein Team überhaupt nicht mehr zur Ruhe kommt, riskieren Sie Ärger, Überdruss und Demotivation der Langzeitmitarbeiter. Die Bereitschaft, sich auf neue Kollegen einzustellen und »schon wieder« zu erklären, wie alles funktioniert, sinkt. Spätestens bei dem Spruch »Muss man sich den Namen merken?« sollten Ihre Alarmglocken anschlagen.
- Investieren Sie mehr Zeit in Führung, wenn Ihre Abteilung häufige Wechsel verkraften muss. Dann sind Sie als Leuchtturm gefragt, der

immer wieder die gemeinsame Richtung funkt. Was ist das Ziel? Worauf kommt es wirklich an? Stehen Sie als Moderator zur Verfügung, wenn es Konflikte gibt, vertagen Sie klärende Gespräche nicht auf später. Reagieren Sie sensibel auf Reibereien oder gar Anfeindungen. Bieten Sie Unterstützung an, wenn sich die Zusammenarbeit neu einspielen muss; helfen Sie Spielregeln zu formulieren. Je instabiler die Teamzusammensetzung ist, desto klarer und eindeutiger und desto häufiger müssen Sie Position beziehen.

- Fördern Sie den Gruppenzusammenhalt durch soziale Events. Am ehesten gelingt das, wenn Sie ein Abteilungsritual einführen, das Ihre Mitarbeiter mögen und das wenig Aufwand verursacht. Das könnte ein Freitagsfrühstück einmal im Monat sein, das reihum organisiert wird, ein gemeinsames Mittagessen an einem Tag der Woche, ein Kulturstammtisch, gemeinsames Bowlen. Schauen Sie, was zu Ihrer Abteilung passt, fragen Sie Ihre Mitarbeiter nach Vorschlägen. Das Erfolgsgeheimnis heißt Regelmäßigkeit: So werden neue Kollegen schneller integriert und das Team findet nicht nur räumlich wieder zusammen. Damit sind wir schon bei Ihrer zentralen Herausforderung ...

Was Sie tun können: willkommen heißen, integrieren, verabschieden

Wenn Sie ein Team mit wechselnder Besetzung möglichst erfolgreich machen wollen, sollten Sie den gesamten Prozess von der Eingliederung von Mitarbeitern bis zu deren Ausscheiden gezielt managen. Im Einzelnen:

Das Onboarding gestalten

Wie nehmen Sie neue Crewmitglieder an Bord? Diesen Prozess bezeichnen Personalmanager heute als »Onboarding«. Ein gutes Onboarding ist so wichtig, weil die Entscheidung über den Verbleib in einem Unternehmen in den ersten Tagen und Wochen getroffen wird. Das kann ich aus eigener Anschauung gut nachvollziehen: An meinem ersten Tag als Trainee in einem weltweit operierenden Unternehmen – ich kam frisch von der Uni und war hoch motiviert – setzte man mich an einen Katzentisch im Großraumbüro und fragte: »Ach, was machen wir denn jetzt mit Ihnen, hm ...« Dann gab man mir für die ersten vierzehn Tage einen gefühlte 50 Zentimeter hohen Stapel mit Tarifverträgen, Betriebsvereinbarungen und Ähnlichem zum Lesen. Ich musste mit den Augenlidern und der Müdigkeit kämpfen, sah drumherum das Leben toben und fühlte mich komplett überflüssig.

Der erste Eindruck zählt; das gilt auch am neuen Arbeitsplatz. Ist alles vorbereitet, was der neue Mitarbeiter braucht – Büroausstattung, Telefon- und PC-Anschluss, Visitenkarten oder Spind, Arbeitskleidung, Essensmarken? In erschreckend vielen Unternehmen hapert es schon an diesen schlichten Dingen. Ist jemand aus dem Team beauftragt, die neuen Mitglieder einzuweisen und mit allem vertraut und bekannt zu machen? Ein Mentoringsystem wäre genauso denkbar wie Patenschaften für Neue für die ersten zwei Wochen. Ist das Team vorinformiert, wann die Neuen kommen, wie lange sie bleiben, was ihre Aufgabe sein wird? Wer sorgt für eine ausführliche Vorstellungsrunde? All das sollte geschehen, auch wenn es Zeit kostet. Der Einstieg in die Arbeit wird reibungsloser laufen, die Neuen werden sich besser mit dem Unternehmen und dem Team identifizieren und ebenfalls gute Werbung für die Firma machen. Und wenn Sie diesen Prozess einmal verbindlich geregelt haben, wird Sie das weniger Zeit kosten als ein für alle Seiten unerfreuliches und immer wieder anderes Ad-hoc-Verfahren.

Know-how-Transfer

Wir müssen definieren, auf welchen Arbeitsplätzen wir uns die Instabilität leisten können, und welche Kernkompetenzen wir uns langfristig sichern sollten. Wo sind die Schlüsselfiguren und Schlüsselkompetenzen im Team, die wir langfristig binden wollen beziehungsweise abbilden müssen? Welche Kompetenzen müssen im Unternehmen bleiben, wenn wir dessen Erfolg nicht gefährden wollen? Wie sichern wir das fachliche Know-how und verhindern, dass wichtige (Er-)Kenntnisse mit dem Ausscheiden eines Mitarbeiters unwiederbringlich verloren gehen? Neben einer klugen Personalpolitik geht es hier um klassische Managementaufgaben wie Standardisierung, Dokumentation, Transparenz der Prozesse, Aufbau einer entsprechenden IT-Infrastruktur, sodass nichts verloren geht und neue Mitarbeiter sich schnell in Aufgaben hineinfinden können.

Umgang mit Abwesenden

Halten Sie Kontakt zu Mitarbeitern, die Ihre Abteilung zeitweise verlassen und ins Ausland, in die Elternzeit oder in ein Sabbatical gehen. Dabei helfen einige kleine Routinen: Achten Sie zum Beispiel darauf, dass die Betreffenden zu Social Events der Abteilung weiterhin eingeladen werden, dass sie auf der Geburtstagsliste stehen und einen Gruß oder Blumenstrauß bekommen, dass sie über grundsätzliche Entwicklungen informiert werden, etwa den Jahresbrief ebenfalls erhalten, den manche Chefs im Januar an ihre Mitarbeiter schreiben. Hier geht es um wenige Gesten im Jahresverlauf, die eine Nabelschnur zum alten Arbeitsplatz bilden. Ermuntern Sie die Weggehenden, selbst Kontakt zu halten und gelegentlich von sich zu berichten, und behandeln Sie deren manchmal bange Frage »Was erwartet mich, wenn ich zurückkomme?« offen und fair – versprechen Sie nichts, was Sie nicht halten können.

Interkulturelle Zusammenarbeit

Arbeitsweisen, Werte, Einstellungen – all das wird auch durch unseren kulturellen Hintergrund geprägt. Es würde den Rahmen dieses Buchs sprengen, hier näher auf die verschiedenen Nationen einzugehen. Nur so viel: Unterschiede lauern oft schon da, wo wir sie gar nicht vermuten, wenn die erste, oberflächliche Kommunikation unkompliziert verläuft. So kann es in Projekten zu knirschen beginnen, weil Amerikaner eher die schon erledigten und »super« gelaufenen Themen vermelden, während wir in Deutschland mit Vorliebe die noch offenen und schwierigen Punkte in den Vordergrund rücken. Wir gehen Präsentationen eher chronologisch an und enden mit Handlungsempfehlungen, während Amerikaner mit Zukunftsvisionen starten und von da zu konkreten Aktionen übergehen. Uns Deutschen wird häufig mit leichter Irritation nachgesagt, wir wären so deutlich, harsch und undiplomatisch zueinander. Im Gegenzug sind wir manchmal arg begriffsstutzig, wenn Engländer versuchen, auf »typisch britische« Art Kritik anzubringen, nämlich sehr freundlich und als Frage verpackt. Folge: Die kritische Botschaft kommt gar nicht bei uns an, unsere Verhaltensänderung bleibt aus – und die Engländer wundern sich, warum wir so stur sind.

Dies ist nur ein winziger Ausschnitt aus einem unendlichen Fundus von Unterschiedlichkeiten und Möglichkeiten, sich misszuverstehen. Und während wir uns bei indischen, chinesischen oder russischen Kollegen der Unterschiede eher bewusst sind, stolpern wir bei vermeintlich vertrauteren Kulturen oft unvorbereitet in Konflikte. Es lohnt sich daher, sich mit kulturellen Unterschieden zu befassen und sein Team vorzubereiten, indem man über Werte, Arbeitsweisen, Erwartungen, Meilensteine, Unterschiede und Gemeinsamkeiten miteinander spricht und vereinbart, wie man es zum Beispiel mit Verbindlichkeiten, Erfolgsmeldungen, Ehrlichkeit im Ansprechen von Fehlern oder Zweifeln sowie beim Äußern von Kritik halten möchte. Dafür bietet sich ein Kick-off-Meeting an, das von der Moderation durch einen einschlägigen Experten stark profitiert. Arbeitet man mit denselben Nationen immer wieder zusammen, kann ein interkulturelles Training für die deutschen Teammitglieder zu diesem Land sinnvoll sein, dasselbe gilt natürlich umgekehrt.

Altersunterschiede managen

Erst langsam keimt in den Unternehmen die Erkenntnis, dass gute Personalarbeit sich zukünftig auf die Mitarbeiterbedürfnisse in unterschiedlichen Lebensphasen einstellen muss, um angesichts des drohenden Fachkräftemangels alle Ressourcen zu nutzen. Beim Karrierestart Anfang bis Mitte 20, in der folgenden Familiengründungsphase, dann jenseits der 40, wenn immer öfter Angehörige zu pflegen sind, und schließlich jenseits der 50, wenn die Körperkräfte nachlassen, erfordert die Lebenssituation jeweils andere Rahmenbedingungen für das berufliche Engagement. Jede dieser Lebensphasen hat wertvolles Potenzial für den Arbeitgeber: bei den Jungen neue Ideen und der Wunsch sich zu beweisen; im mittleren Lebensabschnitt die größere Übersicht, das fundierte Know-how und die Fähigkeit, komplexe Aufgaben zuverlässig zum Erfolg zu führen; bei den Älteren ein reicher Erfahrungsschatz, die Gelassenheit, sich aus den Karrierescharmützeln der Jüngeren herauszuhalten sowie beratend und unterstützend zu wirken. Wenn es gelingt, gegenseitiges Verständnis zu wecken, können alle profitieren. So fördert beispielsweise Rudolf Kast, Geschäftsleiter Human Resources bei der Sick AG, einem auf Sensorenfertigung spezialisierten Betrieb, gezielt die Bildung altersgemischter Projektteams. Sein Fazit: »Die Älteren bringen ihre Erfahrungen und ihr Wissen über Abläufe im Unternehmen mit, die Jüngeren ihr aktuelles Methoden- und Fachwissen – das ergänzt sich gut.«[88]

Dazu gilt es allerdings, Altersrivalitäten zu vermeiden. Wir wissen ja längst, dass die Klage über »die Jugend von heute« ebenso alt ist wie die über die »rückständigen Alten«. Am besten bringen Sie die Menschen zusammen, wenn Sie über die Unterschiede und die Stärken jeder Altersgruppe offen reden. Sprechen Sie es an, wenn in Meetings der Erfahrungsschatz der Älteren gefragt ist und man gemeinsam auslotet, welche Fehler man nicht ein zweites Mal machen muss. Genauso sollte aber der Vorsprung der Jüngeren auf anderen Feldern anerkannt werden, etwa bei neuen Technologien, und niemand sollte etwas dabei finden, einen »Jungspund« zu fragen, wie es geht. Zeigen Sie Fingerspitzengefühl, wenn ein älterer Mitarbeiter einen jüngeren Chef bekommt. Hier wird sozusagen für beide Beteiligten die »natürliche« Ordnung des »Lernens vom Alter« auf den Kopf gestellt und es kann zu Verstrickungen kommen, wenn nicht beide zu Beginn dieser Konstellation unterstützt werden. Chefaufgabe ist also eindeutig, darauf zu achten, dass alle mit gleicher Wertschätzung behandelt werden, dass es keine Randgruppen gibt, sondern man sich miteinander zu Dream-Teams ergänzt. Altersgemischte Teams sollten angekündigt, bewusst und begründet zusammenstellt werden. Dann halte ich sie für die beste Arbeitsform, weil sie am ehesten Innovationskraft und Umsetzungsstärke verbindet.

Gerecht managen

Was heißt es, vor dem Hintergrund der häufigen Wechsel und der starken Diversität, die wir in vielen Betrieben heute schon haben und zunehmend bekommen werden, gerecht zu managen? Ich meine, das heißt vor allem: auf Ausgewogenheit zu achten. Wie entlohnen oder belohnen wir die Leistungsträger in unserem Team, die nicht zur fordernden Fraktion gehören? Schauen wir selbst genug hin, wer es ist, der immer wieder den Karren zieht? Ist uns klar, auf wen wir regelmäßig zugehen, wenn wir knifflige oder besonders eilige Aufträge haben? Meistens trifft es dann dieselben drei bis fünf Kollegen. Deren Zeitkonten und Nerven werden regelmäßig stärker strapaziert als die derjenigen, die schlicht ihren Job machen und sich gern zurückhalten, wenn Arbeit vergeben wird. Ein Burnout droht nicht diesen Mitarbeitern, sondern den besonders Engagierten. Was tun wir also, um unsere »Rennpferde« zu schonen und ihnen auch mal die grüne Wiese ohne ein Turnier zu gönnen? Auszeiten, weniger stressige Projekte, Weiterbildungsfreiräume – das sind Möglichkeiten. Das Einholen von Unterstützung und das aktive Angebot zur Entlastung sind weitere Möglichkeiten. Und wenn es um Elternzeit, Pflegepause oder Sabbatical geht, schauen Sie auch, wie Sie das Anliegen gerade solcher Mitarbeiter erfüllen können und wer die Vertretung oder Überbrückung übernehmen kann. Gehen Sie flexibel auf Veränderungen im Leben Ihrer Mitarbeiter ein, so wie diese auch flexibel auf Veränderungen im Job eingehen. Behalten Sie die Balance von Geben und Nehmen im Blick. Das gilt auch für diejenigen, die das System für sich ausnutzen und immer den eigenen Vorteil im Auge haben – und diese haben Sie sicher längst für sich identifiziert.

Außerdem tun wir gut daran, uns mehr »Rennpferde« zu leisten und mehr junge Talente aufzubauen. Dabei gilt es, die Hoffnungsträger langsam durch kleinere Bewährungsproben auf die großen Turniere vorzubereiten, sodass die Aufgaben der kommenden Jahre auf mehr Schultern verteilt werden können. Ihre Leistungsträger werden es Ihnen danken, denn auf die Dauer macht sich sonst in dieser Gruppe Frust breit: »Keiner sieht es, ich bin immer der Blöde, bei dem das nächste Projekt landet. Es sind immer dieselben, die vom Chef erst groß gelobt werden und dann eine neue Aufgabe aufgedrückt bekommen. Und unsere Kollegen grinsen sich eins, nach dem Motto: ›Selbst schuld, Ihr müsst mehr jammern!‹«

Mitarbeitern am Karrierestart tun Sie ebenfalls einen Gefallen, wenn Sie sie fordern. Die Jüngeren wollen sich beweisen, und anspruchsvolle Projekte gestemmt zu haben, ist die beste Referenz für den nächsten Karriereschritt – oder die nächste Bewerbung, wenn Sie nur eine befristete Aufgabe bieten können.

Offboarding und Transfer

Jeder, der geht, nimmt etwas mit und lässt etwas zurück: Wissen, Erfahrungen, Eindrücke, Veränderungspotenziale, die er entdeckt, aber nicht mehr umgesetzt hat. Wie sollen diese Schätze gehoben werden? Einzelnen Teammitgliedern sollte die Verantwortung für die Übergabe und den Transfer übertragen werden. Außerdem empfiehlt es sich, mit ausscheidenden Mitarbeitern ein Austrittsinterview zu führen. Ein festgelegter Leitfaden könnte zum Beispiel folgende Fragen umfassen:

- Wie arbeiten wir zusammen?
- Was war Ihr Eindruck über uns als Team?
- Wo sehen Sie Verbesserungspotenzial?
- Was müsste sich hier ändern, damit es noch runder läuft?
- Wo sehen Sie unsere Stärken?
- Was hat Ihnen besonders gut gefallen, was gar nicht?
- Was sollten wir Ihrem Nachfolger mitgeben?

Wer geht, tut sich weniger schwer damit, Klartext zu reden. Davon können Sie nur profitieren und auf längere Sicht werden Sie feststellen, wo tatsächlich etwas im Argen liegt und wo Kritik eher eine Einzelmeinung darstellt. Wenn Sie selbst solche Austrittsinterviews nicht führen wollen, holen Sie sich Unterstützung von außen. Ein neutraler Personalexperte kann eine Gesprächsatmosphäre erzeugen, in der ausscheidende Mitarbeiter gerne Auskunft geben, und er kann das, was er hört, vorurteilsfrei auswerten.

Zum Exit-Management gehört natürlich auch, dass ausscheidende Mitarbeiter zeitnah ein angemessenes Zeugnis erhalten. Mitarbeitern, die Sie mit großem Bedauern ziehen lassen (müssen), sollten Sie aktive Unterstützung anbieten, beispielsweise in Form einer persönlichen Referenz oder in Form von Empfehlungen an andere Arbeitgeber innerhalb Ihres Netzwerkes. Langjährige Mitarbeiter, die in den Ruhestand gehen, haben einen angemessenen Abschied verdient, der ihre Leistung und ihre Verdienste persönlich würdigt und allen noch einmal ins Gedächtnis ruft. Damit zeigen Sie gleichzeitig Ihre grundsätzliche Wertschätzung für die Leistung der Älteren. Ein fairer und menschlicher Abschied lohnt sich, auch wenn er sich nicht in Heller und Pfennig aufrechnen lässt: Er stärkt aber das Ansehen des Unternehmens, Ihr Image und ein positives Klima in Ihrer Abteilung. Dazu später mehr in Kapitel 6, wo es um Change-Prozesse geht.

Fazit: Offene Führungskräfte gefragt

»Eine offene Kultur lässt sich nicht beim Unternehmensberater um die Ecke bestellen«, schreibt der Publizist Wolf Lotter in *Brand eins*, und er hat Recht damit.[89] Doch je flexibler unsere Teams zusammengesetzt sind, je häufiger Mitarbeiter auf Zeit integriert werden müssen, je vielfältiger unsere Belegschaften sind, desto mehr Offenheit ist von allen Beteiligten gefordert. Nur wer immer wieder aufgeschlossen auf den anderen zugehen kann, kommt mit dem permanenten Wechsel klar. Wer Ruhe und Routine zum höchsten Gut erklärt und der guten alten Zeit nachtrauert, wird sich damit schwertun.

Natürlich gibt es in jedem Team Menschen, die neugierig sind auf Neues, und solche, die am liebsten alles beim Alten lassen würden. Es gibt die Abenteurer, die am liebsten jedes Jahr im Urlaub auf eigene Faust einen neuen Kontinent entdecken würden, und die Traditionalisten, die seit 20 Jahren an denselben See reisen und dort in derselben Pension Quartier nehmen. Menschen, die jedes neue Restaurant ausprobieren, und solche, die beim Lieblingschinesen seit Jahren die Nummer 17 bestellen. Das Abteilungsklima insgesamt wird jedoch entscheidend von der Frau oder dem Mann an der Spitze geprägt. In unruhigen Zeiten ist es gut, wenn dort jemand steht, der offen ist für neue Menschen und neue Ideen. Jemand, der das Anderssein aushalten kann – andere Kulturen, andere Sichtweisen, andere Arbeitsgewohnheiten. Jemand, der Probleme offen anspricht und so Konflikte früh entschärft und Machtspielen den Boden entzieht. Jemand, der sich dafür interessiert, wie es den Menschen um ihn herum geht, und der das auch ausstrahlt. Diese Art der Offenheit – gepaart mit angemessenen Abläufen für das On- und Offboarding – ist die beste Voraussetzung dafür, eine bunt gemischte Truppe immer wieder zu einem schlagkräftigen Team zusammenzuschweißen, das seine Ziele erreicht, kurz: zu integrieren.

4 Wie führt man so, dass man die Besten gewinnt – und hält?
Der Chef als Werbeträger

Know-how-TrägerInnen sind ein flüchtiges Gut.

Gudrun Vater

Unternehmenswelten: *In einer Seminarpause klagt mir der Geschäftsführer eines mittelständischen Software-Entwicklers sein Leid. Gerade habe sein bester Programmierer gekündigt, um zurück nach Indien zu gehen und dort zu heiraten. Die Eltern hätten ihn zurückbeordert, da sein jüngerer Bruder eine Familie gründen wolle und er als Ältester traditionsgemäß vorangehen müsse. Die Braut sei schon gefunden. Auf meine Frage, ob er auf dem deutschen Bewerbermarkt denn keinen Ersatz für ihn bekommen werde, gerade jetzt in der wirtschaftlichen Krise, zieht er erstaunt die Augenbrauen hoch:»In eine Kleinstadt im Bergischen Land? Da kriegen Sie die Leute nicht hin. Und X war im Programmieren spitze. Bloß diese Sache mit der Heirat …«*

Ende der 90er Jahre prägte ein McKinsey-Berater den Begriff »War for Talent«. Er steht für die zunehmende Konkurrenz, mit der sich Unternehmen darum bemühen müssen, Fachkräfte zu gewinnen und zu halten. Seitdem ist es für Unternehmen in vielen Bereichen nicht einfacher geworden, qualifizierte Fachkräfte zu finden. Heute gehen die McKinsey-Berater davon aus, dass in Deutschland im Jahre 2020 etwa zwei Millionen Arbeitskräfte fehlen könnten.[90] Da mutet es angesichts von 65000 Schulabbrechern Jahr für Jahr schon ein wenig seltsam an, dass wir uns eine jahrelange Diskussion über die Finanzierbarkeit von Frühförderung, Kindergartenplätzen und Ganztagsschulen leisten. Gesucht sind – anders als in den 90er Jahren – nicht nur intellektuelle Überflieger mit Prädikatsexamen, Auslandserfahrung und hoher Sozialkompetenz, zielstrebig dokumentiert durch ehrenamtliches Engagement: Auch begabte Facharbeiter sind in manchen Bereichen längst Mangelware. Wie seit Jahrzehnten werden die Mädchen immer noch am liebsten Bürokauffrau, Einzelhandelskauffrau, Sprechstundenhilfe (offiziell: medizinische Fachkraft) oder Friseurin, die Jungen Kfz-Mechaniker oder Bürokaufmann.[91] Und so kommt es, dass ein Dachdeckermeister im Rhein-Neckar-Gebiet Aufträge ablehnen muss, weil seine 22 Dachdecker, Bauwerksabdichter und Solartechniker trotz Überstunden und Samstagsarbeit nicht mehr nachkommen. »Ich könnte zurzeit 40 Leute gebrauchen«, sagt Tobias Kohl, der den Familienbetrieb in der dreizehnten Generation führt, und nennt die Situation schlicht eine Katastrophe.[92]

Qualifizierte und engagierte Mitarbeiter sind tatsächlich das höchste Gut eines Unternehmens, heute mehr denn je. Gerade in Zeiten, in denen der Wettbewerber oft nur einen Mausklick oder ein paar Straßen entfernt ist oder in Low-Cost-Countries billiger, wenn auch nicht unbedingt besser produziert, muss man einiges tun, um Kunden zu halten. Und dafür sind vor allem die richtigen Fachkräfte entscheidend. Es geht also darum, die Besten zu finden, sie für das eigene Unternehmen zu gewinnen und sie dort auch zu halten. Dabei spielen die Führungskräfte eine Schlüsselrolle. Zum einen verlassen Mitarbeiter häufig Chefs und nicht Unternehmen – wie der jährliche Gallup Engagement Index immer wieder betont. Und so kommt es darauf an, als Führungskraft zukünftig noch genauer hinzuschauen, ob das eigene Führungsverhalten so ist, dass man Sie als guten Chef empfiehlt und sich kaum vorstellen kann, die Fühler auf dem Arbeitsmarkt auszustrecken. Zum anderen sind die Zeiten vorbei, in denen Standardanzeigen und ausgetretene Pfade beim Recruiting ausreichten, um mit interessanten Bewerbungen überschüttet zu werden. Gerade die interessanten Kandidaten schauen sich heute sehr genau an, wohin sie gehen. Auch hier sind die Führungskräfte gefragt, Fantasie zu entwickeln. Im besten Fall so viel Fantasie, dass sich der gute Ruf der Abteilung oder des Unternehmens herumspricht und gute Mitarbeiter andere gute Mitarbeiter nachziehen.

Ein gutes Image zählt mehr als viele schöne Worte. Überzeugende PowerPoint-Präsentationen zum Schlagwort »Employer-Branding« bescheren Ihnen noch keinen neuen Mitarbeiter, sind aber ein Anfang. Dieses Schlagwort wird seit etwa 15 Jahren für den Versuch benutzt, Konzepte aus der Markenbildung (Branding) für die Positionierung eines Unternehmens als attraktiver Arbeitgeber fruchtbar zu machen. Gern wird betont, dass dies »strategisch« geschehen müsse, »interdisziplinär« und – natürlich – auch »ganzheitlich«, so eine Darstellung der DEBA (Deutsche Employer Branding Akademie).[93] Doch die beste Kampagne nützt wenig, wenn die Realität im Unternehmen den Werbeversprechen nicht entspricht. Inzwischen weiß man, dass es die Diskrepanz zwischen Hochglanzbroschüre und Wirklichkeit ist, die Mitarbeiter frustriert. Fehlen Imagetexte und Lippenbekenntnisse, wiegt es weniger schwer, dass die Realität nicht so rosig ist. Es wurden wenigstens keine Erwartungen enttäuscht, die man zuvor selbst geweckt hat. Leider sind für viele kleine Unternehmen oder Teams in Unternehmen aufwändige Marketingaktionen weder finanziell noch zeitlich leistbar, wenn man etwa schaut, was allein die Teilnahme an Hochschulabsolventenmessen kostet. In diesem Kapitel folgen daher ein paar alltagstaugliche Empfehlungen, die Ihnen helfen könnten, trotz knapper werdender Ressourcen gut im Rennen zu bleiben. Vorab noch ein kurzer Blick auf die auch hier wieder aufschlussreichen Zahlen.

Der Wettbewerb um Talente in Zahlen

»Mehr als 90 Prozent der deutschen Unternehmen erwarten einen zunehmenden Wettbewerb um die besten Fachkräfte«, so die *Wirtschaftswoche* im Mai 2009 unter Berufung auf die groß angelegte Studie »Recruiting Trends 2009«, die die Universitäten Frankfurt am Main und Bamberg in Zusammenarbeit mit dem Online-Portal Monster durchführte. Über vier Fünftel der Unternehmen haben demnach Probleme, offene Stellen zu besetzen. Weniger Sorgen müssen sich große Unternehmen mit attraktiven Marken und hippem Image machen: Beim Internet-Dienstleister Google gehen weltweit pro Jahr 1,7 Millionen Bewerbungen ein, allein in Deutschland sind es 40 000.[94] Angehende Ingenieure würden am liebsten bei Audi, Porsche oder BMW arbeiten; Informatiker bei Google, IBM oder SAP; Naturwissenschaftler bei der Max-Planck-Gesellschaft, der Fraunhofer-Gesellschaft oder bei Bayer; Wirtschaftswissenschaftler bei Porsche, Lufthansa oder BMW. Auf die Plätze 1 bis 3 im Ranking der beliebtesten Arbeitgeber schaffen es ausschließlich DAX-Unternehmen.[95] Als Meier GmbH in Hintertupfingen hat man es da schwer. Und wer liest, wie viele Ingenieure eines Absolventenjahrgangs allein die großen Unternehmen von Audi bis Siemens jährlich abschöpfen, wundert sich nicht, dass der Bewerbermarkt phasenweise leergefegt ist. Doch auch die Top-1000-Unternehmen klagen über Fachkräftemangel – in 37 Prozent aller Stellenbesetzungen rechnen sie mit Schwierigkeiten, für 4 Prozent rechnen sie damit, gar keine geeigneten Kandidaten zu finden (»Recruiting Trends 2010«).[96]

Angesichts von mehreren Millionen Arbeitslosen mutet es zunächst absurd an, wenn vom Handwerker um die Ecke bis zum großen Unternehmen der Mangel an passenden Mitarbeitern beklagt wird. Das »Kompetenz Center Mitarbeiterbindung« der Unternehmensberatung I. O. Business bringt das Dilemma auf den Punkt: Arbeitslose besäßen »zu einem großen Teil lediglich Qualifikationen für die Ausübung von solchen Tätigkeiten, die in den Niedriglohnländern zu weitaus geringeren Kosten erbracht werden«. So viel zur von manchen Politikern aufgestellten These, man müsse nur die eigenen Arbeitslosen qualifizieren, dann bräuchte man auch keine Zuwanderung: Das ist reiner Populismus.

Die Personalexperten prognostizieren, dass sich die Kluft zwischen gefragten Kompetenzen auf der einen Seite und verfügbaren, aber nicht gefragten Kompetenzen auf der anderen Seite in den nächsten Jahren noch vergrößern wird. Um das zu unterstreichen, genügt ein Blick auf die Bevölkerungsentwicklung: 1985 kamen auf einen 65-Jährigen drei 20-Jährige, aktuell steuern wir auf einen Gleichstand zu und in etwa 20 Jahren werden einem 20-Jährigen zwei Bundesbürger im Rentenalter gegenüberstehen.[97] Das Forschungsinstitut Prognos hat errechnet, dass bis 2030 die Zahl der Menschen im erwerbsfähigen Alter um knapp 6 Millionen sinken wird und dass dann den Unternehmen etwa 5 Millionen Fachkräfte fehlen werden. Der Abwärtstrend hat bereits begonnen, schon 2010 standen den Unternehmen 110 000 Arbeitnehmer weniger zur Verfügung als 2009.[98] Wir werden uns in Zukunft viel mehr anstrengen müssen, die richtigen Fachkräfte zu finden – und sie auch zu halten.

Sie haben vielleicht selbst schon die Erfahrung gemacht, dass selten diejenigen kündigen, deren Weggang man gut verschmerzen könnte. Auf deren Kündigung wartet man oft lange und noch öfter vergebens. Oft gehen die Besten, denn gerade sie haben auch anderswo Chancen. Es geht bei solchen Eigenkündigungen um mehr als um die Kränkung der »Führungsehre«, die manchen Vorgesetzen auf stur schalten lässt, sobald ein geschätzter Mitarbeiter sein Kündigungsschreiben überreicht hat. Es geht auch um viel Geld. Auf 1,5 bis 2 Jahresgehälter inklusive aller Nebenkosten schätzen Berater die Kosten, die dem Unternehmen durch die Abwanderung einer Spitzenkraft entstehen; die RWTH Aachen geht bei Topmanagern sogar von bis zu 3 Jahresgehältern aus, bei einem sehr hoch qualifizierten Mitarbeiter immerhin von circa 70 000 Euro, bei einem qualifizierten von circa 32 000 Euro, bei einer Verkäuferin von circa 7 000 Euro.[99] Unternehmen verschätzen sich in diesem Punkt häufig nach unten, aber außer den direkten Kosten für das Recruiting (von der Anzeige bis zum externen Personalberater) schlagen nicht nur die Übergangskosten für den neuen Mitarbeiter zu Buche (Umzugskosten, Hotelkosten, Trennungspauschale), sondern auch die geringere Arbeitsleistung des ausscheidenden Mitarbeiters in den letzten Monaten oder Wochen, der geringere Output des neuen Mitarbeiters während der Einarbeitungszeit sowie die Zeit, die jemand aufbringen muss, um den Neuen einzuarbeiten. Kunden, die möglicherweise abwandern (oder mit dem Ausscheidenden mitwandern), Ideen und Kenntnisse, die verloren gehen, oder Aufträge, die liegen bleiben, sind da noch gar nicht mit einkalkuliert.

Auf diese Weise kommen Summen zusammen, mit denen man in Sachen Mitarbeiterbindung viel bewegen könnte. Und wenn man schaut, mit welch geringem Engagement neue Mitarbeiter oder Führungskräfte ausgewählt werden, wundert man sich und wünscht sich den gleichen Aufwand, der für eine Maschine, die dasselbe kostet, betrieben wird: Zwei Ingenieure und ein Chef fahren zur Messe und zum Hersteller, Firmen werden zur Präsentation eingeladen, man verhandelt und irgendwann unterschreibt man dann einen Vertrag. Und zwischendurch wird nachgefragt, überprüft, getestet. Frappierend, verglichen mit den zwei kurzen Interviews, die manchmal zu einer Personalentscheidung führen, wobei im ersten womöglich überwiegend der Arbeitgebervertreter spricht und im zweiten »eigentlich schon alles klar« ist. Entsprechend hoch – zu hoch! – ist die Quote derer, die bis zum Ende der Probezeit das Unternehmen wieder verlassen.

Führungsfragen

Personalgewinnung verlangt heute deutlich mehr, als ein ausgefülltes Stellenprofil an die Personalabteilung zu schicken oder die Anzeige von vor fünf Jahren nach einer Kündigung rasch zu aktualisieren und wieder in die Tageszeitung zu setzen. Wer exzellente Mitarbeiter sucht, sollte langfristig denken und ausgetretene Wege verlassen. Folgende Fragen stellen sich dabei:

- Wie gewinnen Sie attraktive Nachwuchskräfte und engagierte Mitarbeiter – besonders, wenn Ihr Unternehmen nicht auf die Strahlkraft einer bekannten Marke setzen kann?

- Was können Sie jenseits der ausgetretenen Pfade der Mitarbeiterrekrutierung tun? Welche Instrumente, welche Methoden bieten sich an?
- Wie können Sie zum guten Ruf Ihres Unternehmens beitragen und dafür sorgen, dass dieser sich herumspricht?
- Wie können Sie durch gezielte Weiterbildung und andere Entwicklungsmöglichkeiten Ihre Leistungsträger selbst heranziehen?
- Wie verhindern Sie, dass die besten Mitarbeiter wieder abwandern (und Know-how und Kontakte mitnehmen)?

Was Mitarbeiter sich wünschen

Über Motivation ist schon viel geschrieben und geforscht worden, und die Grundtendenz aller Forschungsergebnisse seit Jahrzehnten bleibt dieselbe: Es ist nicht primär Geld, das Mitarbeiter ans Unternehmen bindet und sie mit Engagement arbeiten lässt – das wäre zu einfach. Es sind weiche Faktoren wie Arbeitsklima, Gestaltungsfreiräume, Eigenverantwortung. Damit haben alle die gleichen Chancen. 2010 veröffentlichte der *Harvard Business Manager* eine aktuelle Studie, für die mehr als 3 400 Arbeitnehmer befragt wurden: »Wie wichtig sind Ihnen bestimmte Motivatoren auf einer Skala von 1 (unwichtig) bis 5 (sehr wichtig)?« Ergebnis war die folgende Rangliste (siehe Tabelle auf Seite 90).

Interessant an der Erhebung[100] sind neben der Rangfolge die unterschiedlichen Gewichtungen von Führungskräften und Mitarbeitern, die in der Übersicht zusätzlich durch Pfeile verdeutlicht werden: ↑ bedeutet, dass ein Faktor gemessen an der Gesamtstichprobe für diese Gruppe wichtiger, ↓ bedeutet, dass er weniger relevant ist. Arbeitsklima und positives Feedback von Kollegen oder Vorgesetzten sind demnach für Führungskräfte weniger relevant als für ihre Mitarbeiter, desgleichen die Arbeitsplatzsicherheit. Möglicherweise unterschätzen manche Chefs aus diesem Grund, wie wichtig Lob ist und wie verheerend sich drohende Entlassungen auswirken können – einfach, weil beide Faktoren sie selbst nicht ganz so stark berühren.

Wie Sie sehen, taucht das Gehalt auf den Rängen 1 bis 10 überhaupt nicht auf; bei Männern folgt dieser Faktor auf Rang 11, bei Frauen auf Rang 13. Eine wichtigere Rolle spielt die Sicherheit des Arbeitsplatzes. Erhellend ist in diesem Zusammenhang eine Unterscheidung, die der Motivations-

Rangliste der Motivatoren

Motivator	Alle Befragten		Führungs-kräfte	Mitarbeiter
	Rang	»Sehr wichtig«	Rang	Rang
Zufriedenheitsgefühl	1.	62 %	2. ↓	1.
Arbeitsklima, Freude und gute Stimmung in der Abteilung	2.	53 %	4. ↓	2.
Eigenverantwortliches Handeln, Freiräume, aktive Teilnahme am Entscheidungsprozess	3.	53 %	1. ↓	4. ↓
Gesicherter Arbeitsplatz	4.	40 %	8. ↓	3.
Eigene Visionen und Lebensziele	5.	39 %	5.	5.
Herausforderung der Tätigkeit	6.	37 %	3. ↑	6.
Sinn der Aufgabe, ihre Bedeutung für meine persönliche oder berufliche Entwicklung	7.	31 %	6. ↑	7.
Eigene Erfahrungen, die ich einsetzen kann	8.	24 %	9. ↓	10. ↓
Rückmeldungen vom Vorgesetzen oder Kollegen	9.	22 %	11. ↓	8. ↑
Das gesetzte Ziel, die Aufgabe selbst	10.	22 %	7. ↑	14. ↓

Quelle: Harvard Business Manager 2/2010, Sonderheft »Motivation«, S. 18

forscher Frederick Herzberg schon 1968 traf. Grundlage waren Mitarbeiterbefragungen in einem Dutzend US-Unternehmen. Der Wirtschaftsprofessor fragte schlicht: »Tell me about a time when you felt exceptionally good/bad about your job.« (etwa: Wann haben Sie sich bei Ihrer Arbeit außergewöhnlich gut/schlecht gefühlt?) Aus rund 3 500 Vorfällen am Arbeitsplatz destillierte Herzberg »Hygienefaktoren« auf der einen und »Motivatoren« auf der anderen Seite heraus. Zu Ersteren zählen unter anderem: Arbeitsbedingungen, Sicherheit, das Verhältnis zu Vorgesetzten sowie das Verhältnis zu Arbeitskollegen. Gestalten sich Hygienefaktoren negativ, führt das zu Unzufriedenheit. Erfüllen sie die Erwartungen, führt das jedoch nicht zu besonderer Begeisterung – Hygienefaktoren werden als selbstverständlich vorausgesetzt. Die Motivatoren dagegen sind: Erfolg, Anerkennung, Arbeitsinhalt, Verantwortung, Vorwärtskommen, Entwicklung. Hier liegt die Wurzel echten Engagements.[101] Daran scheint sich über die Jahrzehnte nichts Grundlegendes geändert zu haben: 2008 veröffentlichte die *Süddeutsche Zeitung* die Ergebnisse einer Befragung unter 20 000 US-amerikanischen Angestellten, die ihren Job gewechselt hatten. Als Hauptursache nannten sie nicht schlechte Bezahlung, sondern »das Gefühl, nicht ausreichend gewürdigt worden zu sein«.[102]

Das macht insofern Mut, als es wirklich um weiche Faktoren geht – und da kann sich jeder engagieren.

Es ist daher kein Zufall, dass verschiedene Wettbewerbe, die mit viel Presseaufmerksamkeit jeweils die »besten Arbeitgeber« auswählen, stark auf weiche Faktoren wie Klima und Führungskultur setzen. Die Initiative TOP JOB kürt jährlich aufgrund von Mitarbeiterbefragungen und einer Befragung der HR-Leiter die »besten Arbeitgeber im Mittelstand«. Die Fragen werden zu den Bewertungskategorien »Führung & Vision«, »Motivation & Dynamik«, »Kultur & Kommunikation, »Mitarbeiterentwicklung & -perspektive«, »Familienorientierung & Demografie« sowie »Internes Unternehmertum« gebündelt.

Dabei werden Fragen aufgeworfen wie:

- »Pflegen Sie einen inspirierenden Führungsstil oder sind Sie eher in der ergebnisorientierten Führung verhaftet?«
- »Werden in Ihrem Unternehmen gemeinsame Werte gelebt?«
- »Herrscht ein Klima des Vertrauens, und wie gut funktioniert die interne Kommunikation?«
- »Bieten Sie die zum Unternehmen und zur Belegschaft passenden Entwicklungsperspektiven?«
- »Lassen sich Beruf und Familie gut vereinbaren?«
- »Sind die Mitarbeiter Unternehmer im Unternehmen, und wie viel Spielraum haben sie für eigene Ideen?«[103]

Das GREAT PLACE TO WORK® INSTITUTE als Konkurrenzunternehmen, das ebenfalls jährlich Unternehmen aller Branchen und Größen prämiert, formuliert kurz und bündig: »Aus Sicht der Beschäftigten ist ein ›great place to work‹ ein Arbeitsplatz, ›an dem man denen vertraut, für die man arbeitet, stolz ist auf das, was man tut, und Freude hat an der Zusammenarbeit mit den anderen‹.«[104] Ob die wunderbaren Plaketten und Siegel tatsächlich alle Recruitingprobleme lösen, wie ihre Erfinder versichern (»Werden Sie ein Teil der gefragten besten Arbeitgeberriege Deutschlands. Bieten Sie dem Fachkräftemangel die Stirn ...«, so TOP JOB), sei dahingestellt. Auch mit Basisarbeit vor Ort lässt sich viel bewegen, wie das folgende Unternehmensbeispiel zeigt.

Ein Dörfchen im Schwarzwald, dessen größte Attraktion die »erste weltweit größte Kuckucksuhr« ist – immerhin: Dort, in Schonach, stellt die Burger-Gruppe mit knapp 500 Mitarbeitern Maschinenteile wie Getriebe, Antriebe und mechatronische Systeme her. Das Unternehmen ist ein Familienbetrieb, der vor 150 Jahren im Keller eines Schonacher Bauernhauses gegründet wurde. In Schonach macht man gerne Urlaub, aber dorthin ziehen, um zu arbeiten? Die Burgers zogen aus ihrem Personalnotstand eine ehrgeizige Schlussfolgerung: »Wenn der Markt uns nichts gibt, müssen wir uns die Fachkräfte, die wir brauchen, eben selbst heranziehen«, so Personalchefin Silke Burger. Man engagiert sich an örtlichen Schulen, gründete vor zehn Jahren einen »runden Tisch« von Ausbildungsleitern und Lehrern der Haupt- und Werkrealschule, beteiligt sich an einem dualen Studiengang, unterstützt Schonacher Vereine. Vor allem aber bietet man den Mitarbeitern mehr als ein Durchschnittsunternehmen: Auszubildende organisieren jährliche Workshops zu Themen wie Umweltschutz und arbeiten in Projekten von »Energie sparen« bis »Happy Sheep«, wo sie Verantwortung für ein Dutzend Schafe seltener Rassen vom Stallbau bis zur Wollproduktion übernehmen. Neue Azubis fahren zum Kennenlernen auf eine Berghütte; der Chef Thomas Burger trifft sich vierteljährlich mit dem Nachwuchs zum Stammtisch. Wenn nötig, gibt es während der Ausbildung betrieblichen Nachhilfeunterricht. Mit der »Burger-Akademie« gründete man überdies eine Art unternehmenseigene Volkshochschule mit Angeboten von Sport bis Kochen. All das geschieht natürlich nicht aus reinem Altruismus, sondern weil man Mitarbeiter finden und im Unternehmen halten will. Der Mittelständler sorgt vor, wie der Unternehmenschef sagt, »indem wir mit einer hohen Ausbildungsquote von 15 Prozent im Rahmen des kommenden demografischen Wandels hier rechtzeitig schauen, dass unsere Belegschaft auch in Zukunft gesichert ist«. Mit Erfolg: Imagekampagnen und teure Anzeigen sind überflüssig. Es hat sich herumgesprochen, dass es sich beim Burger gut arbeitet.[105]

Wer sich an seinem Arbeitsplatz wohlfühlt, empfiehlt das Unternehmen weiter, das belegen auch Umfragen. So berichtet das IFAK Institut in seinem »Arbeitsklima-Barometer«, dass über zwei Drittel der Arbeitnehmer, die sich ihrem Unternehmen stark verbunden fühlen, der folgenden Aussage uneingeschränkt zustimmen: »Wenn ein Freund bzw. eine Freundin oder ein Verwandter bzw. eine Verwandte eine Arbeitsstelle suchen würde, würde ich ihm bzw. ihr empfehlen, sich bei meinem derzeitigen Unternehmen zu bewerben.« Bei Mitarbeitern ohne emotionale Bindung, die innerlich schon gekündigt haben, sind es nur 5 Prozent. Und wer sich wohlfühlt, bleibt. 98 Prozent der emotional an den Arbeitgeber gebundenen Mitarbeiter sind sich sicher, dass sie auch in einem Jahr noch für ihr derzeitiges Unternehmen arbeiten werden. Bei den emotional ungebundenen sind es nur 31 Prozent.[106]

Für Unternehmen kann das nur heißen: Gute Personalarbeit ist mittel- bis langfristig angelegt. Und sie setzt vor allem auf gutes Klima, gezielte Förderung und Eigenverantwortung. Faire Arbeitsbedingungen, etwa bei Gehalt, Urlaub und Arbeitszeiten, sind eine gute Basis (»Hygienefaktoren«) – nicht mehr, aber auch nicht weniger. Eine positive »Unternehmensmarke« ist mehr als ein schickes Logo und eine ansprechende Firmenfarbe, mehr als ein zündender Claim und eine durchgestylte Corporate Identity. Bei einer echten Marke weiß man, wofür sie steht, welche Werte sie glaubhaft verkörpert. Das funktioniert auch ohne riesiges Marketingbudget – vorausgesetzt, ein Unternehmen hat Führungskräfte, die die Marke mit Leben erfüllen.

Was Sie tun können: für einen exzellenten Ruf sorgen

Wie können Sie dafür sorgen, dass Ihr Image als Arbeitgeber so gut wie möglich ist und dass sich herumspricht, wie gut und gern man bei Ihnen arbeiten kann? Im Folgenden einige Grundsätze – und einige Anregungen, aus denen Sie das für Ihre Situation Passende auswählen können.

Führungskultur

Gute Führung ist das A und O guter Personalarbeit. Dabei geht es weniger um imposante Leitbilder als um grundsätzliche Fragen des Miteinanders, die sich in folgenden Stichworten umreißen lassen: Respekt, Wertschätzung, ein freundlicher Umgangston; Zeit haben, wenn es Probleme gibt; Interesse für Menschen, Fairness, Geradlinigkeit, Zuverlässigkeit. Schon bei der Einstellung von Führungskräften sollte man im Blick haben, ob die Person, die vor einem sitzt, diesen Ansprüchen genügen kann und vor allem will. Die Einstellung zur Führungsrolle, das Menschenbild, der innere Wertekompass, alles das ist wichtig, um im Führungsalltag die richtigen Prioritäten zu setzen und sie immer wieder in den Fokus zu nehmen. Insofern ist manchmal das Verhalten des Bewerbers gegenüber dem Pförtner oder der Abteilungssekretärin auf dem Weg zum Vorstellungstermin aussagekräftiger als die sorgfältig einstudierte Selbstpräsentation. Wie viel Schaden eine Führungskraft mit mangelnder Sozialkompetenz anrichten kann, habe ich in meinem Buch *Was Ihre Mitarbeiter wirklich von Ihnen erwarten* ausführlicher untersucht. Spätestens dann, wenn sich Krankmeldungen, Qualität der Teamergebnisse und Eigenkündigungen häufen, können Sie das auch in Zahlen fassen.

Motivationsexperten betonen schon seit Jahrzehnten, es genüge, Mitarbeiter nicht zu demotivieren. Und in der Tat ist schon viel gewonnen, wenn verbreitete Fehler in der Führung vermieden werden. Welches sind die wichtigsten Führungsfehler, die es zu vermeiden gilt?[107]

Fehler 1: Sich nicht mit Menschen auseinandersetzen mögen Vorgesetzte, die sich in ihrem Büro verschanzen, die den Kontakt zu ihren Mitarbeitern so weit wie möglich einschränken, die sich nicht für den Menschen hinter der Aufgabe interessieren und dies auch ausstrahlen, trüben die Arbeitsfreude. Je unpersönlicher es am Arbeitsplatz zugeht, desto eher kommt ein Mitarbeiter auf die Idee, er sei austauschbar – und sucht das Weite, wenn er Alternativen sieht.

Fehler 2: Illoyalität Mitarbeitern gegenüber Vorgesetzte, die alle Lorbeeren für sich reklamieren und die Verantwortung für Fehlentwicklungen den Mitarbeitern zuschieben, verletzen das Gerechtigkeitsempfinden der Menschen. Das gilt auch, wenn ein Chef sich in schwierigen Situationen nicht vor seinen Mitarbeiter stellt oder dem Hörensagen vertraut, ohne das direkte Gespräch mit dem Betroffenen zu suchen. Loyalität ist ein Pakt auf Gegenseitigkeit.

Fehler 3: Die Hierarchie strapazieren Autoritäres Auftreten, das Führen mit Machtworten, wo Überzeugungsarbeit gefragt ist, zeitigen immer Folgen: Wer Mitarbeitern ständig sagt, was sie tun sollen, darf nicht überrascht sein, wenn sie bald nur noch das tun, was man ihnen sagt. Auch das Messen mit zweierlei Maß, etwa Sparappelle an die Mitarbeiterschaft und Boni für die Führungsmannschaft, kommt einem Missbrauch der Hierarchie gleich.

Fehler 4: Die Hierarchie leugnen Wer ins andere Extrem verfällt und sich vor der Führungsrolle drückt, schafft ein Machtvakuum, in das andere vorstoßen, etwa dominante Mitarbeiter oder ambitionierte Führungskollegen. Laisser-faire führt daher meist zu einer informellen Führung oder gar einer inoffiziellen Hackordnung, die gute Mitarbeiter in die Flucht schlägt.

Fehler 5: Keine Vertrauenskultur Vertrauen ist längst als ökonomische Kategorie etabliert, etwa durch Publikationen von Reinhard Sprenger *(Vertrauen führt)*[108] oder Gertrud Höhler *(Warum Vertrauen siegt)*[109]. Eine faire, transparente, vertrauensvolle Zusammenarbeit macht aufwändige Kontrollen überflüssig und führt am ehesten dazu, dass Menschen ihr Bestes geben. Eine Kultur des Misstrauens lähmt und entmutigt. Taktische Spielchen, leere Versprechungen, Wortbruch und Illoyalität untergraben das Vertrauen.

Fehler 6: Unangemessene Kommunikation Unangemessen sind alle Formen von Ruppigkeit, aber auch Schuldzuweisungen, Unterstellungen, Nicht-Zuhören, vorschnelles Urteilen, Ignoranz, verbale und nonverbale Zeichen des Desinteresses (in Unterlagen blättern, während der Mitarbeiter berichtet, mit den Fingern trommeln usw.). Hilfreich sind offene, konstruktive Fragen (»Was können wir tun?«) statt Schuldzuweisungen (»Wer ist dafür verantwortlich?«). Ein wichtiges Erfolgsmoment ist auch Ihre Bereitschaft, sich auf das Gegenüber einzustellen. Einen peniblen Controller überzeugen Zahlen und Fakten, einen hemdsärmeligen Macher pragmatische Argumente, einen enthusiastischen Visionär große Ziele.

Fehler 7: Schlechte Informationspolitik Wichtige Informationen zwischen Tür und Angel und ad hoc einberufene Meetings, Informationspolitik nach der Devise »Wissen ist Macht« oder auch Unklarheit darüber, welche

Informationen Sie wann und auf welchem Wege erwarten, streuen Sand ins Getriebe und verunsichern. Die meisten Mitarbeiter können sich auf unterschiedliche Führungspersönlichkeiten einstellen, verzweifeln aber an Chaos und Unberechenbarkeit.

Entwicklungsmöglichkeiten

Kühl kalkulierende Personalfachleute beurteilen das »Humankapital« eines Unternehmens ähnlich wie ein Wertpapierportfolio: Was trägt ein Mitarbeiter zum Gesamterfolg bei? Als Kriterien fungieren bei der Portfolio-Technik aktueller Output und zukünftiges Potenzial:

Einordnung von Mitarbeitern mittels Portfolio-Technik

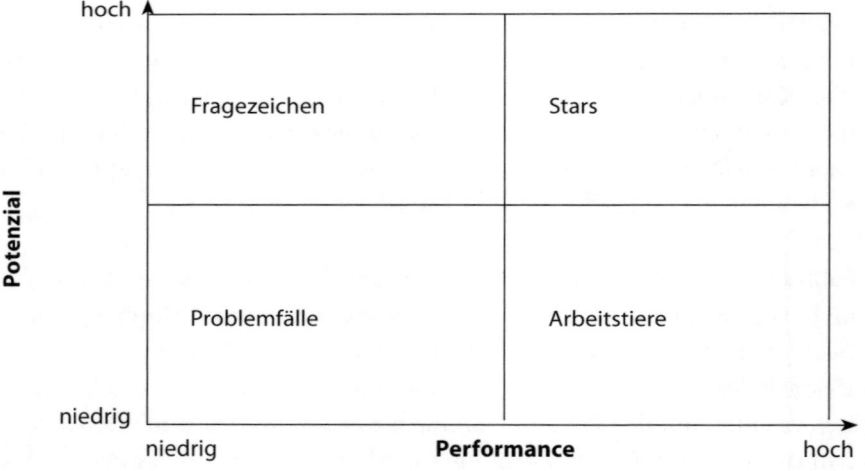

Auf den ersten Blick mag das zynisch wirken, doch wenn Sie ganz ehrlich sind, »sortieren« Sie Ihre Mitarbeiter im Geiste wahrscheinlich auch nach dem Beitrag, den sie zum Ganzen leisten. Wer Mitarbeiter halten will, muss ihr jeweiliges Potenzial erkennen und bewusst anerkennen; Differenzierung ist der erste Schritt für sinnvolle Personalentwicklung. Die unterschiedliche Verteilung von Potenzial und Leistung bedarf unterschiedlicher Führungsansätze.

1. Gruppe: »Probleme« Wer wenig Leistung zeigt und leider auch kein Potenzial für andere, höherwertigen Aufgaben hat, sollte im ersten Schritt damit konfrontiert werden und daran mitwirken, den Leistungsaspekt zu verbessern, denn geringes Potenzial kann man niemandem vorwerfen. Sollte sich auch nach klaren Gesprächen und eindeutigem Erwartungs-management nichts ändern, kann man versuchen, eine andere, passende Stelle im Unternehmen zu finden, wo Leistung erbracht wird. Ist dies jedoch nicht möglich oder der Mitarbeiter zeigt, dass er zum Beispiel ein generelles Motivationsproblem hat, sollte man über eine konstruktive Trennung nachdenken. Letztlich leidet mittelfristig auch das Team unter einem solchen Kollegen, für den andere mitarbeiten müssen.

2. Gruppe: »Fragezeichen« Hat jemand hingegen viel Potenzial für eine höherwertige Stelle, zeigt jedoch noch keine Leistung oder keine Leistung mehr, können im Wesentlichen zwei verschiedene Ursachen zugrunde liegen, die bearbeitet werden sollten. Entweder ist jemand neu in einer Position, zum Beispiel ein vielversprechender Jungakademiker direkt nach dem Traineeprogramm, und muss sich erst einarbeiten, bevor er Leistung zeigt – dann braucht er Ihre Unterstützung, um sich noch besser und zeit-nah einzuarbeiten. Die andere Variante könnte sein, dass jemand unter-fordert ist, sich langweilt und gedanklich schon auf dem Absprung ist, die Leistung daher leidet und man durch eine Beförderung wieder Rücken-wind erzeugt – das klärt ein Gespräch und Ihre Bewertung. Diese Gruppe nennt man häufig die »Fragezeichen«, weil sich erst nach den gestellten Fragen zeigen wird, ob das Potenzial auch Leistung nach sich ziehen wird. Wenn nicht, nützt das ganze Potenzial auf Dauer leider auch nichts.

3. Gruppe: »Stars« Die Vertreter der dritten Gruppe, die manchmal als »Stars« bezeichnet werden, verfügen über hohes Potenzial für »noch mehr« und eine gleichzeitig hohe Leistung. Dies sind diejenigen, die Nachwuchs-kräfte für die nächsthöhere Stufe sein werden, die wesentliche Hoffnungs-träger des Unternehmens werden können, wenn sie denn genug gefördert werden können, um zu bleiben. Durch ambitionierte Projekte, heraus-fordernde Aufgaben und manchmal auch durch den nächsten Karriere-schritt können Sie diese Mitarbeitergruppe gut halten und weiter reifen lassen. Können Sie so jemanden nicht halten, lassen Sie ihn wohlwollend weiterziehen. Eine bessere Werbung für Ihre Abteilung können Sie kaum machen. Und manch einer ist schon für den übernächsten Karriereschritt wieder zurückgekommen.

4. Gruppe: »Arbeitstiere« Die vierte Gruppe, die Leistungsträger hingegen, die ohne viel Aufhebens Berge wegschaffen und die man manchmal fast vergisst, eben weil sie nicht laut für sich trommeln, braucht vor allem Anerkennung: in Form von Lob, Aufmerksamkeit und Wertschätzung ihrer Leistung, durch Großzügigkeit, wenn es um Weiterbildung, Messebesuche, Prämien oder schlicht um Büroausstattung geht. Dies sind die Mitarbeiter, die ein Unternehmen in großer Breite tragen, sie sind das Fundament, das wir insbesondere in schnelllebigen Zeiten benötigen, um weiterhin gute Qualität zu liefern. Sie erwirtschaften die meisten Umsätze und sorgen für die Zukunftsfähigkeit des Unternehmens. Das wird manchmal vergessen. Wenn wir gemeinsam mit Kundenunternehmen diese Portfolios erstellen, verwenden wir meist ein Sechser-Portfolio, das noch ein wenig mehr Differenzierung innerhalb der Kategorien zulässt und nicht ganz so weh tut, wenn man letztlich Namen hineinschreiben muss. Es ist sehr interessant zu sehen, dass man bei einer gesunden Mengenverteilung der Mitarbeiter von gut 60 Prozent bei den Leistungsträgern ausgehen kann. Es kann und sollte nicht das Ziel sein, nur »Stars« zu beschäftigen.

Ein anderer Gedanke zur Entwicklung von Mitarbeitern wird in der IT-Branche verfolgt: Immer mehr Unternehmen gewähren ihren Mitarbeitern Freiräume zum Tüfteln an eigenen Ideen – Kreativzeiten zur freien Verfügung. So wirbt beispielsweise die IT-Beratung ITEMIS mit dem Arbeitszeitmodell 4 + 1, das jedem Mitarbeiter pro Arbeitswoche einen Tag für persönliche Weiterentwicklung zusichert. Personalvorstand Jens Trompeter sagt dazu: »Viele Bewerber kommen wegen dieses Modells zu uns. Unsere Berater sind produktiver, die Entwickler halten sich auf dem neuesten Stand.«[110] Erfunden hat dieses Modell möglicherweise der Branchenstar Google, bei dem Entwickler ebenfalls 20 Prozent ihrer Arbeitszeit frei nutzen und diese Zeit frei über ihre Arbeitswoche verteilen können.[111] Google Earth oder Gmail sollen Früchte dieser Freiheit sein. Und selbst im Traditionskonzern Bosch dürfen die 25 000 Forscher im Zentralbereich Forschung und Vorausentwicklung 5 Prozent ihrer Arbeitszeit auf eigene Projekte verwenden und sind niemandem Rechenschaft schuldig, was sie in dieser Zeit tun.[112] Vielleicht müssen wir uns auch in Branchen außerhalb von IT und Technik von der Idee verabschieden, Mitarbeiter zentral von oben gesteuert »zu entwickeln« und mehr Zutrauen fassen, dass ambitionierte Mitarbeiter sich selbst entwickeln, wenn man sie nur lässt und ihnen ein angemessenes zeitliches und/oder finanzielles Budget dafür einräumt? Mitarbeiter haben inzwischen verstanden, dass es ihre beste Versicherung ist, am eigenen Marktwert zu arbeiten. So schaffen sie es mit höherer Wahrscheinlichkeit, im Arbeitsleben nicht aus der Kurve getragen zu werden. Das gilt leider nicht für alle Mitarbeitergruppen, insofern bedarf es hier Ihrer gezielten Analyse und der richtigen Schlussfolgerungen.

Ausbildung und Förderung

Wenn immer weniger qualifizierte Mitarbeiter bereitstehen, werden diejenigen Unternehmen die Nase vorn haben, die in Nachwuchsarbeit investieren – denken Sie an die oben vorgestellte Burger-Gruppe aus Schonau. Zeit und Ideen sind dabei ebenso wichtig, wenn nicht wichtiger als Geld: Zeit, um genau hinzuschauen, wen man als Auszubildenden oder Praktikanten ins Unternehmen holt. Sorgen Sie auch für eine wertschätzende Aufnahme im Unternehmen, ob durch einen Begrüßungstag, ein »Event« zum Ausbildungsstart (vom Azubi-Fest bis zum gemeinsamen Ausflug). Oft klappt es nicht einmal mit dem Aushang am Schwarzen Brett, mit dem die Neuen vorgestellt werden. Ebenso wichtig ist Hilfe beim Einstieg, etwa durch Paten oder Buddys. Freiräume für Projekte zeigen, dass man dem Nachwuchs etwas zutraut: In manchen Handelsunternehmen führen Azubis für einen begrenzten Zeitraum eine Filiale, in anderen wird ihnen ein Messeauftritt übertragen oder die Willkommensfeier für den nächsten Jahrgang. Erfolgshotelier Klaus Kobjoll unternimmt mit Auszubildenden Exkursionen zu Spitzenhotels im In- und Ausland. Porsche rekrutiert inzwischen 80 Prozent seiner Neuzugänge aus einem »Pole Position« genannten Programm für besonders talentierte Praktikanten, so die *Wirtschaftswoche* im Mai 2009. In vielen anderen Unternehmen dagegen werden Praktikanten als unbezahlte Kräfte ausgenutzt, was sicher keine gute Werbung für ein Unternehmen ist. Negativerlebnisse werden vielfach weitererzählt. Um den Ruf Ihres Unternehmens zu fördern, sollten Sie eher positiv überraschen – beispielsweise, indem Sie auch die Leistung von Praktikanten finanziell anerkennen.

Für Mitarbeiter, die schon länger im Unternehmen sind, können Jobrotation, befristete Aufenthalte in Auslandsfilialen oder Hospitanzen in Partnerunternehmen Möglichkeiten der persönlichen Weiterentwicklung jenseits klassischer Seminarprogramme bieten. Interessierte Mitarbeiter mit langjähriger Erfahrung profitieren außerdem selbst davon, wenn sie als Ausbilder, Paten oder Mentoren zum Einsatz kommen: Die intensive Auseinandersetzung mit Einsteigern lässt eigene Routinen hinterfragen und bringt einen dadurch auch selbst weiter.

Personalentwicklung ist Führungsaufgabe. Auch in diesem Zusammenhang sind die Bedeutung und das Gewicht von Führungspersönlichkeiten deutlich geworden. Umso wichtiger, dass wir bei der Besetzung von Führungspositionen in Zukunft sehr engagiert und differenziert vorgehen und dabei viel größere Sorgfalt walten lassen als bisher leider oft zu beobachten.

Ein Aspekt dabei ist das Zutrauen in Menschen, die nicht auf Anhieb unserem inneren Bild einer Führungskraft entsprechen, das leider oft ziemlich einseitig ist. Ich frage in meinen Vorträgen mitunter: »Wenn Sie sich einen typischen Chef vorstellen, welches Bild haben Sie da im Kopf?« Die Antworten lassen sich zu diesem Klischeebild zusammenfassen: Mann ab Mitte 40, groß, weiß, ohne Migrationshintergrund, gern mit grauen Schläfen. Dieses Bild müssen wir aufweichen, sodass auch der ehrgeizige Migrant oder die zierliche Frau mit Kindern eine echte Chance haben. Ich persönlich bin davon überzeugt, dass Führung etwas ist, was man lernen kann wie ein Handwerk. Es müssen nicht unbedingt »charismatische Leader« gesucht werden, von denen es nur wenige gibt. Führung kann man in unterschiedlichsten Varianten umsetzen. Voraussetzung für Führungskräfte sollte sein, dass sie einerseits die Rolle mit allen daran hängenden Aufgaben und Verpflichtungen begreifen und annehmen wollen und andererseits von ihrem Chef und der Unternehmensleitung mit klarem Erwartungsmanagement über Führungsgrundsätze und Werte begleitet werden.

Last but not least kosten natürlich alle Qualifikationsmaßnahmen Zeit und Geld. Nur: Die erfolglose Suche nach der Nadel im Heuhaufen, die ergebnislosen Stellenanzeigen, die aufwändigen Recruitingverfahren, die teure Imagekampagne und das Abwandern von kostbarem Know-how kosten wesentlich mehr.

Familienfreundlichkeit

Familie steht hoch im Kurs, auch beim Nachwuchs. Für mehr als drei Viertel aller Jugendlichen gehört sie zu einem glücklichen Leben dazu, ergab die Shell Jugendstudie 2010. 73 Prozent aller Mädchen und 65 Prozent aller Jungen wünschen sich Kinder.[113] Zugleich sind die Zeiten, in denen junge Frauen sich klaglos in die Hausfrauenrolle fügten, endgültig vorbei. Immer häufiger erwarten beide Eltern die Vereinbarkeit von Beruf und Familie. Schon heute wünschen sich 60 Prozent der Väter und 41 Prozent der Mütter mehr Zeit für die Familie, so der »Monitor Familienleben 2010«, eine Erhebung im Auftrag des Bundesministeriums für Familie, Senioren, Frauen und Jugend.[114] Betriebskindergärten und -krippen, Flexibilität bei Arbeitszeiten und Teilzeitverträgen sind für Menschen in der Familienphase also sehr wirksames Personalmarketing. Manchmal ist auch nur ein wenig Fantasie und Mut vonnöten, andere Wege zu gehen: Kürzlich las ich von einem mittelständischen Unternehmen, das eine Initiative ins Leben gerufen hatte, bei der ausscheidende Mitarbeiter den Jüngeren als ehrenamtliche »Großeltern« unter die Arme griffen und in Notfällen einsprangen – für die Älteren eine spannende Aufgabe, für die Jüngeren eine ungeheure Erleichterung. Familienförderung wird mehr und mehr zu einem Standortfaktor und zum Werbeargument für Unternehmen werden.

Work-Life-Balance

»Nur Unternehmen, die bei ihren Mitarbeitern für die richtige Work-Life-Balance sorgen, haben eine Chance, geeignete Mitarbeiter zu finden«, so eine Prognose der Wirtschaftswissenschaftlerin Astrid Szebel-Habig.[115] Wer sich auf der Website von Google, dem aktuell beliebtesten Arbeitgeber junger Absolventen, umschaut, bekommt eine Ahnung, wie das aussehen könnte. Unter »Unternehmenskultur« liest man über die Standorte:[116]

»Unser Unternehmenshauptsitz, auch liebevoll ›Googleplex‹ genannt, befindet sich in Mountain View im US-Bundesstaat Kalifornien. Heute ist der Googleplex einer unserer zahlreichen Standorte weltweit. Auch wenn die Ausstattung nicht für alle Standorte gleich ist, zeichnet sich ein Google-Arbeitsplatz unter anderem durch folgende Dinge aus:

- Lokales Flair, von einem Wandgemälde in Buenos Aires bis zu Skigondeln in Zürich: Spiegel der Einzigartigkeit der einzelnen Standorte
- Lavalampen, Hunde, Massagestühle, Sitzbälle sowie Fahrräder oder Roller als effizientes Fortbewegungsmittel zwischen Meetings
- Gemeinsame Großraumbüros, Zelte, Sofaecken – und nur wenige Einzelbüros
- Den Laptop immer dabei – um unterwegs zu programmieren, E-Mails zu schreiben oder sich Notizen zu machen
- Kicker, Billardtische, Volleyballfelder, gut sortierte Videospielsammlungen, Klaviere, Tischtennisplatten und Fitnessstudios mit Yoga- und Tanzkursen
- Mitarbeiterangebote aller Art, wie zum Beispiel Meditationskurse, Filmclubs, Weinseminare und Salsa-Tanz
- Gesundes Mittag- und Abendessen für alle Mitarbeiter in verschiedenen Kantinen bzw. Cafés
- Pausenräume mit reichhaltigem Angebot an Snacks und Getränken, die den ganzen Tag lang ausreichend Energie liefern«

Ergänzt wird die Google-Selbstbeschreibung mit aussagestarken Fotos der Mitarbeiter in ihren Arbeitsräumen von Dublin bis Zürich, die vor allem eines ausstrahlen: Wir sind bunt, wir sind anders, bei uns fühlen Mitarbeiter sich wohl.

Wenn Google als immer noch junges Internet-Start-up (Gründungsjahr 1998) seinen Mitarbeitern im Tausch für Leistung ein attraktives Zuhause bietet, ist das perfekt auf eine junge Belegschaft abgestimmt, für die Arbeit und Privatleben immer mehr verschmelzen (siehe Kapitel 5). Ob das Unternehmen in 20 Jahren auf sich wandelnde Mitarbeiteransprüche genauso geschickt reagiert haben wird, ist eine spannende Frage. Denn alle Unternehmen werden eine Antwort darauf finden müssen, dass Arbeit weiterhin schneller, verdichteter, anspruchsvoller wird und dass wir gleichzeitig alle immer länger arbeiten werden. Die Unternehmen werden die Älteren brauchen, die tendenziell weniger belastbar und langsamer sind, dies aber durch Erfahrung wettmachen. Wir werden Menschen in der Familienphase brauchen – auch die Frauen! – und solche, die ab Mitte 40 zusätzlich die eigenen Eltern betreuen möchten. Und wir werden einsehen müssen, dass die Zeiten vorbei sind, in denen Arbeitgeber von Arbeitnehmern relativ einseitig eine Anpassung an

Arbeitszeiten, Anwesenheiten und Arbeitsweisen erwarten konnten. Den begehrten Kräften werden wir uns anpassen müssen, wenn wir sie halten wollen – und uns dabei von der ewigen Angst vor mahnend beschworenen Präzedenzfällen (»Wenn das alle machen würden!«) verabschieden. Zentral ist dabei die Erhaltung der Arbeitskraft für ein Arbeitsleben, das nicht mehr mit Ende fünfzig, Anfang sechzig enden wird, und die Berücksichtigung von Mitarbeiterbedürfnissen in unterschiedlichen Lebensphasen. Wer hier heute schon die richtigen Signale setzt, darf darauf vertrauen, dass sich dies herumspricht und die Attraktivität seines Unternehmens erhöht.

Beispiele für Angebote im Sinne einer besseren Work-Life-Balance:

- gesundes Essen im Unternehmen;
- ansprechend gestaltete Pausenräume, Ruhezonen;
- Außenbereiche mit Sitz- und Sportmöglichkeiten;
- Sportprogramme, abgestimmt auf unterschiedliche Altersgruppen (im Unternehmen oder auch über die Kooperation mit Studios);
- Kurse zur Stressbewältigung und Entspannung;
- Gesundheitsvorsorge von der Grippeimpfung bis zur Ernährungsberatung;
- Möglichkeit von Sabbaticals oder auch kürzeren Ausstiegen auf Zeit, etwa über Arbeitszeitkonten;
- Lösungen für Pflegezeiten (analog zu Elternzeitmodellen);
- Beratungsleistungen in schwierigen Familien- und Lebenssituationen (Erziehung, Partnerschaft, Pflege); häufig schon mit spezialisierten, externen Dienstleistern abgedeckt;
- flexible Arbeitszeiten und variable Teilzeitmodelle;
- Arbeit im Home-Office und Telearbeit, wo dies möglich ist und die Vereinbarkeit von Beruf und Familie erleichtert;
- ein Notdienst, der Eltern unterstützt, wenn Betreuungseinrichtungen ausfallen.

Bei all diesen Angeboten geht es keineswegs darum, in einen »Mitarbeiterbespaßungswettbewerb« einzutreten, gefragt ist vielmehr das ernsthafte Bemühen um Lösungen für verschiedene Lebenssituationen. Es hat auch keinen Sinn, diese Themen einfach auszublenden. Das Leben der Menschen kommt immer weiter in die Unternehmen hinein, so wie die Arbeit immer weiter ins Private fließt. Die Grenzen zwischen beiden Bereichen verwischen. Es lohnt sich, Vorschläge und Ideen der Mitarbeiter selbst einzuholen, statt gleich von oben Programme aufzulegen. Gehört zu werden ist eine starke Form der Wertschätzung.

Netzwerke

Dass Großunternehmen bei den sogenannten High Potentials hoch im Kurs stehen, mag mit der Strahlkraft der großen Marken zusammenhängen, dürfte zum Teil aber auch auf ihren Bekanntheitsgrad zurückzuführen sein. Wenn Sie ambitionierte Mitarbeiter für sich gewinnen wollen, sollten Sie also dafür sorgen, dass man Ihr Unternehmen kennt. Kleinere und mittelständische Unternehmen haben, bezogen auf die oben angeführten Motivatoren, einen entscheidenden Vorteil: Sie bieten in der Regel mehr Eigenverantwortung und kürzere Entscheidungswege als die Großtanker der Branche mit ihren oft behördenähnlichen Strukturen. Damit können Sie bei ambitionierten Einsteigern punkten. Was können Sie konkret tun?

- Suchen Sie den Nachwuchs bereits an den Schulen. Bieten Sie den Lehrern guter Schulen Möglichkeiten an, Ihr Unternehmen mit ihren Schülern zu besuchen, laden Sie Schüler der oberen Klassen zu Diskussionsrunden über Berufsbilder ein, vergeben Sie Schülerpraktika und zeigen Sie sich offen zum »Girls' Day« und ähnlichen Gelegenheiten. Bieten Sie Bewerbertrainings für höhere Klassen an und verraten Schülern, worauf es ankommt. Letztlich fängt der heutige Mangel an Arbeitskräften bereits bei den Auszubildenden an.
- Zeigen Sie Präsenz an Hochschulen: durch Vorträge und Gastvorlesungen, Unternehmenspräsentationen im Rahmen der Veranstaltungen des »Career Service«, als Industriepartner bei dualen Studiengängen, durch die Vergabe von Diplomarbeiten und durch attraktive Jobs für Werkstudenten. Auf diese Weise machen Sie sich nicht nur einen Namen bei den Studenten, sondern Sie knüpfen auch wertvolle Kontakte zu Professoren und Dozenten, ohne die Sie an manchen Unis nicht einmal einen Aushang platzieren können.
- Nutzen Sie Alumni-Netzwerke Ihrer akademischen Mitarbeiter: Halten Sie Vorträge, laden Sie Alumnigruppen zu sich ins Unternehmen ein und zeigen sich von der besten Seite, bringen sich ins Netzwerk ein.

- Vernetzen Sie sich mit Führungskollegen branchen- und firmenübergreifend: Mancher ist froh, wenn er gute Mitarbeiter weiterempfehlen kann, von denen er sich im Zuge von Umstrukturierungen trennen muss.
- Halten Sie Kontakt zu guten Mitarbeitern, die aus Ihrem Unternehmen ausscheiden – vom viel versprechenden Praktikanten bis zum langgedienten Pensionär. Nehmen Sie Leistungsträger, die selbst gekündigt haben, hiervon nicht aus: Es ist gar nicht so selten, dass Mitarbeiter nach einer Schleife in einem anderen Betrieb wieder zurückkehren. Außerdem gewinnen Sie so einen Pool von Leuten, die Sie vor einer Stellenbesetzung nach Empfehlungen fragen können. Laden Sie Ehemalige zu Firmenfesten ein, setzen Sie sie auf die Liste für Weihnachtskarten und Geburtstagsgrüße – es braucht gar nicht viel, um im Gedächtnis zu bleiben.
- Bauen Sie Kontakt zu sachkompetenten Vermittlern der Zeitarbeitsunternehmen auf. Je gründlicher Sie solche Vermittler briefen und je sorgfältiger Sie den Kontakt pflegen, desto besser werden die entsandten Mitarbeiter zu Ihren Anforderungen passen. Außerdem sind Zeitarbeitsfirmen in der Regel bereit, gute Mitarbeiter gegen Zahlung einer »Ablöseprämie« an ihre Kundenunternehmen abzugeben.
- Pflegen Sie Kontakte zur Presse: Stellen Sie sich der regionalen Presse als Interviewpartner zur Verfügung, versorgen Sie sie mit Pressemitteilungen nicht nur zu runden Firmenjubiläen, sondern auch, wenn ein neuer Azubi-Jahrgang beginnt, wenn eine Kooperation mit einem ausländischen Partner vereinbart wurde, wenn Sie mit einem neuen Produkt den Markt erobern, wenn »Ihr« Diplomand sein Examen mit Auszeichnung bestanden hat oder wenn Sie sich mit Ihrem Team ehrenamtlich engagieren. Regelmäßige Berichte verankern Sie als möglichen Arbeitgeber im Gedächtnis der Menschen.

Teamgeist, Geselligkeit

Fördern Sie ein gutes Klima in Ihrer Abteilung, indem Sie den Zusammenhalt durch gemeinsame Aktivitäten stärken. Ob Sie einen Kulturclub gründen, gemeinsam am örtlichen Drachenbootrennen teilnehmen, als Staffel beim Stadtmarathon antreten und dafür zusammen trainieren, ob Sie die übliche Weihnachtsfeier durch ein gemeinsames Baumschlagen ersetzen oder ob Sie zum »Social Day« antreten und den örtlichen Kindergarten beim Anlegen eines Garten oder die Grundschule beim Renovieren der Turnhalle unterstützen – brechen Sie aus der Routine der immer gleichen Firmenfeiern aus und bewegen Sie die Menschen zum Mitmachen. Selbst etwas zu tun macht im Allgemeinen mehr Spaß, als nur zu konsumieren, und stärkt so ganz nebenbei das viel beschworene Wir-Gefühl, ohne dass Sie einen Teamworkshop buchen müssen.

Bei einem meiner früheren Arbeitgeber haben wir in einer Rezessionsphase bei akuter Budgetknappheit für den Sozialbereich die Kantine in Gemeinschaftsarbeit an einem Samstag ohne Bezahlung renoviert: Die Wände wurden gestrichen, Raumteiler aus Blechen geschnitten und pulverbeschichtet, zwischendurch gab's Kartoffelsalat und Würstchen. Mancher hatte darauf gewettet, dass niemand kommen würde, und verloren. Und noch erstaunlicher: Es war danach *unsere* Kantine und es gab nur sehr wenige kritische Stimmen über den neuen Look.

Schauen Sie, was zu Ihrer Abteilung passt und beziehen Sie Ideen der Mitarbeiter ein. Weitere Beispiele:

- Sorgen Sie für Möglichkeiten einer gemeinsamen Pausengestaltung – von Billard über Tischfußball bis hin zum Aufstellen einer Wii (Sportsimulation). Alle diese Bewegungsformen helfen, die Gehirnhälften zu synchronisieren und schaffen wieder Platz im Gehirn für neue Ideen und mehr Konzentrationsfähigkeit in den Stunden danach.
- Schaffen Sie Anlässe, zu denen Sie die Familien Ihrer Mitarbeiter einbeziehen – Tage der offenen Tür, Feste, bei denen Partner und Kinder ausdrücklich eingeladen sind, altersgerechte Führungen für die Kinder der Mitarbeiter, die den Arbeitsplatz von Mama oder Papa kennen lernen möchten.
- Würdigen Sie persönliche Festtage und Jubiläen, von der Geburt eines Kindes über Geburtstage bis zu runden Jahrestagen der Firmenzugehörigkeit. All das sind Gelegenheiten, in der täglichen Geschäftigkeit kurz innezuhalten und seine Wertschätzung auszudrücken. Nehmen Sie sich Zeit für persönliche Worte, wenn jemand ein Jahr, fünf Jahre oder zehn Jahre dabei ist – spulen Sie keine Nullachtfünfzehn-Rede ab.
- Versuchen Sie, persönliche Geschenke zu machen, statt das Standardgeschenk des jeweiligen Jahres zu überreichen. Wenn Sie hin und wieder

mit Ihrer Mannschaft essen gehen, sollten Sie eigentlich wissen, wer welche Musik hört, in welches Land verreisen möchte, welche Bücher liest oder welche Hobbys pflegt. Wenn Sie sich gelegentlich eine kurze Notiz machen, haben Sie im richtigen Moment keinen Mangel an Ideen.

Hin und wieder zu zeigen, dass man den Einzelnen und seine Interessen wahrnimmt, ist gelebte Mitarbeiterbindung. Dass dies alles nur wirken kann, wenn im Alltag die Grundregeln von Fairness und Respekt berücksichtigt werden, versteht sich von selbst.

Die Liste der möglichen Aktivitäten, um die Besten zu gewinnen und zu halten, ist also lang. Diesen Aufwand kann freilich keine Abteilung und kein noch so gut aufgestellter Personalbereich allein bewerkstelligen. Ich persönlich habe sehr gute Erfahrungen damit gesammelt, alle Mitarbeiter und Führungskräfte eines Unternehmens mit einzubinden und vielfältig aktiv zu werden. Wenn man plausibel machen kann, warum jeder ein Werbeträger des Unternehmens ist, warum man heute schon Nachwuchs für übermorgen suchen muss, dann liegt es im ureigensten Interesse der Belegschaft, daran mitzuwirken, wer morgen mit »zur Familie« gehört. Und wenn man die Zusammenhänge kennt, spricht man vielleicht viel offener über Positives und geht aktiv in die Werbung. Und schon hierin kann eine Fördermaßnahme für gute Nachwuchskräfte liegen: sich in einem solchen Projekt zu engagieren und den Außenauftritt und das Präsentieren so ganz nebenbei zu lernen. Und jeder, der schon mal vor Fremden positiv über das eigene Unternehmen gesprochen und dafür Applaus erhalten hat, wird sich hinterher positiver aufstellen und es wird ihm leichter fallen, die Vorzüge des Unternehmens zu benennen.

Äußere Anreize

Versuche zur extrinsischen (von außen gesteuerten) Motivation durch Boni und andere Belohnungen haben zwei gravierende Nachteile: Sie verpuffen, wenn die intrinsische (innere, selbst gesteuerte) Motivation fehlt. Wer innerlich bereits gekündigt hat, versteht sie allenfalls als »Schmerzensgeld« für eine ungeliebte Arbeit. Und sie nutzen sich auf Dauer ab – Menschen gewöhnen sich tatsächlich an (fast) alles und nehmen Wohltaten irgendwann als selbstverständlich hin. Denken Sie nur daran, wie erregt vor einigen Jahren die steuerliche Kürzung der Pendlerpauschale diskutiert wurde, ganz so, als würde dadurch ein elementares Grundrecht verletzt. Wenn das Klima nicht stimmt und der Chef gängelt, können der Obstkorb im Pausenraum und die mobile Massage auch nichts mehr retten. Dennoch gibt es ein paar Standards, die einen Arbeitgeber für Stellensuchende als mitarbeiterorientiert ausweisen und vorhandene Mitarbeiter binden. Dazu gehören:

- Mitarbeiterrabatte, Werkseinkauf,
- Mitarbeiterbeteiligungen am Unternehmenserfolg,
- Jubiläumszuwendungen,
- erfolgs- bzw. leistungsabhängige Boni,
- Sozialleistungen (vermögenswirksame Leistungen, betriebliche Altersvorsorge, vergünstigte Immobiliendarlehen),
- Werkswohnungen,
- Dienstwagen,
- Jobticket (für den öffentlichen Nahverkehr),
- Prämien für die Gewinnung eines neuen Mitarbeiters, die ausgezahlt werden, wenn dieser die Probezeit besteht (beispielsweise ein Monatsgehalt),
- Essenszuschuss oder Gutscheine für umliegende Restaurants,
- Zuschüsse zu Mitgliedschaften in Sportclubs,
- Möglichkeiten der Kinderbetreuung,
- Mitgliedschaft des Unternehmens im Familienservice, der sich um familiäre Notlagen und die Beratung kümmert.

Auch hier können Sie neue Ideen umsetzen und Angebote machen, die gezielt auf Ihre Mitarbeiter zugeschnitten sind, beispielsweise …

- Sprachkurse für ausländische Mitarbeiter und deren Ehepartner/-innen,
- Hausaufgabenbetreuung für Mitarbeiterkinder,
- Einkaufsservice in absoluten Stressphasen,
- Raucherentwöhnungsseminare,
- Rückenschule,
- …

Beziehen Sie Ihre Mitarbeiter in die Entwicklung und Umsetzung attraktiver Angebote mit ein. Sie werden überrascht sein, welche Kompetenzen in

Ihrem Team versammelt sind, wer zum Beispiel einen Übungsleiterschein hat, mit Begeisterung Sprachen lernt und vermitteln kann, ein Riesenkontaktnetz hat. Dies alles muss nicht mit externen Kräften umgesetzt werden. Sie werden Mitarbeiter zum Mitmachen begeistern können, wenn der Gesamtkontext und der Nutzen für das Gemeinwohl für alle nachvollziehbar erkennbar sind. Also die Fragen »Warum sollten wir das tun« und »Was haben wir davon?« beantwortet sind.

In einer Zeit, in der uns regelmäßig Horrormeldungen über Arbeitgeber erreichen, die Mitarbeiter bespitzeln, die Gründung eines Betriebsrates zum Anlass für Schikanen nehmen oder gegen Mindestlöhne verstoßen, sollten Sie deutlich andere Töne anschlagen. Zufriedene Mitarbeiter machen die beste Werbung für Ihr Unternehmen.

Fazit: Anziehende Führungskräfte gefragt

Wenn man Menschen fragt, wie es ihnen mit ihrer Arbeit geht, erzählen sie über Aufgaben und Projekte, über Karriereperspektiven und Erfolge. Wenn man Menschen, die man gut kennt, fragt, wie es ihnen mit ihrer Arbeit geht, erzählen sie über ihren Chef. Und auch im geschützten Raum des Coachings kreisen unsere Gespräche immer wieder um den Vorgesetzten, seine Erwartungen, seine Ansprüche und wie man mit ihnen zurechtkommt – interessanterweise auf allen Hierarchie- und Leitungsebenen. Ob Sie wollen oder nicht: Als Führungskraft werden Sie zu einer Schlüsselfigur im Leben Ihrer Mitarbeiter. Sie entscheiden nicht nur über das berufliche Fortkommen und den Urlaubsantrag, Sie haben auch entscheidenden Anteil daran, ob Ihre Mitarbeiter froh gestimmt oder niedergedrückt nach Hause gehen und wie gut sie in der Nacht vom Sonntag auf den Montag schlafen. Eine fähige Führungskraft kann den Arbeitsalltag in einem schwierigen Umfeld erträglich machen, eine unfähige das Leben in einem Spitzenunternehmen vergällen.

Eine fähige Führungskraft beherrscht nicht nur das Einmaleins des Managements, sondern auch das Fach People Leadership. Und das setzt voraus, dass man sich für Menschen interessiert, nicht allein für betriebswirtschaftliche Zahlen. »Wer Menschen beschäftigt, kommt nicht umhin, sich mit Menschen zu beschäftigen«, lautet deshalb einer der Kernsätze unserer Unternehmensbroschüre. Im Vorteil ist, wer ein positives Menschenbild hat, wer mit einem Vertrauensvorschuss und freundlich auf andere zugehen kann. Im Vorteil ist ferner, wer Anderssein annehmen und darin einen Nutzen erkennen kann. Die Bereitschaft zur Selbstreflexion und das Bewusstsein eigener Stärken und Schwächen machen es leichter, auch beim anderen Schwächen zu akzeptieren und Stärken zu sehen. Personalentwicklung und Nachwuchsförderung leben im ersten Schritt vom Mut zur Differenzierung und vom genauen Hinschauen, auch das ist Wertschätzung. Wer vor dieser Messlatte besteht, hat gute Chancen, die besten Mitarbeiter anzuziehen und sie auch zu halten. Die erste Ursache für einen Arbeitskräftemangel im einzelnen Unternehmen liegt also sehr weit vorn – oft an der Schnittstelle zwischen Chef und Mitarbeiter – und kann positiv beeinflusst werden. Employer-Branding wird leichter, wenn die Marke an sich stark ist.

5 Wie führt man Digital Natives?
Der Chef als Mentor

Die Jugend liebt heutzutage den Luxus. Sie hat schlechte Manieren, verachtet die Autorität, hat keinen Respekt vor den älteren Leuten und schwatzt, wo sie arbeiten sollte. Die jungen Leute stehen nicht mehr auf, wenn Ältere das Zimmer betreten. Sie widersprechen ihren Eltern, schwadronieren in der Gesellschaft, verschlingen bei Tisch die Süßspeisen, legen die Beine übereinander und tyrannisieren ihre Lehrer.

Sokrates, um 469–399 v. Chr.

Unternehmenswelten: »Ich möchte mir ein Meeting legen können, ohne durch alle Instanzen zu gehen, und zwar instant, ad hoc, jetzt«, sagt Anna H.: »Übermorgen ist die Relevanz vielleicht schon wieder vorbei.« Die Endzwanzigerin ist Mitarbeiterin an einem Forschungsinstitut, wo sie sich als Arbeitswissenschaftlerin mit der »notwendigen Veränderung der Unternehmenskultur durch Selbstorganisation« beschäftigt. Zuvor hat sie bereits einige Jahre als Beraterin bei einer großen Consultingfirma gearbeitet. Ihr sei die »Nichtrechenschaftslegung der Anwesenheit« sehr wichtig, gibt sie zu Protokoll. Ein Job ohne unbeschränkten Internetzugang und die Möglichkeit, auch mal von zu Hause aus zu arbeiten, wäre schwer vorstellbar, ein Job, in dem man zwischendurch nicht mal rasch übers Netz im Restaurant reservieren dürfe, sei »ein No-Go«.[117]

Willkommen in der Welt der Digital Natives, der ersten Generation, die mit Internet, E-Mail und Handy aufgewachsen ist – im Unterschied zu den Vorgängergenerationen, den Digital Immigrants. Es sind die nach 1980 Geborenen, die jetzt in den Unternehmen durchstarten und für die sich eine Unternehmenswelt mit Zeiterfassung, Betriebskantine und Reisekostenabrechnung wie der Rückfall ins Mittelalter ausnimmt. Sokrates hätte seine helle Freude an dieser Generation, denn sie gilt nicht Wenigen als selbstbezogen und anspruchsvoll. An Haltungen wie der von Anna H. reiben sich viele ältere Kollegen und Vorgesetzte. »Alles sofort und so wie ich es will« – Wo man auch Ehrgeiz, Dynamik und Erfolgsorientierung sehen könnte, wittert mancher vor allem Egozentrik. Das Kopfschütteln beginnt dabei schon jenseits der dreißig, ganz wie die Achtundsechziger einst warnten (»Trau keinem über …«). Der schwedische Wirtschaftswissenschaftler

Anders Parment, ein Mittdreißiger, leitete von 2005 bis 2008 einen Studiengang für Betriebswirtschaftslehre. Er schreibt: »Irgendwie konnte ich diese neue Generation nicht richtig verstehen.«[118] Trösten Sie sich also, wenn Sie bereits auf die fünfzig zugehen. Wie denkt und lebt diese Generation, und wie kann man Brücken schlagen und erfolgreich zusammenarbeiten?

Im Juli 2010 veröffentlichte Rawn Shah, Experte für »Social Software« und »Business Transformation« bei IBM im Magazin *Forbes* eine interessante Gegenüberstellung der Arbeitsweisen unterschiedlicher Generationen von Mitarbeitern, die ich ins Deutsche übertragen habe[119]. Er nennt die »Generation Y« auch Millennials siehe Tabelle Seite 113).

Auch wenn eine solche Übersicht unweigerlich zuspitzt und vereinfacht, passt sie durchaus zu den Selbstauskünften der neuen Generation. Befragt nach ihren Wünschen und Werten, sagen die »Millennials«, wie sie auch genannt werden:

- »Ortsunabhängiges Arbeiten, Räume für Spieltrieb, hohe Transparenz. Wir wollen wissen, welcher Kollege welche Visionen hat. Und wir wollen Mentoren statt Chefs.« (Jonathan Imme, 25, Mitorganisator von Palomar5, einem Camp der Telekom zur Erkundung der Jobwünsche der Generation Y)[120]
- »Ich will den Sinn nicht in einer Weltreise nach der Rente finden, sondern täglich.« (Johannes Kleske, 31, Werbestratege)[121]
- »Kontinuität, Verlässlichkeit und Planbarkeit waren die Parameter der Arbeitswelt von gestern. Heute glauben wir an Begriffe wie Dynamik, Improvisationskunst und Freiheit.« (Christoph Fahle, Mitgründer und Geschäftsführer von betahaus Berlin, einem Anbieter von »Coworking Space«)[122]
- »Der Arbeitgeber muss Loyalität verdienen, und das kann man nur, wenn man ein guter Arbeitgeber ist, zu glauben, dass die Ziele des Unternehmens meine Ziele sind, ist falsch – da täuscht man sich selbst.« (Studentin der Fachrichtung Internationale Beziehungen, geb. 1983)[123]
- »Ich bin kein Bittsteller. Es geht weniger ums Materielle, sondern um den Wohlfühlfaktor, darum, dass meine Interessen gefördert werden und ich einen echten Beitrag zur Wertschöpfungskette leisten kann.« (angehender Wirtschaftsingenieur)[124]

Bei näherer Betrachtung artikulieren sich hier Wünsche, die nahezu jeder kennt: ein verständnisvoller Chef, der nicht unnötig gängelt; das Gefühl,

Bevorzugte Arbeitsweisen im Vergleich

Fertigkeit	Babyboomer (geboren 1955–1965)*	Generation X (geboren 1965–1979)	Generation Y (geboren ab 1980)
Problemlösung	hierarchisch organisiert (Zuständigkeiten)	unabhängig, selbstständig	in der Gruppe (»kollaborativ«), selten allein oder individuell
Bewältigung von Aufgaben	eine Aufgabe nach der anderen	Multitasking, wenn erforderlich	Multitasking als tägliche Routine
Kommunikation	an hierarchischen Strukturen orientiert	an persönlichen Beziehungen orientiert	vernetzt und transparent
Führungsverhalten	hierarchisch	Zusammenarbeit mit unterstellten Mitarbeitern	partnerschaftliche Zusammenarbeit ohne Rücksicht auf Ort und Position
Feedback von Kollegen oder Vorgesetzten	jährlich oder halbjährlich	monatlich oder wöchentlich	jederzeit auf Abruf, »offenes Ohr« und Mentoring
Entscheidungsfindung	eigenständig, Team wird informiert	eigenständig, mit Einholen von Teammeinungen	konsensorientiert, in der Diskussion mit dem Team
Weiterbildung	nur bei Bedarf	gelegentlich per Seminar oder Training-on-the-Job	beständiges, lebenslanges Lernen
Lernstil	Wissensvermittlung durch Trainer	Wissenvermittlung durch Trainer oder Selbststudium	Selbststudium oder Lernen in Netzwerken
Nutzung von Technik (IT, Kommunikation)	notwendiges Übel, gelegentlich nützlich; direktes Gespräch wird bevorzugt	Routine mit neuer Technik und im direkten Gespräch	allgegenwärtig, wenig Verständnis für Technikverweigerung; direktes Gespräch wird noch geschätzt

* Diese Datierung der geburtenstarken Jahrgänge bezieht sich auf Deutschland; in den USA beginnt der »Babyboom« bereits 1945.

etwas Sinnvolles zu tun; ein Arbeitgeber, der verstanden hat, dass Loyalität keine Einbahnstraße ist, und der seine Mitarbeiter entsprechend behandelt. Und es ist nun mal das Privileg der Jugend, solche Ansprüche selbstbewusster und radikaler einzufordern als ein durch anderweitige Erfahrungen eventuell bereits desillusionierter Mittvierziger. Statt mit über 40 vorschnell in die »Sokrates-Falle« zu tappen oder als Millennial »die Alten« abzuschreiben, könnte man ja auch gemeinsam schauen, was sich in dieser Richtung bewegen lässt. Dass jeder Anspruch dabei auch eine Verpflichtung birgt, seinen Beitrag zur Umsetzung zu leisten, versteht sich von selbst. Doch werfen wir zunächst einen Blick auf die Zahlen.

Die »Generation Y« in Zahlen

Wer sich die »Generation Y«, die »Millennials« oder auch »Digital Natives« – kurz, die nach 1980 Geborenen – näher ansieht, dem bietet sich ein merkwürdig ambivalentes Bild. Dr. Parment nahm seine Verwunderung über diese Generation zum Anlass für eine empirische Studie, für die er international gut 1 000 Studenten befragte und ergänzend Diskussionsrunden zum Thema »Generation Y im Arbeitsleben« mit seinen Probanden veranstaltete. Er porträtiert eine karriereorientierte und von sich selbst sehr überzeugte Generation.[125]

Wie die eigenen Fähigkeiten und Möglichkeiten eingeschätzt werden

Von Selbstzweifeln werden die Kinder der Babyboomer tatsächlich wenig geplagt, das ist den Eltern gelungen:

- Nur 2,2 Prozent stimmen der Aussage zu: »Ich bin mir unsicher, ob meine Fähigkeiten ausreichen, um gute Arbeitsergebnisse leisten zu können.«
- 10,3 Prozent meinen: »Es gibt keine Begrenzungen, ich kann machen, was ich will.«
- 28,5 Prozent finden sich am ehesten in der Aussage wieder: »Ich weiß, dass ich tüchtig bin. Ich habe die Aussicht auf gute Karrieremöglichkeiten und viel Erfolg im Arbeitsleben.«

- 35,9 Prozent sagen: »Ich bin überzeugt, dass ich die Bedürfnisse des Arbeitslebens erfüllen kann, es kann aber zum Teil hart werden.«
- 23,1 Prozent fühlen »eine gewisse Unsicherheit«.

Was Arbeitgeber attraktiv macht

Was macht einen Arbeitgeber interessant für »Gen Y«? Das finden die Nachwuchsmanager »sehr wichtig«:

- »Entwicklungsmöglichkeiten, Lernen und Verdienst« (66,7 Prozent)
- »Die Arbeit macht Spaß« (63,6 Prozent)
- »Interessante Arbeitsaufgaben« (59,8 Prozent)
- »Die Arbeit hat eine Bedeutung« (52,3 Prozent)
- »Kollegen und das soziale Umfeld« (45,7 Prozent)

Mit betrieblicher Altersvorsorge oder vermögenswirksamen Leistungen wird man diese Gruppe kaum noch ködern – selbst der »Standort« rangiert mit 38,9 Prozent »sehr wichtig« noch vor »Einkommen« (34,1 Prozent) und »Jobsicherheit« (32,6 Prozent). Sinn statt Sicherheit – diese Werteverschiebung bestätigt auch der »Global Workforce Index« für Deutschland: 44 Prozent der Befragten würden danach sogar auf einen Teil ihres Einkommens verzichten und einen geringeren Status akzeptieren, wenn sie »eine bedeutungsvollere Aufgabe übernehmen könnten«.[126]

Bei genauer Betrachtung ist diese Verschiebung der Gewichte nicht verwunderlich: Die Mittzwanziger von heute sind mit der Erfahrung groß geworden, dass lebenslange Anstellungen und bruchlose Karrieren der Vergangenheit angehören. Schon ihren Müttern und Vätern hat man Flexibilität, Mobilität und lebenslanges Lernen abverlangt. Befristete Anstellungen sind heute gang und gäbe und zum Jobeinstieg fast schon die Regel (siehe Kapitel 1). Wen wundert es da, wenn die neue Generation aus der Not eine Tugend macht und auf den Spaß im Hier und Jetzt setzt? Die Bindung an den jeweiligen Arbeitgeber ist jedenfalls sehr viel lockerer geworden, wie der nächste Punkt zeigt.

Wie man zum Arbeitsplatzwechsel steht

Unter welchen Umständen würden die Millennials den Arbeitsplatz wechseln?

- »Ich habe eine gute Arbeitsstelle, werde aber zu jeder Zeit eine neue Arbeit annehmen, wenn ein gutes Angebot vorliegt«, das bejahen 20,1 Prozent.
- »Ich habe eine gute Arbeitsstelle, würde mir aber alle Angebote überlegen und das eine oder andere eventuell akzeptieren«, sagen 53,5 Prozent.
- »Ich kann mir einen neuen Job vorstellen, habe aber Angst, meinen Arbeitgeber zu enttäuschen«, meinen 19,2 Prozent.
- »Ich werde die Arbeitsstelle nicht wechseln, solange ich mich hier wohlfühle, ich schätze viele Jahre beim selben Arbeitgeber«, sagen nur 8,1 Prozent.

Mehr als 70 Prozent sind also grundsätzlich wechselwillig; ein Fünftel ist quasi ständig auf dem Sprung. Dazu passt, dass fast 90 Prozent der Befragten zögern würden, sich auf die Karriere in einer Partnergesellschaft einzulassen. 45 Prozent meinen: »Das Leben ist zu kurz, um mehrere Jahrzehnte in ein und demselben Unternehmen zu arbeiten.« Man kann sich die Diskussionen am Familientisch lebhaft vorstellen, wenn Vater oder Mutter es kaum fassen können, dass die lukrative Anstellung in der renommierten Großkanzlei diesem eher hedonistischen Argument geopfert wird. Wie schwerwiegend diese Haltung auf die Generationenfolge in familiengeführten kleinen und mittleren Unternehmen (KMU) und die damit verbundenen Arbeitsplätze ausstrahlen wird, kann man sich damit unschwer vorstellen.

Wie Wahlmöglichkeiten gesehen werden

Wie kommt es, dass Young Professionals offenbar eher bereit sind, ihren Arbeitgeber zu wechseln als früher? Eine Ursache mag auch diese sein: Keine Generation vorher konnte in allen Lebensbereichen zwischen derart vielen Alternativen wählen. Ob Stromanbieter oder Handytarif, Senfsorte oder T-Shirt-Label, Urlaubsziel oder Fernsehkanal, Studienfach oder Berufsziel – überall hat man die Wahl in einem kaum noch überschaubaren Angebot. Was einen heute 40-Jährigen stressen mag, ist für die nächste Generation selbstverständlich:

- 17,9 Prozent hätten »gerne noch mehr Wahlmöglichkeiten«.
- 31,8 Prozent »freuen sich, viele Wahlmöglichkeiten zu haben«.

- 17,1 Prozent sind Wahlmöglichkeiten »eigentlich egal«.
- 30,4 Prozent meinen, die Vielfalt bringe auch »etwas Unsicherheit und Frustration«.
- nur 2,8 Prozent sagen: »Ich hätte lieber keine Wahlmöglichkeiten.«

Wer von klein auf an Wahlmöglichkeiten gewöhnt ist, wählt eben nach dem eigenen Interesse – auch bei Arbeitsort und Jobinhalt. Das Bewusstsein, sich im Leben immer wieder entscheiden zu können – und auch entscheiden zu müssen –, legt man im Berufsleben nicht plötzlich ab.

Wie stark Hierarchien respektiert werden

Nach dem bisher Gesagten dürfte es kaum überraschen, dass die Angehörigen dieser Generation keine Freunde von Dienstwegen sind und formale Autorität nur bedingt respektieren. Dies ist zumindest die Haltung, mit der sie in den Unternehmen starten:

- »Für mich ist die formelle Unternehmensstruktur maßgebend; ich frage in erster Linie den Chef, den Projektleiter etc., in zweiter Linie Personen, an die ich verwiesen werde«, das bejahen – ganze 3,8 Prozent.
- für 31,7 Prozent steht die formelle Struktur »im Vordergrund«; sie finden es aber »nicht problematisch, gelegentlich auch andere Mitarbeiter im Unternehmen zu befragen«.
- 44,1 Prozent sagen: »Hauptsächlich frage ich denjenigen, der mir helfen kann, ansatzweise werden die formellen Strukturen beachtet.«
- 20,4 Prozent geben zu Protokoll: »Im Prinzip suche ich immer denjenigen auf, der mir helfen kann; auf die formale Position/Rolle achte ich dabei nicht.«

Ich wüsste zu gerne, was die Probanden dieser Studenten-Studie[127] in fünf Jahren sagen. Ich bin mir ziemlich sicher, dass die radikale Ablehnung jeder Hierarchie sich abmildert, sobald man selbst die zweite Stufe der Karriereleiter erklommen hat. Dass Google zu einem der beliebtesten Arbeitgeber in dieser Generation wurde, ist vor diesem Hintergrund nur folgerichtig, denn das Google-Credo passt perfekt zum Wertekostüm der Millennials:

»Innovation als unser Unternehmensziel kann nur erreicht werden, wenn alle Mitarbeiter selbstbewusst eigene Ideen und Meinungen vorbringen. [...] Da jedem Mitarbeiter bewusst ist, dass er einen gleich wichtigen Anteil am Erfolg von Google hat, zögert auch niemand, beim wöchentlichen TGIF-Treffen (TGIF steht für ›Thank God It's Friday‹, Gott sei Dank ist Freitag) eine gezielte Frage an Larry Page oder Sergey Brin zu richten – oder einen Volleyball auf ein Mitglied der Unternehmensführung zu schmettern.«[128]

Mal ehrlich: Können Sie sich einen Daimler-Vorstand oder RWE-Vorsitzenden vorstellen, der mit seinen Mitarbeitern Volleyball spielt? Und die Firmen-Homepage eines anderen Großunternehmens, auf der salopp vom »Thank God It's Friday«-Meeting die Rede ist?

Wie wichtig Feedback ist

Ein Denken in den Kästchen des Firmenorganigramms ist der »Generation Y« mehrheitlich suspekt; was zählt, sind Leistung und sachlicher Input. Für den eigenen Beitrag möchte man zeitnah Feedback:

- Nur 8,7 Prozent genügt ein jährliches Feedback;
- 41 Prozent möchten es »gerne eher öfter« und
- 44,5 Prozent »so oft wie möglich«.

Das Ritual der Jahresgespräche und Zielvereinbarungen geht ganz offensichtlich an den Wünschen ambitionierter Young Professionals vorbei. Das sollte Anstoß sein, neu über Leistungsrückmeldung nachzudenken – begleitet uns dieses Thema in der Führung doch seit Jahrzehnten. Mitarbeiter wollten schließlich schon immer wissen, wo sie stehen, und jährliche »Generalabrechnungen« waren dafür noch nie die ideale Lösung – in manchem Unternehmen aber immerhin ein guter Anfang.

Ist mit diesen Zahlen die »Generation Y« insgesamt porträtiert? Ganz sicher nicht, denn die Studentenstudie liefert nur einen Teil des Bildes. Sie konzentriert sich auf junge Akademiker, die überwiegend im Wohlstand aufgewachsen sind, weil auch ihre Eltern (zumindest in Deutschland) überproportional häufig selbst Akademiker oder gut verdienende Aufsteiger sind. Die aktuelle Shell Jugendstudie, für die Anfang 2010 insgesamt 2 604 Jugendliche aller Schichten zwischen 12 und 25 Jahren befragt wurden, fügt dem Bild weitere wichtige Facetten hinzu. Auch sie berichtet über eine »starke Leistungsorientierung«, gepaart mit Optimismus: 71 Prozent sind überzeugt, sich ihre beruflichen Wünsche erfüllen zu können – bei Jugendlichen aus »sozial schwierigen Verhältnissen« sind es jedoch nur 41 Prozent. Sie berichtet aber auch, dass die Bedeutung der Familie für junge Menschen erneut angestiegen sei: »Mehr als drei Viertel der Jugendlichen stellen für sich fest, dass man eine Familie braucht, um wirklich glücklich leben zu können.« 73 Prozent der jungen Frauen wünschen sich Kinder; bei den jungen Männern sind es 65 Prozent.[129] Und auch die Klagen der »Generation Praktikum« über die Vorläufigkeit vieler Arbeitsverhältnisse und die Sehnsucht nach einem sicheren beruflichen Hafen, der Planbarkeit, Ruhe, Familiengründung ermöglicht (siehe Kapitel 3), will nicht so recht zum angeblich universal mobilen »Millennial« passen. Ich denke, auch diese Generation ist viel heterogener, als uns mancher Artikel über »Arbeit 2.0« glauben machen will. Und möglicherweise spiegelt die Ambivalenz der Daten die Widersprüche, die eine Generation aushalten muss, die alle Möglichkeiten, aber kaum noch Sicherheiten hat.

Führungsfragen

In den kommenden Jahren werden unsere Unternehmen bunter werden: Wir werden ambitionierte Einsteiger haben, erfahrene Mitarbeiter jenseits der 30 und Ältere um die 60, die zunehmend länger im Berufsleben bleiben. Jede dieser Generationen bringt andere Erfahrungen mit, andere Werte, andere Einstellungen. Als Führungskraft wird man zwischen diesen Welten vermitteln und aus allen Welten das Beste heben müssen. Dazu müssen wir auch in der Lage sein, über die Grenzen des eigenen Erfahrungshorizontes zu blicken. Fragen, die sich in diesem Zusammenhang im Hinblick auf die »Digital Natives« stellen:

- Wie können Sie dem Bedürfnis nach mehr Eigenständigkeit in der »Generation Y« Rechnung tragen, ohne dass alle in verschiedene Richtungen laufen und ohne dass es zu Effizienzeinbußen kommt?
- Welche Freiheiten müssen Sie gewähren, welche Grenzen sollten Sie setzen?
- Wie gewinnen Sie ambitionierten Nachwuchs und wie können Sie ihn halten?
- Wie gehen Sie am besten mit dem Bedürfnis nach unmittelbarem Feedback und der Anspruchshaltung dieser Generation um?

- Wie schaffen Sie ein Arbeitsklima, in dem die verschiedenen Generationen produktiv zusammenarbeiten, statt sich abzuschotten?

Es fällt sicher leichter, mit den Ansprüchen und Erwartungen der Digital Natives gelassen und produktiv umzugehen, wenn man versteht, warum diese Generation so anders wirkt. Werfen wir einen kurzen Blick hinter die Kulissen.

Verstehen, warum die Millennials anders ticken (müssen)

Die Klage über »die Jugend von heute« ist so alt wie die Menschheit – siehe Sokrates' Einlassung zu Beginn dieses Kapitels. Vermutlich hat man sich schon in der Steinzeit darüber aufgeregt, dass der Nachwuchs die Höhle nicht aufräumte und es an Respekt für den Clan-Chef mangeln ließ, obwohl der schon Mammuts erlegt hatte, als der Nachwuchs noch nicht mal laufen konnte. Jede neue Generation erobert die Welt neu für sich, und ein bisschen Rebellion gehört ebenso dazu wie das Kopfschütteln der Älteren über den vermeintlichen Sittenverfall. Was heute wirklich neu und anders ist, ist die Rasanz, mit der sich die Welt in den letzten 30 Jahren verändert hat. Der technische Fortschritt hat uns in den Industrieländern innerhalb von nur einer Generation in eine global vernetzte Welt katapultiert, mit einem Überangebot von günstigen Waren, mit transparenten Märkten, mit einer stetig anschwellenden Informationsflut, die niemand mehr beherrschen kann, mit der Möglichkeit, per Internet und Handy nahezu überall und sofort Kontakt aufzunehmen, Waren zu bestellen, Karten zu reservieren, Preise zu vergleichen, Informationen zu recherchieren.

Vor 30 Jahren ging man ins Reisebüro und buchte seinen Jahresurlaub Kataloge wälzend bei einer Tasse Filterkaffee. Heute ist die billige Flugreise nur einen Mausklick entfernt, und man kann sich vor der Buchung eine Speisekarte in Dubai ansehen und in Las Vegas Showkarten ordern. Vor 30 Jahren bekamen Teenager Ärger, wenn sie das einzige Telefon in der Familie für Endlosgespräche mit Freundinnen blockierten. Wer heute 25 ist, ist mit Flatrate und Handy aufgewachsen und kann rund um die Uhr skypen, chatten und bloggen – und hat das vermutlich beim Hausaufgabenmachen oft getan, während gleichzeitig Musik lief und der Fernseher stummgeschaltet vor sich hin flimmerte. Während die Babyboomer sich noch an die Zeit erinnern, in der zwei Fernsehsender abends einige Stunden in Schwarz-Weiß ausstrahlten, haben ihre Kinder ganz selbstverständlich zwischen Dutzenden Programmen gewählt und waren in einer Woche vermutlich mehr Werbebotschaften ausgesetzt als ihre Eltern in ihrer gesamten Kindheit. Während viele Babyboomer den eintretenden Lehrer noch respektvoll stehend und im Chor begrüßen mussten, ist ihr Nachwuchs schon im alternativen Kinderladen zu Kritik ermuntert worden. Wer heute 25 ist, kennt Schreibmaschinen und Münztelefone nur noch vom Hörensagen, schreibt SMS statt Ansichtskarten, ersetzt den Fernseher durch den Laptop, informiert sich in einem Online-Portal, statt eine Zeitung zu kaufen und mit sich herumzutragen. Ein Leben ohne Handy, »Navi«, Digitalkamera und Facebook ist kaum noch vorstellbar – alles ist sofort verfügbar, easy und komfortabel. Wenn das angesagte Label vor Ort nicht zu haben ist, ordert man eben online, und was angesagt ist, weiß die digitale Community von »Freunden«. 62 Prozent der 14- bis 29-Jährigen sind heute Mitglied von Online-Communities, hat das Institut für Demoskopie Allensbach ermittelt; bei den 50- bis 64-Jährigen sind es gerade einmal 10 Prozent.[130] Für die Jüngeren ist das soziale Netzwerk inzwischen unabdingbar, auch aus beruflichen Gründen. Nur noch eine Minderheit von weniger als 5 Prozent meint, es habe »keinen Einfluss« auf die Chance, einen Job zu bekommen, 95 Prozent sehen das anders. Und 80 Prozent schreiben ihm einen mehr oder weniger großen Einfluss auf die Arbeitsleistung im Job zu.[131] Rechnen Sie also damit, dass man Wechselwünsche »postet« und über Probleme mit dem Chef schon mal »chattet« oder »twittert«.

Finanzielle Einschränkungen sind dieser Generation ebenso fremd wie das Aufschieben von Wünschen und Bedürfnissen, denn sie ist überwiegend in einer Zeit des Wohlstands aufgewachsen. Dafür fallen viele Sicherheiten weg, die dem Leben früher Halt gaben, Familienbande werden brüchiger, Freundeskreise zerstreuen sich spätestens nach dem Abitur in alle Welt, Anstellungen sind permanent vorläufig – wer weiß, ob es die Firma in zwei Jahren in dieser Form überhaupt noch gibt? Während die Lebensbahn ihrer Großeltern noch durch Herkunft und Hintergrund weitgehend vorgezeichnet war und ihre Eltern sich in Erwartung der nächsten Beförderung auf der Karriereleiter anstrengten, haben die Millennials alle Wahlmöglichkeiten – aber kaum noch Sicherheiten. Wer in diesem Bewusstsein durchs Leben navigiert, muss sich permanent entscheiden. Und was auf Ältere selbstbezogen und verwöhnt wirkt, ist in Wirklichkeit vielleicht nur die plausible Reaktion auf eine immer schnelllebigere und nur noch in Ansätzen beherrschbare Welt. Was wir dabei allerdings nicht aus den Augen verlieren sollten ist, dass die so beschriebenen Digital Natives nur einen Teil ihrer Generation bilden. In den Problemvierteln der Großstädte und in sozial schwachen Familien hat man vermutlich andere Sorgen als die Verwaltung seiner virtuellen Identität oder die Frage, ob es mal wieder Zeit wird, den Job zu wechseln, um den Lebenslauf marktgängig zu halten.

Die »Generation Y« tickt also wirklich anders als die Generationen vor ihr. Heutige Chefs und ihre ambitionierten Nachrücker zugespitzt auf einen Blick (und natürlich grob vereinfachend) siehe Tabelle Seite 124.

Das Fernsehen ist ein Spiegel seiner Zeit, und der Hinweis auf die Lieblingsunterhaltung ist nur augenzwinkernd gemeint. Schauen Sie sich gelegentlich einen Tatort-Krimi aus den 70er Jahren an? Spätestens nach 10 Minuten macht der gemächliche Erzählstil Sie womöglich kribbelig. Ob *Heiteres Beruferaten* mit Gong-Schlag, Robert Lembke und 5-Mark-Schweinderl oder betuliche Familienabenteuer auf der Ponderosa-Ranch mit Little Joe und seinen Brüdern: Wir sind heute ein anderes Tempo gewöhnt. Und wer junge Zuschauer begeistern will, gibt noch einmal richtig Gas und bietet rasante Kamerafahrten, schnelle Schnitte und jede Menge Action.

Die Sehgewohnheiten haben sich radikal geändert, und sie sind ein Indiz dafür, dass die Digital Natives nicht nur andere Werte und Erwartungen haben: Auch Wahrnehmungsweisen und Denken haben sich verändert. Und entsprechend anders arbeiten die Millennials – häufig parallel, schneller, mehr ad hoc, aber auch weniger strukturiert, oberflächlicher und oft auch weniger konzentriert. Von »Neuroplastizität« spricht der Hirnforscher Manfred Spitzer in diesem Zusammenhang und verweist darauf, dass unser Gehirn als »Hardware« sich beständig an genutzte »Software« (unsere Erfahrungen und unsere geistigen Beschäftigungen) anpasse. Auf die Frage, ob das Internet langfristig unser Denken beeinflusse, sagt Spitzer: »Weil alles, was wir denken, und die Art, wie wir denken, langfristig unser Denken beeinflusst, kann die Antwort auf diese Frage aus Sicht der Neurowissenschaft nur ›Ja‹ lauten.« Und auch für das viel gelobte Multitasking hat Spitzer nur Spott übrig: »Wer keine Aufmerksamkeitsstörung hat, kann sie sich durch Multitasking antrainieren.«[132] Spitzer verweist auf empirische

Belege zu Konzentrationsstörungen durch ständigen Aufgabenwechsel. Ob man gleich den Untergang des Abendlandes heraufbeschwören muss, wie etwa der US-Psychologe Gary Small, der ein »iBrain« und die Verkümmerung sozialer Kompetenzen bei den Digital Natives postuliert,[133] oder wie FAZ-Herausgeber Frank Schirrmacher, der in seinem Buch *Payback* Aufmerksamkeitsstörungen und Vergesslichkeit auf die Herrschaft von Google und Co. zurückführt, das sei dahingestellt. Sicher ist: Schnelligkeit, paralleles Arbeiten und ein dauerndes Hin-und-her-Springen zwischen verschiedenen Kanälen gehen unweigerlich auf Kosten von Sorgfalt und Konzentration. Wie gehen Sie als Chef auch damit um?

Was Sie tun können: für klare Rahmenbedingungen sorgen

Auf der Basis seiner Generationstypologie (siehe Tabelle Seite 113) empfiehlt IBM-Berater Shah älteren Mitarbeitern und Führungskräften, aktiv auf die Millennials zuzugehen und den Schritt von einer hierarchischen zu einer kollaborativen Arbeitsweise zu tun.[134] Andere blasen in dasselbe Horn: »Vorgesetzte müssen Offenheit lernen, Kontrolle abgeben, Ergebnisse auch aushalten. Hat ein Unternehmen eine ausgeprägte Präsenz- und Meetingkultur, nützt es nichts, einfach Technik reinzupacken und zu behaupten: Wir sind offen für Digital Natives«, sagt Alexander Greisle, Arbeitsforscher und Managementberater.[135] Das sagt sich leicht dahin und ist in der Umsetzung doch alles andere als einfach. Schließlich tragen Sie als Führungskraft auch im digitalen Zeitalter Verantwortung für die Ergebnisse. Konkrete Maßnahmen aus meiner Sicht:

Erwartungen klar kommunizieren

Wenn Freiräume erweitert werden sollen, braucht es ganz klare Rahmenbedingungen. Welches Commitment, welcher Einsatz wird erwartet? Wie geht man miteinander um, welche Spielregeln gelten für die Zusammenarbeit im Team? Für welche Werte stehen Sie selbst und das Unternehmen, und welche Verhaltensanforderungen leiten Sie daraus ab? Welche

Die Digital Natives im Vergleich zu früheren Generationen

	»Digital Immigrants«	»Digital Natives«
Arbeit	Pflicht	Selbstverwirklichung
Arbeitgeber	... kann Loyalität erwarten	... soll Ansprüche erfüllen
Stellenwechsel	eher die Ausnahme	ganz normal
Sprache	»wir«	»ich«
Konsum	Markentreue	Experimentierfreude
Informationsüberfluss	... ist stressig	... ist normal
Werte	Vernunft, Ordnung, Vorsorge	Emotion, Erlebnis, Hier und Jetzt
Geld	sparen	ausgeben
Karriere	vorgezeichnet	›selbst gebaut‹
Arbeitszeit	starr geregelt	möglichst flexibel
Autorität	Senioritätsprinzip	Leistung zählt
Anpassungsbereitschaft	hoch (Arbeitsplatz sichern)	niedrig (Wechsel bei Unzufriedenheit)
Unzufriedenheit im Job	... wird in Gejammer gegenüber Kollegen ausgelebt	... wird direkt kommuniziert, auch dem Chef gegenüber
Überlegenheit des Arbeitgebers	... war selbstverständlich	... weicht einer Machtbalance
Trennung von Beruf und Privatleben	möglichst eindeutig (»Dienst ist Dienst und Schnaps ist Schnaps«)	teilweise aufgehoben (im Job privat surfen und von zu Hause aus arbeiten)
Soziale Netzwerke	überschaubar (Face to Face)	groß, überregional, international (virtuell)
TV-Serien, Unterhaltung	»Bonanza«, »Daktari«, »Am laufenden Band«, »Was bin ich?«	»Sex and the City«, »24«, »DSDS«, »Germany's Next Top Model«

Informationen hätten Sie wann gern, welche Vorgänge möchten Sie sehen, bevor sie rausgehen? Welcher Verteiler ist für wen bestimmt? Wie sehen die Arbeitszeitregeln grundsätzlich aus? Und so fort. Ein Chef, der sich weitgehend heraushält und die klassische Steuerungsfunktion nicht mehr wahrnimmt – das halte ich für unrealistisch. Es wird weiterhin Maßstäbe und Spielregeln geben müssen, wenn Arbeitsgruppen funktionieren sollen. Und es wird auch weiterhin eine Hierarchie geben, auch wenn diese sich anders ausdrückt – im Ton partnerschaftlicher, offener für Mitarbeitermeinungen und mit deutlicher Wertschätzung für die Kompetenz jedes Einzelnen. Nur: Am Ende muss jemand die Entscheidung treffen und sie auch verantworten. Führung ohne Macht ist nicht denkbar. Wer das leugnet und auf Laisser-faire oder Selbstorganisation setzt, schafft ein Machtvakuum, das früher oder später jemand anders füllt.

Leitplanken setzen statt Vorschriften machen

Entbürokratisieren Sie Abläufe, soweit es in Ihrer Macht steht. Wer es gewöhnt ist, sein Leben per Internet zu organisieren, wird kaum einsehen, seine Bahnkarte oder sein Flugticket per Reiseantrag im Abteilungssekretariat zu bestellen oder auf die Bahn verpflichtet zu sein, wenn ein Billigflug zu haben ist. Definieren Sie finanzielle Rahmenbedingungen, innerhalb derer jeder frei agieren kann. Dies betrifft auch die Frage des unbeschränkten Internetzugangs oder das private Surfen, das Sie kaum ganz verhindern werden. Statt auf gestrig wirkenden Vorschriften zu beharren, sollten Sie lieber für Sicherheitslücken sensibilisieren und auch darüber diskutieren, welche Firmeninterna in Chatrooms oder sozialen Netzwerken nichts zu suchen haben. Stellen Sie die Technik zur Verfügung, die die neue Generation als selbstverständlich betrachtet. Zum Statussymbol, das der Leitungsebene vorbehalten ist, taugt das Smartphone über kurz oder lang nicht mehr.

Tatsächlich über Ziele führen

In der Praxis erstarrt das »Führen mit Zielen« bislang nicht selten zum jährlichen Pflichtritual, bei dem die schriftlich fixierten Zielmarken erst wieder aus der Schublade geholt werden, wenn sich im Jahresgespräch die Gehaltsfrage stellt. Wenn man den Mitarbeitern tatsächlich mehr Spielraum einräumen will, wird man das Führen mit Zielen zukünftig ernster nehmen müssen. Das bedeutet loslassen und mehr delegieren und so dem Ansinnen der »Generation Y« Rechnung tragen, über Ergebnisse und Leistung und nicht über Anwesenheit bewertet und entlohnt zu werden. Daraus ergeben sich unweigerlich neue Herausforderungen für Ihre Führung:

1. Als Chef müssen Sie einschätzen können, wie viel Leistung ein Projekt bis zum messbaren Ergebnis beinhaltet. Andernfalls werden Sie leicht zum Opfer der Blender, die eine große Show liefern, obwohl die Thematik längst nicht so zeitintensiv und umfangreich war wie manche Aufgabe, die ein stiller Leistungsträger ohne viel Aufhebens erledigt. Doch für jedes Ziel den jeweiligen Aufwand zu definieren ist schwierig – und nicht jedes Ziel trägt gleich viel zum Abteilungserfolg bei. Wie wird gewichtet? Man muss also sehr tief in den Aufgaben stecken, die zum Ziel erledigt werden müssen, um die Bewertung vornehmen zu können, wenn nicht an einem gemeinsamen Ort gearbeitet und die Arbeitszeit nicht mehr erfasst oder gar kontrolliert wird. Und daraus entsteht die nächste Führungsaufgabe.
2. Um gerecht zu sein, müssen Sie bei gleicher Bezahlung und Eingruppierung der Mitarbeiter gleich schwere Zielpäckchen verteilen. Doch das wird nicht immer gehen. Außerdem ist nicht jede Aufgabe einem eindeutigen Ziel zuzuordnen; letztlich geht es bei einer Vielzahl von Tätigkeiten auch um reines Abarbeiten. Dort kann man den Arbeitserfolg schwerlich nur über ein eindeutiges Ziel messen: Gebe ich beispielsweise im Callcenter die Anzahl der täglichen Gespräche als Zielmarke vor, habe ich damit nicht erfasst, wer vielleicht die schwierigeren Kunden, die komplexeren Fragestellungen hatte und deshalb weniger Gespräche führte. Ein starres Tagesziel von, sagen wir, 80 Gesprächen, könnte zulasten der Beratungsqualität gehen. Dasselbe gilt für komplexere Projekte: Stecke ich hier lediglich den Termin ab und gewähre für das »Wie« Freiraum, gehe ich immer das Risiko ein, zu großzügig zu planen und reines Absitzen zu provozieren oder zu knapp zu kalkulieren und zu hohen Zeitdruck aufzubauen.

Die Zielplanung wird also laufend im Dialog mit den Mitarbeitern justiert werden müssen. Das bedeutet Aufwand und kann nur funktionieren, wenn Mitarbeiter über ein gewisses Maß an Bildung und Arbeitserfahrung verfügen und selbst in der Lage sind, die richtigen Fragen zu stellen. Das wird nicht für alle Arbeiten und Mitarbeiter gelten, was wiederum hohe Investitionen in Zeit und Weiterbildung bedeutet, um anschließend tatsächlich Freiräume eröffnen zu können. Viele Führungsgespräche werden sich also darum drehen, wie ein Mitarbeiter eine Aufgabe einschätzt, was er bereits kann, wo er Hilfestellung braucht und so fort. Damit wird der Chef tatsächlich mehr und mehr zum Mentor.

Hilfreich im Führungsalltag ist dabei eine saubere Zieldefinition – Sie wissen schon: Ziele sollen SMART sein (spezifisch, messbar, attraktiv, realistisch und terminiert). Ziele dürfen nicht mit Aufgaben verwechselt werden. »Unsere Website optimieren« ist eine reichlich diffuse Aufgabe. »Binnen vier Wochen ein neues, auf eine jüngere Zielgruppe abgestimmtes Website-Layout entwickeln, in das ein Shopsystem und ein Blog integriert sind, das auf die CI abgestimmt ist und das mit einem vorgesehenen Budget umgesetzt werden kann« – das ist ein Ziel. Es bewährt sich ferner, Ziele adressatengerecht zu kommunizieren: sexy für »visionäre« Mitarbeiter, gut begründet und aus dem Gesamtkontext abgeleitet für »Sinnsucher«, pragmatisch und aktionsgeladen für »Macher« und detailliert, gerechnet, fundiert für Perfektionisten. Und eine wunderbare Technik für den regelmäßigen Zielabgleich ist das sogenannte Rebriefing: Gleichen Sie ab, was jeder verstanden hat, was das Ziel des Projektes, der Abteilung, der Aktion sei. Was hat jeder als zentralen Punkt mitgenommen? Wie würde er das in eigenen Worten formulieren? Bei den Antworten stellt sich manchmal eine erstaunliche Varianz ein. Doch wenn man ernsthaft über Ziele führt und jeder nach dem Briefing ausschwärmen und seinen Teil zur Zielerfüllung beitragen soll, und das auch noch in dezentralen Strukturen, ist Klarheit von Beginn an notwendig. Auf dem Weg zum Ziel wird die Führungskraft regelmäßig überprüfen, ob alle Mitarbeiter noch auf Kurs sind, und nötige Korrekturen veranlassen.

Feedback-Kultur überdenken

Natürlich werden Sie auch beim besten Willen nicht »jederzeit« und »sofort« Feedback geben können, selbst wenn manche Millennials davon auszugehen scheinen, ein Chef müsse ständig auf Standby sein. Aber strategische Arbeit braucht Konzentration und damit ungestörte Arbeitsphasen. Dafür sollten Sie Ihr Team sensibilisieren und es selbst auch dazu ermuntern, sich »Denkräume« zu blocken (siehe Kapitel 2). Erste Experimente mit bewussten Offline-Zeiten in Unternehmen berichten davon, dass Befremden in Begeisterung umschlägt, wenn man feststellt, wie es sich anfühlt, wenn nicht alle zwei Minuten elektronische Post mit vernehmlichem »Pling« Aufmerksamkeit einfordert.

Auf der anderen Seite ist nicht jedes Feedback zeitaufwändig. Heute wird schneller und direkter kommuniziert, und Mitarbeiter erwarten eine zeitnahe Reaktion. Das kann der Smiley sein für einen guten Vorschlag, ein kurzes »Weiter so«, »klasse Idee« oder auch »Vorsicht, bitte abwarten. Komme asap auf Sie zu«. Bauen Sie diese Form von Kurzrückmeldung möglichst arbeitsökonomisch in Ihren Alltag ein, indem Sie Fahrzeiten nutzen oder sich mittags eine halbe Stunde für konzentriertes »E-Mail-(SMS-/Handy)Management« blocken. Das ist eine andere Form von Feedback als die umfassende Leistungsbeurteilung im Mitarbeitergespräch. Und dass für Letzteres eine jährliche Generalabrechnung nicht der Königsweg ist, sondern zeitnahe Gespräche besser sind (etwa nach Projektabschluss, in Krisensituationen, bei wiederkehrenden Problemen oder auch bei Erfolgsmeldungen), das wussten wir auch schon, bevor die Digital Natives mehr Feedback einforderten, oder? Einzig der innere Schweinehund steht uns häufig im Weg.

Brücken bauen zwischen den Generationen

In der Arbeitswelt werden mehr und mehr altersgemischte Teams arbeiten; wir werden die Fachkräfte jenseits der 50 ebenso brauchen wie die jungen Nachwuchskräfte und die Erfahrenen im mittleren Lebensalter (siehe Kapitel 4). Wir werden folglich unsere Karrieremodelle überdenken müssen. Die Zeiten, in denen mehr Dienstjahre automatisch auch »mehr Gehalt« bedeuteten, sind vorbei. Es wird an den Führungskräften liegen, ein Klima zu schaffen, in dem ein 56-Jähriger ohne Gesichtsverlust wieder in die zweite Reihe treten kann, um länger arbeitsfähig zu bleiben. Ein Klima, in dem junge Kräfte, die auf dem neuesten Stand sind, in ihrer Leistung gewürdigt werden (verbal, finanziell, karrieretechnisch), ohne dass der Beitrag Älterer abgewertet wird. Diese Diskussion hat erst begonnen, und so wird es an den Vorgesetzten sein, Bewusstsein und gegenseitiges Verständnis für die Bedürfnisse und Herausforderungen der verschiedenen Lebensphasen zu schaffen. Vielleicht wäre das ein lohnendes Thema für einen Teambildungsworkshop – statt sich auf die magische Wirkung von Hochseilgärten, Zeltlagern oder Incentive-Reisen zu verlassen? Der Brückenschlag beginnt schon in der Alltagskommunikation: Eine souveräne Führungskraft würdigt den Beitrag jedes Einzelnen. Abschätzige und pauschalisierende Bemerkungen über mangelnde Erfahrung bei den Jungen oder mangelnde Innovationsbereitschaft bei den Älteren verbieten sich damit von selbst.

Entwicklungsgespräche führen

Alles, was im Kapitel 4 zum Thema Entwicklungsmöglichkeiten gesagt wurde, gilt natürlich auch und gerade für die »Generation Y«. Wenn tatsächlich viele Millennials stärker nach Sinn und Bedeutung streben als Angehörige früherer Mitarbeitergenerationen und sie gleichzeitig die Optimierung der beruflichen Vita im Blick behalten, um für die Wechselfälle des Arbeitsmarktes gewappnet zu sein, dann müssen wir darauf reagieren, indem wir ihnen Aufgaben zutrauen und Lernmöglichkeiten eröffnen. Dafür bieten sich regelmäßige Gespräche über den bisher geleisteten Beitrag, über Stärken und Entwicklungsfelder, attraktive Projekte und mögliche Weiterbildungen an. Entscheiden Sie, welcher Turnus für diese Gespräche in Ihrem Arbeitsfeld sinnvoll ist. In der Regel sollte einmal im Quartal Zeit für einen gründlichen Austausch sein, in dem es nicht nur um die Optimierung des Outputs für die Abteilung geht, sondern ausdrücklich auch um die persönliche Weiterentwicklung und Steigerung der Professionalität. Wenn es eine Gruppe im Arbeitsleben gibt, die ihre »Employability« im Auge hat, dann sind es sicher die Millennials. Wer diese Mitarbeiter in einer Sackgasse »parkt«, riskiert, dass sie sich nach Alternativen umsehen. Wenn es Ihnen als Chef gelingt, die Rolle des weitsichtigen Mentors auszufüllen, ist das gelebte Mitarbeiterbindung. Sollten Sie sich selbst nicht als idealen Berater ansehen, entwickeln Sie Alternativlösungen. Vorstellbar sind beispielsweise Cross-Mentoring über Abteilungs- oder über Unternehmensgrenzen hinweg oder die Zusammenarbeit mit einem professionellen Coach. Eine Alternative können Workshops sein, die aus dem Weiterbildungsbudget unterstützt werden, deren Organisation bis hin zum Engagement eines geeigneten Workshopleiters Sie aber den Mitarbeitern anvertrauen. Für eine Generation, die es von klein auf gewöhnt ist, sich Infos selbst zu beschaffen und Angebote per Internet zu prüfen, drängt sich diese Form der Eigenregie förmlich auf.

Die Zukunft wird zeigen, was von dem revolutionären Habitus, mit dem »die« Millennials ins Berufsleben starten, im Arbeitsalltag Bestand haben wird. Manches wird sich wahrscheinlich auf Dauer ebenso abmildern, wie das bei ihren Eltern und Großeltern der Fall war. Es braucht eben Zeit und Erfahrung, um zu erkennen, dass manches »spießige« Instrument, manche To-do-Liste, manche präzise Zielvorgabe und manches Kontrollinstrument durchaus sinnvoll ist, um im Arbeitsalltag nicht im fruchtlosen Chaos zu enden. Und auf der anderen Seite kommen inzwischen selbst in Traditionskonzernen Zweifel an der Bürokratisierung des Arbeitslebens auf, an einem Zuviel an Vorschriften und Dienstwegen, die Eigeninitiative blockieren und schnelle Lösungen verhindern. Über kurz oder lang werden sich die Generationen daher vermutlich – wie in der Vergangenheit auch – annähern und von verschiedenen Seiten aufeinander zugehen, sodass wir auf das Beste aus beiden Welten hoffen dürfen.

Für Glaubwürdigkeit nach innen wie außen sorgen

Wie informiert sich die »Generation Y« über potenzielle Arbeitgeber? Die Antwort auf diese Frage fällt ziemlich eindeutig aus: An der Spitze steht das soziale Netzwerk der Befragten, das für 36 Prozent eine sehr wichtige und für 39,6 Prozent eine wichtige Informationsquelle ist. Darauf folgen die Website des Unternehmens (34 bzw. 46 Prozent) sowie Menschen, die bereits im Unternehmen arbeiten (29 bzw. 48,2 Prozent), »andere Internetinformationen (19,5 bzw. 51,3 Prozent) sowie »Gastvorlesungen und Studentenkontakte« (12,4 bzw. 37,8 Prozent), so die bereits erwähnte Studie von Anders Parment.[136] Dass in Zeiten des Internets die Märkte zunehmend transparenter werden, ist hinlänglich bekannt. Das gilt auch für den Arbeitsmarkt: Die meisten Personalreferenten prüfen heute routinemäßig, was das Netz über potenzielle Kandidaten sagt. Doch nicht jedem Arbeitgeber ist bewusst, dass dies keine Einbahnstraße ist und sie selbst genauso auf dem Prüfstand stehen. Unternehmen, die Digital Natives für sich gewinnen wollen, müssen nicht nur die aktuellen Social-Media-Plattformen von Facebook bis Youtube bedienen und eine innovative Website aufzuweisen haben: Sie sollten vor allem wissen, wofür sie stehen und welche Werte sie verkörpern wollen – und diese dann auch tatsächlich mit Leben füllen. Vor 20 Jahren mag eine imposante Imagebroschüre noch gewirkt haben, heute können interneterfahrene Kandidaten sich in weniger als einer halben Stunde ein erstes Bild machen, wie es hinter den Kulissen tatsächlich aussieht. In irgendeinem Blog, auf irgendeinem Wissensportal werden sich schon Informationen auftreiben lassen, wenn man über das eigene Netzwerk keine Informationen aus erster Hand bekommen kann. Und die neue Generation ist gut vernetzt, in Alumni-Vereinen und Business-Netzwerken vom Banking bis zum Marketing Club, von den Wirtschaftsjunioren bis zu XING und Co. Durch die Vernetzung steigt die Bedeutung persönlicher Empfehlungen, und zufriedene Mitarbeiter werden so zu den besten Botschaftern eines Unternehmens (siehe Kapitel 4). Noch nie war Glaubwürdigkeit daher so wichtig wie heute. Und noch nie war es so wichtig, bei der Besetzung von Führungspositionen genau hinzuschauen: Passt dieser Kandidat zu unseren Kernwerten? Mit welchen Erfahrungen in seinem bisherigen Leben kann er das belegen? Je offener Sie fragen, je weniger Sie vorgeben, umso fundierter wird Ihr Urteil ausfallen können.

Hinschauen lohnt sich immer, auch bei den Angehörigen der in diesem Kapitel skizzierten »Generation Y«. Solche Typisierungen sind immer verführerisch, weil sie das Leben vereinfachen. Sie verleiten aber auch zu Schubladendenken, das dem Einzelnen nicht gerecht wird. Auch unter den heute 25-Jährigen gibt es natürlich ausgesprochene Technikfreaks und zurückhaltende Techniknutzer, abenteuerlustige, wechselwillige und etwas vorsichtigere Mitarbeiter, ausgesprochen selbstbewusste und eher unsichere. Bewahren Sie sich Ihren Blick für den Einzelnen!

Fazit: Partnerschaftliche Führungskräfte gefragt

»Wer bei uns ein Projekt leitet, ist kein Vorgesetzter, sondern ein Nachgesetzter, der die Rechnungen schreibt und hilft, wo er kann. Auch ein Standortleiter hat bei uns eher die Funktion eines Gärtners: Er sorgt dafür, dass alles da ist, was die Projektteams zum Arbeiten brauchen«, so umreißt der Geschäftsführer eines mittelständischen Schweizer IT-Dienstleisters die Führungsrolle in seinem Unternehmen.[137] Je höher die Qualifikation der Mitarbeiter und je jünger das Team, desto stärker wird der Chef auch in anderen Branchen zukünftig als Berater gefragt sein, als Mentor, der den Weg ebnet und bei Schwierigkeiten unterstützend eingreift – nachdem er zuvor grundsätzliche Richtungsentscheidungen getroffen und Ziele fixiert hat. Und da die Zahl der Wissensarbeiter in den Industrienationen stetig wächst, wird die Rolle des Mentors in Zukunft immer mehr gefragt sein.

Das erfordert Führungskräfte mit hoher persönlicher Souveränität. Menschen, die loslassen können, individuelle Stärken würdigen und Defizite behutsam und dennoch eindeutig korrigieren helfen. Wer sehr statusorientiert ist, wird mit diesem Führungsverständnis eher hadern und sich mit der »Generation Y« eher in den Konflikt begeben, statt die Chance der gegenseitigen Anregung zu erkennen. Und auch die erst auf den zweiten Blick sichtbaren Möglichkeiten, Status und Autorität auszuleben, wie ein eher eng getaktetes Führen und Anweisen, das Horten von Informationen oder eine Alles-geht-über-meinen-Tisch-Philosophie passen nicht zu der Selbstständigkeit, die die jüngere Generation für sich einfordert. Autorität fällt Führungskräften hier nicht mehr qua Organigramm zu. Sie erwächst vielmehr aus dem freiwillig entgegengebrachten Respekt und dem erfolgreichen Lockern der Zügel, die nur dann noch spürbar werden, wenn das Abteilungsgefährt vom Weg abzukommen droht. Keine leichte Aufgabe, sicherlich. Aber eine, an der man nicht vorbeikommt und die durch gute Ergebnisse und ein konstruktives Miteinander der Generationen belohnt werden wird.

6 Wie führt man Gewohnheitsmenschen in einer wirtschaftlichen Achterbahn?
Der Chef als »Fremdenführer«

> Es ist besser, ein Teil des Wandels zu sein, als stillzustehen
> und einer Sache nachzutrauern.
>
> *Karl Lagerfeld*

Unternehmenswelten: *Deutschland im Jahre 2002, in einem mittelständischen Verlag. Die Zahlen sind nicht mehr so gut wie früher, und so ist der Eigentümer froh, unter das Dach einer Verlagsgruppe schlüpfen zu können. Die wiederum wird zwei Jahre später von einem Konzern übernommen, der erst einmal gründlich umstrukturiert. Ein weiteres Jahr später kauft dieser Konzern einen Mitbewerber dazu, und das Kartellamt tritt auf den Plan: Im Taschenbuchbereich droht eine zu hohe Konzentration. Die ursprüngliche Verlagsgruppe wird einige Monate später aufgespalten und geht zum Teil an eine nordeuropäische Holding über. Zu diesem Teil gehört auch unser früherer Mittelständler. Die Holding entsendet einen neuen Geschäftsführer, der das Programm neu ausrichten will und diverse Änderungen einleitet. Nach knapp einem Jahr wird dieser Manager wieder abberufen, da er eine Welle von Eigenkündigungen ausgelöst und einen Umsatzrückgang zu verantworten hat. Übergangsweise wird das Haus von einem Führungskollegen mitbetreut, Gerüchte gehen um, der Verlag solle geschlossen werden. Schließlich startet ein junger Nachfolger durch. Nach einigen Wochen im Unternehmen beruft er eine Betriebsversammlung ein, auf der er seine neue Strategie verkündet …*

Nur der Wandel ist beständig – diese alte Weisheit war selten so wahr wie in der Wirtschaft von heute. Statt der Medienbranche hätte ich auch einen beliebigen anderen Wirtschaftszweig von der Softwareherstellung bis zur Bierbrauerei nennen können: In vielen Unternehmen wird fortlaufend verschlankt, fusioniert, umstrukturiert, outgesourct oder neu besetzt. Zwischen 2000 und 2009 führte die Deutsche Telekom 16 Change-Projekte mit konzernweitem Zuschnitt durch, beim Energieriesen RWE waren es in dieser Zeit 15, bei Daimler 7 und bei Siemens immerhin noch 6, haben Torsten Oltmanns und Daniel Nemeyer für ihr Buch *Machtfrage Change* ermittelt.[138] Kein Wunder, dass viele Mitarbeiter die Veränderungen leid sind und Sprüche wie »Diese Welle überleben wir auch noch« oder »Chefs kommen und gehen; hier unten bleibt alles gleich« die Runde machen. 16 Change-Projekte in 10 Jahren, das ergibt im Durchschnitt alle 7,5 Monate ein neues Vorhaben. Und das bedeutet: Projekt zwei und drei werden mit hoher Wahrscheinlichkeit schon gestartet, bevor Projekt eins abgeschlossen ist. Und so erlebe ich in vielen Seminaren und Coachings eine große Sehnsucht nach Ruhe und Kontinuität. Doch dafür ist der Wettbewerb zu groß, die technische Entwicklung zu rasant. Gerade die Telekommunikation ist ein Musterbeispiel dafür. Und so wird es an uns Führungskräften sein, unsere Mitarbeiter seefest zu machen für stürmische Zeiten und sie auch bei der nächsten Welle mitzunehmen zu neuen Ufern.

Der Wandel in Zahlen

»Did you know?«[139] ist der Titel eines 5-Minuten-Videos bei Youtube, in dem der US-amerikanische Pädagoge Karl Fisch den Zuschauer mit einer Reihe eindrucksvoller Daten und Fakten konfrontiert und eine Vorstellung davon vermittelt, warum der schnelle Wandel zu unserem Leben zukünftig dazugehören wird. Ein Teilnehmer im General-Management-Programm zeigte uns das Video in einer Pause. Es herrschte erst Gänsehaut, dann das Gefühl, dass einen die Fakten erschlagen und zum Schluss die nüchterne Erkenntnis, mittendrin zu sein, als kleines bewegtes Planktonteilchen in einem unüberschaubaren Meer. Hier nur einige der Daten und Fakten:

Wussten Sie schon?
• China wird die Nummer eins der Englisch sprechenden Welt.
• Indien hat mehr gebildete Kinder als Amerika überhaupt Kinder hat.
• Die 10 Jobs, die 2010 am gefragtesten waren, haben 2004 noch gar nicht existiert.
• Studenten werden für Jobs vorbereitet, die noch gar nicht existieren,
  … um Technologien zu nutzen, die noch gar nicht eingeführt wurden
  … um Probleme zu lösen, die noch gar nicht als Probleme bekannt sind.

• Der technische Fortschritt verläuft exponentiell.
  So viele Jahre hat es jeweils gedauert, bis ein Publikum von 50 Millionen Menschen erreicht war:

Radio: .... 38 Jahre
Fernsehen: .... 13 Jahre
Internet: .... 4 Jahre
iPod: .... 3 Jahre
Facebook: ..... 2 Jahre

- Die Zahl der internetfähigen Geräte lag ...
  ... im Jahre 1984 bei 1 000
  ... im Jahre 1992 bei 1 000 000
  ... im Jahre 2008 bei 1 000 000 000

- Die Anzahl der neuen technischen Informationen verdoppelt sich alle zwei Jahre. Für Studenten, die ein vierjähriges technisches Diplom starten, heißt das: Die Hälfte dessen, was sie in den ersten beiden Semestern lernen, wird etwa im sechsten Semester wieder unaktuell sein.

- Während dieser [5-Minuten-]Präsentation wurden ...
  ... 67 Babys in den Vereinigten Staaten geboren
  ... 274 in China und
  ... 395 in Indien.

Die Weltwirtschaft wird sich in den nächsten Jahren weiter rasant verändern, die Machtzentren werden sich verschieben, die Märkte werden andere sein, die Technik sowieso. Viel Hoffnung auf Kontinuität können wir als Führungskräfte den Menschen leider nicht machen, auch wenn sich bislang kaum jemand traut, das offen auszusprechen, weil viele sich nach einer Konsolidierungsphase sehnen und »einfach mal wieder ihre Arbeit machen möchten«. Doch der Veränderungsdruck ist hoch, und er wird es bleiben. Oltmanns und Nemeyer verweisen auf Studien, nach denen neun von zehn Managern Change-Management als Zukunftsthema betrachten, wobei jeder Zweite »starke« und jeder Vierte »sehr starke« Veränderungen erwartet.[140] Umso beunruhigender ist es, dass einer Untersuchung der Technischen Universität München zufolge lediglich ein rundes Fünftel der Change-Projekte wirklich erfolgreich verläuft. Die Ursachen für die Misserfolge liegen nach Erkenntnissen der Forscher in »unzureichendem Engagement der oberen Führungsebenen« (58 Prozent), »unklaren Zielbildern und Visionen der Veränderungsvorgänge« (57 Prozent) und »fehlender Erfahrung der Führungskräfte im Umgang mit Verunsicherungen der betroffenen Mitarbeiter« (55 Prozent). Dass es uns Führungskräften noch nicht gut gelingt, die Mitarbeiter für Veränderungen zu gewinnen, lässt sich auch an der Tatsache ablesen, dass fast die Hälfte aller Betroffenen eher als »Bremser« agieren (45 Prozent), während nur 19 Prozent Neuerungen aktiv vorantreiben.[141] Der Handlungsbedarf ist groß – was ist zu tun?

Führungsfragen

Die letzten Jahrzehnte waren turbulent und bereits reich an Veränderungen. Allen Führungskräften ist heute bewusst, wie viel Kraft und Anstrengung der permanente Wandel kostet und wie groß das Bedürfnis nach einer Konsolidierung ist. Ich habe den Eindruck, dass viele sich auch deshalb scheuen, das Thema Change offensiv anzugehen. Aber genau das wird notwendig sein, denn es geht im Führungsalltag für uns alle auch darum, genug Energie für die Veränderungen der nächsten 20, 30, 40 Jahre unserer Lebensarbeitszeit zu haben. Die Kernfragen in diesem Zusammenhang:

- Eine Führungskraft, die ihre Mitarbeiter in Veränderungsprozessen mitnehmen will, muss glaubwürdig sein. Was macht Sie glaubwürdig?
- Bei Change-Prozessen geht es nicht nur um Zahlen: Ein Veränderungsprojekt ist eine emotionale Achterbahn für alle Betroffenen. Wie reagieren Menschen auf Veränderungen?
- Wie gehen Sie mit den typischen Reaktionen in den verschiedenen Projektphasen am klügsten um?
- Wie überzeugen Sie Ihre Mitarbeiter am ehesten, worauf kommt es in der Kommunikation an?
- Welche Instanzen müssen Sie noch im Auge haben, wenn Sie das Projekt zum Erfolg führen wollen?
- Wie gehen Sie am besten mit Widerstand um?

Wie Veränderungsprozesse verlaufen

Veränderungen in der Arbeitswelt hat es immer gegeben. In den Nachkriegsjahren ging es dabei darum, den Wiederaufbau zu bewerkstelligen, das Wirtschaftswunder gemeinsam zu gestalten. Und so wussten alle, wofür die Neuerungen standen, nämlich dafür, dass es allen unterm Strich besser geht. Die Arbeitsbedingungen wurden verbessert, die Arbeitszeiten verringerten sich stetig, Weiterbildung sicherte den Arbeitsplatz und eine positive Zukunft. Mitte der 80er Jahre wendete sich das Blatt, und es ging erstmals darum, Menschen etwas wegzunehmen und den Druck zu erhöhen. Neue Arbeitsmethoden, der kontinuierliche Verbesserungsprozess, Lean Management, Just-in-time-Fertigung, verlängerte Werkbanken, das erste Outsourcing und die ersten Verlagerungen von produzierendem Gewerbe gen Osteuropa und später gen Asien sorgten dafür, dass Veränderungen zunehmend mit Angst verbunden und negativ besetzt waren.

Den Wiederaufbau der Wirtschaftswunderjahre musste man niemandem erklären. Wenn alles in Schutt und Asche liegt, ist es selbstverständlich, dass alle mit anpacken, damit es besser wird. Heutige Veränderungen müssen sehr wohl erklärt und gut begründet werden, denn wenn man bereits einen hohen Standard erreicht hat, wächst die Sorge, sich zu verschlechtern, und die Frage nach dem Warum wird lauter. Dabei ist es zweifellos Führungsaufgabe, dieses Warum immer wieder aufzulösen, den Spagat zwischen Veränderungsbereitschaft und Konsolidierungssehnsucht zu schaffen, die Leistungsbereitschaft trotz Angst vor dem Wandel zu erhalten. Nicht umsonst sprechen Wissenschaftler aus Amerika im Zusammenhang mit Change-Management inzwischen von »Emotion-Management«. Wie schwer oder leicht das ist, hängt auch von der Kultur im Unternehmen ab.

Unternehmenskultur – Basis für Veränderungsprozesse

Zahlreiche Untersuchungen geben inzwischen Aufschluss darüber, welchen Unternehmen der Wandel eher gelingt. Dabei haben sich folgende Merkmale der Unternehmenskultur als förderlich herauskristallisiert:

- *Experimentierfreude:* Unternehmen, in denen eine kreative Unruhe herrscht, sind tendenziell erfolgreicher als Unternehmen, in denen eine strenge Fehlerkultur das verhindert.
- *Mobilität*: Unternehmen, in denen Standortwechsel oder Jobrotation nichts Ungewöhnliches sind – in denen Mitarbeiter also geistig wie auch regional beweglich bleiben –, tun sich leichter mit Veränderungen.

- *Konfliktfähigkeit:* Veränderungsbereite Unternehmen sehen Konflikte nicht als kritisches Risiko, sondern als Chance, sich gemeinsam dem Besten anzunähern. Dabei ist es wichtig, dass Konflikte angstfrei angesprochen werden können und niemand Repressionen fürchten muss. Dies wiederum bedingt, dass auch Führungskräfte offen für Kritik sind.
- *Konstruktive Fehlerkultur:* Gemeinsam ist veränderungsbereiten Kulturen die klare Überzeugung, dass dort, wo etwas verändert wird, auch Fehler passieren. Fehler werden als Lernchancen begriffen und nicht automatisch sanktioniert.
- *Wir-Gefühl:* Unternehmen mit starkem Zusammengehörigkeitsgefühl sind bei Veränderungen im Vorteil. Die Führungskräfte sorgen in schwierigen Phasen dafür, dass alle in einem Boot bleiben und niemand ausgegrenzt oder am Ufer vergessen wird.
- *Offene Kommunikation:* Der Austausch unter den Mitarbeitern wird gefördert, auch ganz praktisch durch Kaffeeecken und Pausenräume. Dahinter steht das Bewusstsein, dass informelle Kommunikation (Flurfunk) das Wir-Gefühl fördern, die eine oder andere Information beiläufig vermitteln sowie Befürchtungen ausgleichen kann. Unternehmen, in denen man der Meinung ist, es solle »nicht so viel gequatscht werden«, untergraben das Gefühl der Zusammengehörigkeit und schüren Ängste.

Wie können Sie eine solche Veränderungsfreundlichkeit in Ihrem Unternehmen unterstützen? Sie werden den Begriff der »Lernenden Organisation« gehört haben. Er ist aus den Erfahrungen des Veränderungsmanagements der 90er Jahre hervorgegangen. Lernende Unternehmen führen regelmäßige Wartungsintervalle für die Organisation und ihre Richtlinien und Verfahrensweisen ein. Das heißt: Ganz ähnlich wie bei der Pkw-Inspektion wird auch hier ein Kriterium definiert, wann ein Verfahren erneut auf den Prüfstand kommen soll. Ist diese Vorgehensweise noch angemessen und aktuell? Das dient nicht nur der stetigen Verbesserung, sondern beugt gleichzeitig Erstarrung und zu großer »Gemütlichkeit« vor. Für Betriebsvereinbarungen gilt das ebenso wie für Einkaufsprozesse oder Abläufe im Vertrieb. Sie werden sehen: Sich nach Ablauf einer gewissen Zeit in die Augen zu schauen und nach Prüfung zu beschließen, dass genau dieser Weg immer noch richtig ist, ist etwas anderes, als sich von vornherein in dem Glauben zurückzulehnen, dieses Modell würde jetzt für immer halten (müssen). Der Vorläufigkeitscharakter einer Maßnahme erleichtert überdies auch manche Diskussion, etwa mit Arbeitnehmervertretern. Wenn etwas unbefristet halten soll, wird gern um jedes Wort und jede Kommastelle gefeilscht. Wenn man von vornherein eine Befristung und spätere Überprüfung vorsieht, sind alle etwas entspannter.

Phasen in Veränderungsprozessen

Wer von einem Change-Projekt betroffen ist, empfindet seine persönliche Situation und die emotionale Großwetterlage gern als einmalig. Doch die Gefühlsachterbahn des Veränderungsprozesses nimmt einen typischen Kurs. Es ist tatsächlich vergleichbar, was der Einzelne in solchen Situationen durchlebt und wie Teams, Abteilungen, ganze Organisationen und Unternehmen auf Veränderung reagieren. Besonders ausgeprägt verläuft die Kurve natürlich bei einschneidenden Veränderungen, solchen, die auf den ersten Blick nicht erfreulich sind und deren Nutzen man manchmal – wenn überhaupt – erst im Rückblick erkennt. Doch unabhängig davon, ob Sie etwas Kleines oder das große Ganze anpacken, ob Sie also »nur« eine neue Software zur Belegerfassung in der Buchhaltung einführen oder ganze Produktionsstätten stilllegen und Mitarbeiter entlassen müssen: Die Reaktionsweisen sind ähnlich. Sie unterscheiden sich lediglich in ihrer Dramatik, in der Emotionalität und in ihrer Dauer, nicht in ihrem Verlauf. Der Organisationsberater Stephan Roth hat diesen Verlauf so aufgezeichnet:[142]

Roths Modell zeigt drei wesentliche Zeitpunkte für einen Veränderungsprozess: den Zeitpunkt der Entscheidung, der Veröffentlichung und der tatsächlichen Einführung. Die Phasen des Veränderungsprozesses, die sich daraus ergeben, sind auf der Zeitachse abgetragen: Dem Zeitpunkt der Entscheidung folgt die Planungsphase, nach der Veröffentlichung beginnt die Realisierungsphase, die mit der Einführung endet. Daran schließt sich eine Phase der Umsetzung und des praktischen Erlebens an. Die Phasen sind jeweils durch eine typische Gefühlslage der Menschen charakterisiert.

Phasen im Veränderungsprozess

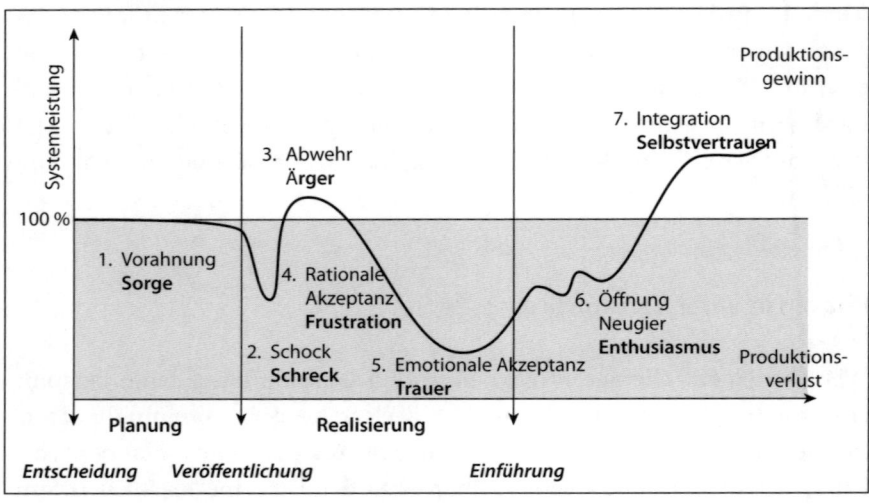

Phase 1: Vorahnung, Sorge

Nachdem das Topmanagement eine Entscheidung getroffen hat, sagen wir zur Schließung eines Werksteils und zur Verlagerung der Produktion gen Osten, baut sich in der Belegschaft langsam eine Vorahnung auf, und dazu gehört das Gefühl der Sorge. Es ist eine Illusion, der sich das Management und seine Stäbe gern hingeben, dass nichts von den Vorgängen nach außen dringt. Dafür sind zu viele Mitarbeiter mit der Vorbereitung befasst, zu viele Daten müssen erhoben werden, zu viele Fakten recherchiert. Involviert sind Controller, Planer, interne Unternehmensentwickler, Vorstandsassistenten, Sekretärinnen, Stäbe, das Management der betroffenen Bereiche, der Personalbereich …, die Kette ist lang. Es gibt Betriebsamkeit, ratlose oder besorgte Gesichter, Meetings, die länger dauern als sonst. Die Vorahnung, dass irgendetwas »im Busch ist«, macht sich also breit und breiter und führt dazu, dass kurz vor der Veröffentlichung die Produktivität bereits sinkt. Sehr anschaulich beschreibt das Martin Suter in seiner Kurzgeschichte »Schicksalsfreitag«[143]: »Die ganze Woche hatte schon im Zeichen des Freitags gestanden. Das oberste Management war nervös, und diese Nervosität hatte sich auf das obere und das mittlere Management und von da aus auf die ganze Belegschaft übertragen. Alle wussten: An diesem Freitag ab zehn wird die Hauptmaßnahme besprochen, beurteilt und – mit großer Wahrscheinlichkeit – beschlossen.« Er beschreibt ganz wunderbar, wie am Freitag der Veröffentlichung Hausmeister mit Sekretärinnen und Pförtnern das Haus mit Informationen darüber versorgen, dass der Besprechungsraum mit Häppchen bestückt sei und dass der CEO kurz vor dem Meeting noch mit seiner Frau verbunden werden wollte, die Krawatten alle gedeckt, die Autos gewaschen seien – und die Spannung steigt. Und am Ende, nachdem Erwartungen und Sorgen sich mehr und mehr gesteigert haben, nachdem das ganze Haus nicht gearbeitet hat, kommt endlich die Veröffentlichung: Das Unternehmen bekommt ein neues Logo. Auch ganz ohne Überspitzung kann man nach der Bekanntgabe des Termins und vor der Veröffentlichung tatsächlich beobachten, wie die Mitarbeiter zusammenstehen und die neuesten Gerüchte austauschen, jeder hat etwas beizutragen und man grübelt, was zu befürchten ist und was wäre, wenn … Dass da keine Produktivität mehr möglich ist, leuchtet ein.

Was Sie tun können: Die Frage, wie viel Information hier angemessen ist, wird unterschiedlich beantwortet. Ich selbst plädiere dafür, möglichst offen über Anlass und Thema der Überlegungen und geplante Schritte zu informieren. Ein großes Geheimnis löst meist nur wilde Gerüchte aus und frisst zu viel Energie. Manche Führungskräfte möchten lieber keine vorläufigen Informationen herausgeben, um Unruhe zu vermeiden. Das jedoch funktioniert ohnehin nicht – siehe oben – und belastet überdies Ihr Vertrauensverhältnis zu den Mitarbeitern und Ihre Glaubwürdigkeit. Die Harmlosigkeit, die man hier vorgaukelt, rächt sich spätestens dann, wenn plötzlich doch die einschneidenden Veränderungen veröffentlicht werden. Empörung, im Dunkeln gelassen und getäuscht worden zu sein, ist die Folge. Das treibt einen Keil zwischen Belegschaft und Topmanagement. Werben Sie besser im Vorfeld schon um Vertrauen, etwa so: »Ja, es ist ein Projekt aufgesetzt, das sich mit der Produktivität aller Werke beschäftigt. Das ist erforderlich, weil … Es geht um unser aller Zukunft und die Frage, wie wir uns dafür bestmöglich aufstellen. Wir sollten gemeinsam darauf vertrauen, dass eine Lösung angestrebt wird, die allen dient und möglichst keine oder so wenig wie möglich Verlierer produziert.« So ein Satz und die Versicherung, für alle auftauchenden Fragen und Sorgen bereitzustehen, wirken natürlich nur, wenn man Ihnen und Ihren Chefs vertraut.

Phase 2: Schock, Schreck

Dann kommt der Zeitpunkt der Veröffentlichung, eine Betriebsversammlung zum Beispiel, die unmittelbar auf eine Betriebsratsinfor-
mation folgt, zu der alle gespannt zusammenkommen und dann das
Unfassbare hören. Manche halten es für schlimmer als erwartet, viele
empfinden es vielleicht als nicht ganz so schlimm, denn man kann sich
zunächst daran klammern, dass man zu denen gehört, die bleiben können. Direkt danach sinkt die Produktivität das erste Mal in den Keller. Erschrocken und teilweise wirklich geschockt, versteinert, ratlos,
manchmal weinend gehen Mitarbeiter auseinander, zunächst jeder für
sich, dann in Gruppen zusammenstehend, und versuchen, das Ganze
zu verarbeiten. Ungläubigkeit mischt sich mit der Frage nach dem
Warum – es sind doch immer gute Zahlen geliefert worden und noch
auf der letzten Versammlung hieß es, dass man in Europa eines der
besten Werke sei. In dieser Phase geht es noch ums Verstehen, denn auf
den dazugehörenden Versammlungen wird das Warum selten wirklich
nachvollziehbar erklärt. Und bevor Menschen sich gedanklich auf die
Zukunft einstellen können, müssen sie erst einmal den Grund der Maßnahme verstanden haben.

Was Sie tun können: Für Vorgesetzte ist es jetzt besonders wichtig, zu verstehen, dass es erst einmal um das Verarbeiten der Informationen geht.
Das Beste, was Sie tun können, ist ansprechbar zu sein, zu wiederholen,
was gesagt wurde, zu helfen, aus dem Schock herauszukommen, zu trösten, Mut zu machen. Sich offen zu zeigen, auch wenn man noch nichts
weiter bieten kann, als zuzuhören und da zu sein. Es hat dagegen keinen
Zweck, jetzt gute Laune verbreiten zu wollen und alle mit der Nase auf die
Chancen des Projektes zu stupsen (»Schaut doch mal, wie richtig und ziel-
führend das ist!«). Das wäre ein Zeichen fehlender Empathie und würde
Ihr Team von Ihnen entfernen.

Es kann sein, dass manche Mitarbeiter in ihrem Schock ernsthaft erstar-
ren und krank werden. Manchmal löst so eine weitreichende Botschaft
tiefer sitzende Ängste aus, und der Betreffende reagiert für unsere Begriffe
völlig überzogen. Hier sollte professionelle Hilfe von Betriebsarzt, Sozial-
dienst oder externen Beratern angeboten werden – dies ist nicht mehr die
Aufgabe eines Chefs, sondern die eines Therapeuten.

Phase 3: Abwehr, Ärger

Als Nächstes passiert etwas Spannendes, das im Topmanagement leider oft völlig missverstanden wird: Die Produktivität steigt. Die ersten Manager lehnen sich bereits zurück und sind froh, dass »das Theater jetzt vorbei ist und alle zur Normalität zurückkehren«. Weit gefehlt! Und leider traut sich weit und breit niemand, dem Topmanagement diese Illusion zu rauben und darauf hinzuweisen, dass das wirkliche Drama noch aussteht. Wir sind in der dritten Phase, die durch Abwehr und Ärger gekennzeichnet ist: Die Belegschaft scheint sich unabgesprochen darauf geeinigt zu haben, »denen da oben« zu zeigen, dass man produktiv ist und dass etwas geleistet wird. Alle arbeiten vorbildlich, angeheizt von der Wut über die Entscheidung. Zudem kehren nach dem Schock alle Mitarbeiter, die nicht ernsthaft erkrankt sind, an ihre Arbeitsplätze zurück. Plötzlich sind alle Stühle besetzt, denn ein leerer Stuhl würde vielleicht schnell entfernt. Zeitgleich baut sich eine naive Hoffnung auf, dass doch noch alles abzuwenden ist, dass die da oben ihren Irrtum erkennen werden, wenn alle ganz produktiv sind. Natürlich weiß jeder tief im Innern, dass dies nicht geschehen wird, aber die Hoffnung auf ein Wunder ist da und wird durch trotziges Arbeiten am Leben gehalten.

Ärzte beobachten das gleiche Phänomen nach schwerwiegenden Diagnosen wie etwa Krebs: Zunächst folgt der Schock, dann ein Aufbäumen mit Konsultation zahlreicher Spezialisten, Ausprobieren aller möglicher Therapien, mit besonders viel Sport, um sich zu beweisen, dass man doch gesund ist, mit besonders exzessivem Leben und einer Menge Wut im Bauch. Eine Mischung aus »jetzt erst recht« und »eh egal«. Und erst danach, wenn die Diagnose tatsächlich angekommen ist, dass man Krebs hat, dass es ernst ist – dann erst lassen Wut und Verleugnung nach, und es beginnt eine neue Phase.

Für alle Leser, die sich jetzt schon ungeduldig fragen, wie lange dieser Prozess denn dauert, sei leider gesagt: Dafür gibt es keine allgemeine Formel. Es kommt auf sehr viele Faktoren an, die verkürzend oder harmonisierend Einfluss nehmen. Und vermeiden lassen sich diese schwierigen Zeiten auch nicht, gleichgültig, wie gut man kommuniziert und wie gut man führt. Sie lassen sich nur abmildern, sodass die Veränderung zu einem guten Ende mit höherer Produktivität geführt wird und die Kurve verflacht und zeitlich verkürzt wird.

Was Sie tun können: Gefragt ist jetzt vor allem Verständnis: »Ich verstehe, dass Sie sauer sind und sich mit Händen und Füßen wehren.« Darauf sollte kein »Aber« folgen, das Ihre Anteilnahme sofort infrage stellt, sondern das Angebot, zuzuhören. Versuchen Sie nicht, jemanden von Ihrer Sicht der Dinge zu überzeugen. Es geht (noch) nicht ums Verstehen, sondern um reine Emotionen und Abwehrreaktionen. Bieten Sie Gelegenheit zum Schimpfen und Loswerden der Wut, bringen Sie nur vorsichtig das eine oder andere Argument. Setzen Sie Grenzen, wenn jemand ausfallend wird, Sie oder Ihre Chefs beleidigt, Kollegen ansteckt, sich schädlich und unangemessen verhält. Dann sind klare Worte angebracht, nach dem Motto: »Ich verstehe Ihre Wut. Ich erwarte jedoch, dass Sie Ihre Kollegen und mich nicht in jedem Meeting beschimpfen und Kunden gegenüber weiterhin professionell und freundlich bleiben.« Wer damit Mühe hat, sollte ein paar Tage Urlaub »verordnet« bekommen.

In dieser Phase kann auch eine Gesprächsrunde mit dem nächsthöheren Vorgesetzten sinnvoll sein, wo der Frust noch einmal ein Ventil findet und ernst genommen wird. Wahrhaftig kein Termin, der Freude macht oder sich fruchtbar anfühlt – und dennoch nützlich, denn so kann die Wut adressiert werden und entlädt sich weniger zulasten der Qualität oder gegen Kunden. Denken Sie an die enormen Kosten, die Sabotageakte verursachen können!

Phase 4: Rationale Akzeptanz, Frustration

In der nächsten Phase setzt sich langsam die Erkenntnis durch, dass es wohl doch wahr und nicht zu ändern ist: Die verkündete Entscheidung wird tatsächlich umgesetzt. Mit der rationalen Einsicht kommt der Frust. Die Produktivität ist im Sinkflug, die Krankenquote steigt wieder an, häufig über das bisher bekannte Höchstmaß hinaus. Die Entscheidung, die man bei einer Erkältung morgens auf der Bettkante trifft – gehe ich zur Arbeit oder nicht? – wird jetzt zuungunsten des Arbeitgebers getroffen. Es kehrt das Gefühl ein »was immer wir tun, es lohnt sich ja nicht mehr«; und so sinken Engagement, Loyalität und Qualitätsbewusstsein gleichermaßen. Die daraus resultierenden Qualitätsprobleme kosten Geld und erhöhen den Druck aufs Management. Die Stimmung ist in etwa so, als hätte man eine Belegschaft, die kollektiv maulig gegen imaginäre Papierkörbe tritt und ihren Frust auf viele verschiedene Arten herauslässt.

Was Sie tun können: In dieser Phase ist der Chef derjenige, der einen Rahmen bietet, um sich auszutauschen, der sein Team nicht alleinlässt und offen für Fragen ist. Und der allen das Gefühl vermittelt, man habe Zeit, die Dinge in Ruhe zu verarbeiten und wieder in die Balance zu kommen. Hier (wie auch in der folgenden Phase) ist das größte Vertrauen der Führungskräfte in ihre Teams und deren Selbstheilungskräfte gefragt. Das Vertrauen, dass es jemandem im Team bald auf die Nerven gehen wird, immer negativ zu sein und dass von dieser Person dann der Impuls in die Gruppe ausgehen wird, sich doch mal umzuschauen, ob nicht doch etwas Interessantes zu finden ist an der Veränderung. Behalten Sie also die Nerven und stehen Sie bereit zum Gespräch, das reicht eigentlich schon und ist schwer genug! Denn gleichzeitig werden Sie damit zu tun haben, Ihren eigenen Chef zu besänftigen, der angesichts der schlechter werdenden Zahlen sicher vor Ihnen die Geduld verlieren und Sie auffordern wird, etwas zu unternehmen, damit es wieder vorangeht. Es wird die härtere Aufgabe für Sie sein, auch nach oben das Vertrauen zu vermitteln, dass sich das Jammern bald und von alleine gibt – auch wenn Sie leider, leider nicht sagen können, wann genau.

Phase 5: Emotionale Akzeptanz, Trauer

Abgelöst wird die Phase der rationalen Akzeptanz durch das, was man in englischsprachigen Modellen »Valley of Tears« nennt, den absoluten Tiefpunkt, das Tal der Tränen. Wie ein Mensch, der im Trauerfall irgendwann den tiefsten Punkt erreicht hat, trauert man auch im Unternehmen gemeinsam um das, was unwiederbringlich vorbei ist, um gute alte Zeiten, um Vertrautes (und noch vor Kurzem oft genug Beschimpftes), um Standorte, die geschlossen werden, um Kollegen, die gehen müssen. In dieser Phase ist die Arbeitsleistung am geringsten. Wie lange diese Phase dauert, hängt auch davon ab, wie gut sie begleitet wird. Im Tal der Tränen schleppen sich Belegschaften trostlos durch den Tag, ohne Energie und Engagement. Das wiederum bringt das Topmanagement auf den Plan: Was ist denn nun schon wieder? Die Zahlen rauschen in den Keller, der Druck erhöht sich, Anteilseigner wundern sich, der Aufsichtsrat beginnt, die Entscheidung entweder infrage zu stellen oder befürwortet sie jetzt erst recht. Der Druck wird dann gern erhöht, und das ist genau das falsche Signal: Jeder Druck verstärkt die Kluft und das Gefühl der Mitarbeiter, nicht verstanden zu werden. Der Graben zwischen oben und unten wird größer.

Was Sie tun können: In unserem Kulturkreis ist Trauer eher ein Tabuthema und wir haben nur wenige Rituale dafür. Trauer wird nur selten als ein fruchtbarer Prozess angesehen, aus dem etwas Neues entstehen kann, und entsprechend hilflos reagieren wir, wenn Menschen in Trauer sind. Wir nehmen Zuflucht zu den typischen Floskeln, die nicht helfen, wenn nicht sogar befremden: »Wird schon wieder«, »Die Zeit heilt alle Wunden«, »Sie werden sehen, schon bald sieht die Welt ganz anders aus«. All das geht am eigentlichen Bedürfnis Trauernder vorbei, die Zeit für ihre Trauer benötigen und dieses Gefühl oft auch ausdrücken wollen. Auf Organisationen übertragen heißt es, Sie können den Prozess erleichtern, wenn Sie Raum dafür geben, emotional Abschied zu nehmen. Das kann auf verschiedene Weise geschehen. Sie könnten in einem Meeting Punkte sammeln, die Sie vermissen werden, und dann jemanden bestimmen, der darauf achtet, dass zugrunde liegende Werte auch im Neuen Bestand haben. Sie können Abschiedsbriefe schreiben lassen und sie gemeinsam verbrennen oder vergraben. Verbrennen, vergraben, in Schnipsel schneiden, mit Luftballons aufsteigen lassen – all das sind Symbole für das Loslassen, und darum geht es hier.

Ich sehe manchen Leser vor mir, dem das zu weltfremd oder »esoterisch« vorkommt – in meinen Seminaren oder Vorträgen zu diesem Thema ist das oft auch die erste Reaktion. Aber schließlich können die meisten den Vorschlägen doch etwas abgewinnen oder erinnern sich an Vergleichbares. Ich denke dabei gern an das öffentlich gemachte Beispiel der Mitarbeiter einer großen Werft in Mecklenburg-Vorpommern, die geschlossen werden musste, was 2 500 Menschen ihren Arbeitsplatz kostete. Man hatte sich zum gemeinsamen Sommer-Abschiedsfest getroffen und einen sehr schönen Rahmen für die kollektive Trauer geschaffen. Die Mitarbeiter kamen mit ihren Familien, spielten Gitarre, grillten zusammen und ließen am Ende der Feier – teilweise unter Tränen – Luftballons mit Abschiedsgrüßen und Wünschen für die Zukunft steigen. Und dann ging jeder seiner Wege. Dieses »Fest« wurde sogar in der Tagesschau gezeigt und hat mich sehr beeindruckt. Ein anderes Beispiel: Ein Teilbereich eines großen Telekommunikationsunternehmens hat im Rahmen seiner Outsourcing-Trauer alte, schriftlich festgehaltene Werte und Beschilderungen in einen

Sarg gelegt und diesen mit einem Umzug begleitet. Und wenig später haben dieselben Menschen ein »Wir begrüßen das Neue«-Fest veranstaltet und wie in einem Ritus eigenhändig die gesamte Neubeschilderung vorgenommen, bis hin zum Auswechseln der eigenen Bürotürschilder, auf denen das neue Logo prangte. So konnte jeder im wahrsten Sinne des Wortes Hand anlegen an die eigene Veränderung.

Die Beispiele verdeutlichen: Nicht hilfreich wäre es in dieser Phase, Druck zu machen, aufs Tempo zu gehen, Unverständnis zu zeigen und die Trauer per Ansage beenden zu wollen. Lassen Sie sie zu, damit sie verarbeitet werden kann. Haben Sie den Mut, sich den Emotionen zu stellen.

Phase 6: Öffnung und Neugier

Wie im wirklichen Leben zeigt sich auch hier nach der dunkelsten Stunde das erste Licht des Tages über dem Horizont. Die Produktivität steigt wieder an. Man tritt langsam ein in die Phase der Öffnung und Neugier. Manche Wissenschaftler sprechen davon, dass dies begleitet sei vom Gefühl des Enthusiasmus. Das habe ich jedoch nie beobachtet. Ich würde es eher umschreiben als ein neugieriges Wieder-Hervorkommen, nachdem man lange abgetaucht war. So, wie ein Mensch nach einer Trauerphase irgendwann wieder anfängt, den Einladungen seiner Freunde zu folgen und das gedankliche Schwarz mal für einen Tag abzulegen, so beginnt auch eine Belegschaft, sich das Neue vorsichtig anzusehen. Man geht doch mal zu einer Infoveranstaltung, hört innerlich aufgeräumt zu, beginnt, das Gehörte zu begreifen und zu verarbeiten, interessiert sich für die Jobangebote, die als Alternative ausgehängt werden, schaut sich den Sozialplan näher an und rechnet mit seiner Familie mal durch, was die Annahme des Paketes für einen bedeuten könnte, sucht die Agentur für Arbeit auf und informiert sich, wird von Tag zu Tag aktiver.

Erst jetzt fallen Informationen auf fruchtbaren Boden! Das zu wissen ist enorm wichtig, denn in allen Phasen vorher prallen sie im Schock ganz von den Menschen ab, werden trotzig zurückgewiesen oder rauschen in der Trauerphase ungehört vorbei. Jetzt beginnt wieder etwas zu blühen, es wird Frühling. Und so steigt nun – und zwar nachhaltig – die Produktivität wieder an. Die Belegschaft wird verlässlicher und immer kräftiger: Wenn die Trauer ausgelebt werden konnte, geht ein Team stärker aus einer Krise hervor, als es hineinging. Man hat das gemeinsam durchgestanden, das prägt für die Zukunft. Aus anderen Trauersituationen wissen wir, wie unsinnig es ist, jemanden nach einem Verlust zu früh bewegen zu wollen, doch »mal wieder rauszugehen«. Der Betroffene zieht sich nur noch weiter zurück und fühlt sich unverstanden. Den genauen Zeitpunkt zu finden ist die Kunst, und der Tipp ist: abwarten, bis derjenige von selbst Signale sendet.

Man sollte also auf die Selbstheilungskräfte des Systems vertrauen. Irgendwann wird es Mitglieder im Team geben, denen die Passivität zu viel wird, und sie werden den Anfang machen. Sie werden die anderen mitziehen und irgendwann wachen alle wieder auf. Dass man dafür auch im Unternehmenskontext Geduld und starke Nerven braucht, kann man sich vorstellen, denn es heißt hier, eine Weile die Kontrolle abzugeben und darauf zu vertrauen, dass das System ohne Druck wieder von selbst in Gang kommt. Gerade dieses Abwarten fällt den meisten Managern unerträglich schwer. Ohnmacht ist ein Gefühl, das man als Macher nur schwer aushält.

Was Sie tun können: Jetzt endlich ist die Zeit gekommen für Informationen, für Sachlichkeit, für Veranstaltungen, die das Neue betreffen: Besichtigung der neuen Büros etwa oder Seminare zur neuen Software – alles, was die Neugier fördert, passt hier. Leistbar ist das selbst bei einer Werksschließung oder Teilschließung. Hier wären Veranstaltungen zum angebotenen Outplacement oder zu den Leistungen der Transfergesellschaft, zu Stellenangeboten anderer Standorte und Umzugspaketen für Familien möglich. Denkbar sind Ausflüge zu den anderen Standorten, bei denen die Familien mitkommen können, Hospitationen in Abteilungen mit freien Jobs oder Veranstaltungen mit der Arbeitsagentur (möglichst im Unternehmen), Bewerbungstrainings und Ähnliches. Dabei muss deutlich werden, dass kein Mitarbeiter für die betriebsbedingte Kündigung Schuld trägt, dass kein Mitarbeiter sie hätte verhindern können, etwa durch bessere Leistung. Ebnen Sie mit fairen Zeugnissen und Referenzen den Weg für neue Jobs. Das sollte sich eigentlich von selbst verstehen und beugt außerdem einem Imageschaden für Ihr Unternehmen vor.

Phase 7: Integration, Selbstvertrauen

Als letzte Phase der Veränderung schließt sich dann die Integration an, begleitet vom Gefühl des Selbstvertrauens. Man hat sich langsam an das Neue gewöhnt, sieht die ersten Erfolge, hat das Tal hinter sich gelassen – kurz: Es läuft wieder. Das macht Spaß und Mut für mehr. Wenn man das als Team gemeinsam erkennt und die Erfahrungen als stärkend verbucht, mit dem Neuen erste Erfolgserlebnisse sammelt, sind der Produktivität kaum noch Grenzen gesetzt. Eine selbstbewusste Belegschaft schaut zusammen nach vorn, denkt mit, fühlt sich gut informiert und verlässlich geführt – und muss sich so auch nicht mehr vor kommenden Veränderungen fürchten, auch weil man gelernt hat, dass man gemeinsam eine Krise durchstehen kann.

Was Sie tun können: Hier geht es vor allem darum, Erfolge zu ermöglichen. Und dann zu loben und zu motivieren, noch einen Schritt weiter zu gehen. Die Anerkennung für Geleistetes und Durchlittenes und dafür, dass man bis hierhin gemeinsam gekommen ist, wird der Belegschaft guttun und sie ermuntern, sich noch mehr auf das Neue einzulassen. Und irgendwann im letzten (gefühlten) Drittel dieser Phase tut man gut daran, Schätze zu sammeln für später – sich also zusammenzusetzen und zu schauen, was gut gelaufen ist, was nicht, was man daraus für die Zukunft lernen kann und was man bereits gelernt hat. »Wo hat uns der Prozess gestärkt, was konnten wir vorher noch nicht so gut wie heute?« ist zum Beispiel eine spannende Frage. Aus Fehlern für zukünftige Veränderungsprojekte zu lernen und dabei zu reifen ist ein großer Gewinn für die ganze Organisation.

Sie sehen, wie anspruchsvoll Führung in Veränderungsprozessen ist, denn es erfordert ein hohes Maß an Einfühlungsvermögen, Geduld und Vertrauen in die Mannschaft ebenso wie in sich selbst. Beharrlichkeit und Standfestigkeit sind gefragt, um den eigenen Chef davon abzuhalten, mal »ordentlich durchzugreifen«, und Zugang zu emotionalen Abschiedsritualen. Wer zweifelt da noch daran, dass Change-Management eine der herausforderndsten Führungsaufgaben ist?

Die »Zeitverschiebung« bei Change-Projekten

Abschließend möchte ich Ihre Aufmerksamkeit noch auf eine Besonderheit lenken, die von Führungskräften oft übersehen wird und zu erheblichen Missverständnissen führen kann: Entscheidungsträger und Mitarbeiter durchleben die beschriebenen Phasen nicht gleichzeitig, sondern zeitversetzt. Im Moment der Veröffentlichung hat sich die Personengruppe, die auf der Bühne steht und die Entscheidung bekannt gibt, schon seit mehreren Monaten mit dem Veränderungsvorhaben beschäftigt. Wer sich hier der Belegschaft stellt, war in ein Projekt eingebunden, das sich ausführlich mit dem Für und Wider auseinandergesetzt hat; er hat inzwischen realisiert, dass es keine andere Möglichkeit gibt und dies eine gute oder zumindest die beste Option ist. Daher ist anzunehmen, dass der Topmanager, der das Ganze verkündet, die Phasen (je nach Schwere und Reichweite der Entscheidungen) selbst durchlebt hat und sich zum Zeitpunkt der Veröffentlichung in der Phase 7 befindet, also in der des Selbstvertrauens und der Integration. Und in dieser Verfassung trifft er auf eine Belegschaft, die das Ganze zum ersten Mal hört und geschockt reagiert. Leider machen sich die Allerwenigsten diesen vergleichsweise simplen Zusammenhang bewusst: Topmanager kommen frustriert von der Bühne, weil keine Fragen gestellt wurden und die Begeisterung sich in Grenzen hielt. Dafür ist es einfach zu früh! Interesse stellt sich irgendwann ein, aber davor liegen noch Berge und Täler. Es handelt sich hier also nicht um eine »undankbare Truppe«, sondern um eine geschockte Belegschaft, die vor dem Aufbruch zu neuen Ufern erst mal ganz existenzielle Fragen hat und sich Sorgen macht. Deshalb sollte in den Worten zur Veröffentlichung deutlich werden, dass dem Topmanagement bewusst ist, wie sich die Zuhörer fühlen, dass es ihm zu Beginn des Projekts auch so ging, dass man auch Zweifel und schlaflose Nächte hatte, jetzt aber überzeugt ist, dass dieser Weg richtig ist und warum. Für alle detaillierteren Informationen und eine Vision in leuchtenden Farben ist es hier (eigentlich) noch zu früh. Wenn sie dennoch vorgetragen wird, sollte klar sein, dass sie nicht gehört oder gar verarbeitet wird. Das heißt für das weitere Vorgehen: Ein zweiter und dritter Termin müssen her, die dann in Phase 4 (Rationale Akzeptanz) und 6 (Öffnung) stattfinden. Dabei wird es im zweiten Termin darum gehen, dass man sich den Zweifeln und dem Ärger stellt, alle Frustfragen beantwortet und die Wut auffängt, ohne Druck zu erzeugen. Im folgenden Termin ist dann endlich Gelegenheit, die Perspektive aufzuzeigen, die Menschen mit Informationen wirklich zu erreichen und Lust auf die Zukunft zu machen.

Verkompliziert wird das Ganze weiter dadurch, dass in vielen Unternehmen mehrere Veränderungsprojekte in verschiedenen Phasen gleichzeitig laufen. Daher hat man es selten nur mit *einem* emotionalen Auf und Ab zu tun hat, sondern mit sich überlappenden Phasen. Es gilt also, immer wieder zu differenzieren und die emotionalen Zustände einzuordnen. Ich würde mir wünschen, dass das Topmanagement hin und wieder einen Schritt zurücktritt und überlegt: Bringt uns ein weiteres Change-Projekt in diesem Moment wirklich weiter? Aktionismus schadet nur, und auch Unternehmen können »ausbrennen«, wenn zu viele Baustellen auf einmal aufgemacht und zu wenige erfolgreich zu Ende gebracht werden, wie in einem lesenswerten Artikel im *Harvard Business Manager* dargelegt ist.[144]

Mitunter müssen – zum Beispiel aufgrund des Wettbewerbsdrucks oder anstehender Fusionen – zahlreiche und bedeutende Veränderungsprojekte in kurzer Taktung hintereinander in Angriff genommen werden. Dann ist die Führung besonders gefordert, um das Ausbrennen des Unternehmens dennoch zu vermeiden. Einen solchen Prozess habe ich bei einem Kundenunternehmen begleitet. Es wurde eine Kommunikationsstrategie entwickelt, die sich zum Ziel setzte, so einfach wie möglich und so bildlich wie möglich alle »Großbaustellen« des Unternehmens abzubilden und sozusagen begehbar zu machen. In zentralen Räumen, die Externen nicht zugänglich waren, hingen große Metaplanwände mit Zeitstrahlen darauf, die auch im Intranet verfügbar waren. Hier waren jeweils der Name des Projektes, der Beginn, das angestrebte Ende und die größten, messbaren Meilensteine eingetragen. Und dieses »Bild« lebte und wurde immer wieder aktualisiert, sodass man sehen konnte, woran das Unternehmen noch arbeitete, was schon erledigt war, was gerade begann. Begleitend wurde in allen verfügbaren Medien zeitversetzt kommuniziert, Gruppen befragt, Interviews geführt, Fortschrittsfotos gezeigt. Parallel betonte die Unternehmensleitung bei jeder Gelegenheit wieder den großen Rahmen, der das Bild umgab, und stellte heraus, wie die einzelnen Projekte dem großen Ganzen dienten. So wurde das Ganze heruntergebrochen und die Teilprojekte immer wieder eingeordnet und übersetzt. So konnten Teilschritte jeweils verfolgt werden, die Orientierung blieb erhalten und die gefürchtete übermäßige Erschöpfung wurde vermieden.

Was Sie tun können:
reflektiert handeln und Nebenwirkungen eindämmen

Kommen wir noch einmal zurück auf das einzelne Veränderungsprojekt in Ihrer Verantwortung. Was machen Sie, wenn Sie ein neues Veränderungsprojekt auf den Tisch bekommen haben? Ich unterstelle mal, Sie machen es so wie die meisten Manager und fangen einfach mit der Umsetzung an. Ein Projektteam wird zusammengestellt, die Arbeit beginnt und sofort werden Aufgabenpäckchen geschnürt, verteilt und idealerweise abgearbeitet. Ich möchte Sie dazu ermuntern, innezuhalten und sich vor dem Start von Change-Projekten einige Leitfragen zu stellen. Indem Sie das Projekt vorab aus der Vogelperspektive betrachten, werden Sie besser einordnen, worum es eigentlich geht und wie viel Gas Sie tatsächlich geben sollten.

Leitfragen zum Auftakt von Change-Projekten

1. Wo liegt die Energie, und wessen Sache ist das Thema? Hier geht es darum zu verstehen, woher die Idee der Veränderung kam und wer mit welcher Durchsetzungskraft dahintersteht. Wurde die Idee aus dem Markt heraus geboren, von Kunden ins Unternehmen hineingetragen, kommt sie aus dem Topmanagement, vom Aufsichtsrat, von der Politik? Was war der erste Impuls? Wenn Sie diese Frage für sich beantworten, wird Ihnen klar, wie wichtig das ganze Thema ist und welche Priorität es verdient. Denn selbstverständlich gilt die Gleichung: Je mächtiger der Urheber, umso mehr Engagement sollte in die Abarbeitung gesteckt werden.

2. Wo ist die Macht, und wer sind die Multiplikatoren? Hier stellt sich die Machtfrage noch einmal anders: Woher bekommen Sie Rückenwind und Kraft, um das Projekt umzusetzen? Gibt es mächtige Verbündete innerhalb des Unternehmens? Gibt es mächtige Verbündete außerhalb? Gibt es Best-Practice-Fälle in der Branche, die Ihre Überzeugungskraft erhöhen? Gibt es Kollegen im Haus, die ein großes Interesse an der Veränderung in Ihrem Bereich haben, damit ihre eigenen Prozesse optimiert werden? Bei der Umsetzung werden Sie Multiplikatoren brauchen, die im besten Sinne des Wortes Werbeträger für Ihr Projekt sind. Das sind nicht unbedingt nur diejenigen, die in der Hierarchie oben stehen, auch Betriebsratsmitglieder und Betriebsangehörige mit informeller Macht (etwa Chefsekretärinnen) können wichtige Multiplikatoren sein. Hilfreich ist es auch, wenn Sie eine bekanntermaßen hyperkritische Person (salopp: einen notorischen »Bedenkenträger«) auf Ihre Seite ziehen können: Wenn so jemand sich positiv äußert, ist er für Kollegen und Kolleginnen ausgesprochen glaubwürdig.

3. Welche unterstützenden und hemmenden Einflüsse gibt es? Hier geht es darum, das Projekt noch einmal insgesamt strategisch zu durchdenken, bevor man an die Umsetzung geht. Wo also erwarten Sie Hindernisse und welche Unterstützung sehen Sie? Als unterstützende Faktoren kommen neben den genannten Multiplikatoren und Machtzentren auch politische, wirtschaftliche, unternehmerische Gesamtveränderungen infrage, etwa Fördergelder, drohende zukünftige Auflagen, ein Kunde, der genau diese Veränderung durch neue Aufträge begrüßen wird, den Sie nur bekommen, wenn Sie das Projekt angehen. Typische Kundenbeschwerden und -reklamationen können Ihr Vorhaben ebenso stützen.

Beim Thema der hemmenden Einflüsse stellt sich beispielsweise die Frage, was eintreten könnte, wenn Sie das Projekt *nicht* umsetzen und alles weiterläuft wie bisher. Wie lange könnten Sie überhaupt noch weitermachen wie bisher? Hemmende Faktoren können finanzielle Argumente genau so sein wie Wettbewerbsthematiken. Als weitere Hindernisse kommen etwa Arbeitszeitmodelle in Betracht, die in Zukunft nicht mehr passen werden, Betriebsvereinbarungen, die gekündigt werden müssten, neue Abläufe, die den Schnittstellen-Nachbarn kommuniziert werden müssten, ein neuer Wettbewerber am Horizont, der zusätzlich Druck aufbaut, wenn Sie das Projekt angehen. Versuchen Sie die Gemengelage um sich und Ihr Projekt herum einfach möglichst gut zu verstehen.

4. Welche Konsequenzen sind wichtig? Welche konkreten Handlungsanforderungen ergeben sich aus Ihrem Vorhaben? Ob Ihre Mitarbeiter eine weitere Fremdsprache beherrschen müssen, ob Sie besondere Teammeetings brauchen, ob sich der Weiterbildungsbedarf ändert oder andere Arbeitszeiten erforderlich sind – was immer nötig ist, damit das Projekt ein Erfolg wird, gehört hier hinein. Welche Konsequenzen müssen Sie ziehen, damit das Projekt »fliegt«?

5. Welche Schnittstellen sind betroffen und wie müssen sie einbezogen werden? Stellen Sie sich Ihre Abteilung als Teil eines großen Puzzles im Unternehmen vor, das an mehrere andere Teile angrenzt. Wo kommt die Arbeit her, die bei Ihnen verrichtet wird, und wo gehen Ihre Arbeitsergebnisse hin? Für wen werden die Veränderungen, die bei Ihnen stattfinden, Auswirkungen haben? Wer muss also darüber informiert werden, was sich bei Ihnen ändert, und wann sollte das geschehen? All dies wird häufig erst sehr spät berücksichtigt und führt dann zu Reibungsverlusten in anderen Abteilungen, zu Konflikten und zu einem schlechten Image des Projekts.

6. Welche Kommunikationsstrategie benötige ich wann und für welche Adressaten? Ich empfehle Ihnen, bereits vor dem Projektauftakt einen Kommunikationsfahrplan über die gesamte Dauer zu erstellen. Er sollte anhand eines Zeitstrahls unterschiedlichste Kommunikations-»Events« festlegen und definieren, mit welchen Medien welche Zielgruppe wann worüber informiert wird. Heute ist es in der Praxis häufig so, dass ein Veränderungsprojekt mit einem lauten Tusch begonnen wird, und bald fragen sich die übrigen Mitarbeiter im Haus: »Sagt mal, lebt das Projekt XY eigentlich noch?« Am besten übertragen Sie einem Mitarbeiter des Projektteams die Aufgabe, genau diese Kommunikationsstränge im Blick zu behalten und die Terminierung und die Themensammlung voranzutreiben. Dieser »Kommunikationsmanager« sollte am Ende jeder Projektsitzung die Fakten zur Weitergabe einsammeln und fragen, was aus dem Besprochenen geeignet ist, eine Story daraus zu machen. Für ein Projekt von zwölfmonatiger Dauer wird man im Schnitt mindestens vier bis fünf Kommunikationsanlässe planen: zum Auftakt, dann nach drei Monaten (Wie weit ist das Projekt? Woran arbeitet man gerade?), zur Erreichung der ersten Teilergebnisse und schließlich zum Abschluss mit einer Würdigung des Projektes durch übergeordnete Führungsebenen. Machen Sie sich dabei auch Gedanken über das jeweils beste Medium (Mitarbeitermagazin, Newsletter, Chat im Intranet, Infostand vor der Kantine, Infotour durch das Haus). Natürlich ist das zeitintensiv und wird eben deshalb gern vernachlässigt. Stetige Kommunikation ist aber unerlässlich, um das Wir-Gefühl der Mitarbeiter zu erhalten und Widerstand dadurch vorzubeugen, dass regelmäßig begründet und informiert wird.

Ein wichtiges Projekt vor dem Start gründlich zu durchdenken ist eine klassische Führungsaufgabe. Und Sie werden sehen: Ein Flug auf Adlerhöhe lohnt sich – die Zeit, die Sie dafür investieren, bekommen Sie hinterher vielfach zurück! Hier noch einmal alle Leitfragen auf einen Blick:

Widerstand managen

Widerstand ist an sich etwas Positives, weil er uns innehalten lässt in der Geschäftigkeit unseres Alltags. Er gibt uns die Chance, noch einmal genau hinzuschauen, wo es hakt – und ist allemal besser als Gleichgültigkeit und verstecktes Ausbremsen! Trotzdem ist Widerstand bei Führungskräften nicht beliebt, denn er hat Zeitverzögerung und Führungsaufwand im Gepäck. Widerstand zu ignorieren rächt sich aber – er wird dadurch nur weiter geschürt, und im schlimmsten Fall fliegt Ihnen das Projekt dann ganz am Ende um die Ohren.

Psychologen haben festgestellt, dass Widerstand immer dann auftaucht, wenn der sogenannte Sinnzusammenhang bedroht ist: Wer den Sinn einer Sache nicht versteht, steigt gedanklich aus und will nicht mittun. Das unterstreicht erneut, dass gute Kommunikation die entscheidende Herausforderung im Change-Management ist. Besonders auf zwei Fragen muss man schlüssige Antworten haben. Die erste lautet: »Warum ändern wir etwas und warum gerade jetzt (wo es doch … Jahre gut funktioniert hat)?« Diese Frage muss so plausibel beantwortet werden, dass jeder Ihrer Mitarbeiter gegenüber Kollegen genauso gut und schlüssig Auskunft geben kann. Fatalerweise können häufig schon Führungskräfte der mittleren und unteren Ebenen nicht erklären, warum etwas verändert werden soll, und haben selbst noch Zweifel. Dann gilt es, den nächsthöheren Vorgesetzten zu befragen und sich die Antworten zu holen, damit man selbst überzeugend informieren kann. Die zweite Frage lautet: »Was hat das Ganze mit mir zu tun?« Welche Auswirkungen hat die Veränderung für meinen Arbeitsplatz, meinen Alltag, mein Team, meine Beziehungen zu Kollegen und zum Chef? Sucht man nach den Ursachen von Widerstand, so stößt man auf drei mögliche Aspekte: Nichtverstehen, Nichtwollen oder Nichtglauben. Das Nichtverstehen ist relativ leicht aufzulösen, hier geht es vor allem um eine nachvollziehbare Erklärung der Veränderung. Auch beim Nichtwollen, bei der Weigerung, sich dem Neuen anzuschließen, ist Überzeugungsarbeit gefragt. Hier können lösungsorientierte Fragen Wunder wirken, beispielsweise: »Was muss passieren, damit Sie sich dem Projekt anschließen?« oder »Wie kann ich Sie überzeugen, was brauchen Sie noch von mir, damit Sie der Veränderung folgen können?«. Entscheidend ist, dass man miteinander ins Gespräch kommt. Beim dritten Grund, dem Nichtglauben, liegt ein Vertrauensproblem vor – man traut Ihnen persönlich oder aber dem Topmanagement nicht mehr. Das passiert vor allem, wenn Mitarbeiter in der Vergangenheit schon einmal enttäuscht oder getäuscht wurden, beispielsweise durch vorgeschobene Ziele, durch Beschönigung unerfreulicher Sachverhalte oder durch Verschleierungstaktik, wenn etwa Personalabbau drohte. So etwas wirkt lange nach. Daher ist Glaubwürdigkeit im Rahmen von Veränderung das höchste Gut einer Führungskraft. Sprechen Sie deshalb unangenehme Wahrheiten lieber aus, als Ihre Glaubwürdigkeit zu riskieren.

Je besser Sie die typischen Sorgen kennen, die sich hinter dem Widerstand Ihrer Mitarbeiter verbergen, desto besser können Sie in Gesprächen damit umgehen. Die Ängste betreffen meist die folgenden Bereiche:

- *Geld:* die Sorge ums Einkommen, die zukünftige Gehaltsentwicklung, die Überstundenvergütung etc.
- *Sicherheit:* die Sorge um den Arbeitsplatz. Machen Sie hier niemandem falsche Hoffnungen, sonst bekommen Sie ein Glaubwürdigkeitsproblem.
- *Beziehungen:* die Sorge, ob der Vorgesetzte derselbe bleibt und vor allem das Team, das in bewegten Zeiten Halt gibt.
- *Status:* die Sorge um Position, Titel, Vorrechte. Das treibt insbesondere Männer um, die sich in der Regel stärker über Status definieren als Frauen und deutlicher miteinander konkurrieren. Niemand möchte beim Sport oder im Kollegenkreis bekennen müssen, dass er an Einfluss verloren hat. Fragen Sie sich deshalb, ob es wirklich nötig ist, am Thema Anerkennung zu rühren, wenn eine Veränderung stattfindet, oder ob man nicht manches einfach belassen kann, um »des lieben Friedens willen«, ohne Schaden anzurichten.

- *Selbstständigkeit:* die Sorge, Eigenständigkeit einzubüßen oder in seinen Kompetenzen beschnitten zu werden.
- *Entwicklungschancen:* die Frage, wie sich die Veränderung auf die eigenen Karriereperspektiven auswirkt und ob sicher geglaubte Möglichkeiten damit infrage gestellt sind. Sich weiterzuentwickeln ist ein Kernbedürfnis vieler Mitarbeiter, weil die meisten inzwischen verstanden haben, dass dies für ihre weitere Erwerbsfähigkeit (Employability) über die Jahrzehnte ganz entscheidend ist.

Bei der Frage »Was hat die Veränderung mit mir zu tun?« geht es also vor allem darum, die Angst vor persönlichen Konsequenzen aufzulösen. Das ist in einem Vier-Augen-Gespräch schnell möglich und gar nicht so aufwändig – unter der Voraussetzung, dass Ihre Glaubwürdigkeit und das Vertrauen zu Ihnen gegeben sind. Dann kann es sehr persönliche Gespräche mit Mitarbeitern geben, die sich zum Beispiel sorgen, was aus ihnen wird, wenn sie es nicht alleine schaffen, die Veränderung zu tragen.

»Wird mir jemand helfen und werde ich am Ende womöglich mein Gesicht verlieren?«, das waren die zentralen Fragen, die einen meiner Klienten vor einigen Jahren zögern ließen, mit der Übernahme der Produktionsleitung eines Lebensmittelproduzenten einen großen Sprung zu wagen. Es sollten gleichzeitig eine neue Produktlinie und damit ganz neue Anlagen und Produktionsabläufe eingeführt werden – und alles, nachdem der bisherige Stelleninhaber ziemlich plötzlich das Unternehmen verlassen hatte und große Schuhe zurückgeblieben waren. Mein Klient sagte zu, nachdem die Unterstützung und die Rückendeckung des Topmanagements eindeutig formuliert waren und man ihm glaubhaft versichert hatte, dass man hier niemanden verbrennen wolle, sondern von seinem Potenzial überzeugt sei. Er entwickelte sich enorm weiter, hat das Unternehmen und die vielen Mitarbeiter seines Bereiches vorangebracht und führt nun gerade ein weiteres Produkt ein. Mit seiner nun selbst aufgebauten Glaubwürdigkeit ist er ein überzeugendes »Zugpferd« für die neue Veränderung.

Die Nebenwirkungen von Change reduzieren

Hoffen Sie nicht darauf, ein Change-Projekt völlig ohne Konflikte über die Runden bringen zu können: Das wird uns bei aller Professionalität nicht gelingen. Sie können jedoch sehr viel tun, um die kritischen Nebenwirkungen zu reduzieren und so gering wie möglich zu halten.

Regel 1: Ziel und Sinn der Veränderung müssen für alle jederzeit verständlich sein!

Wohin soll die Reise gehen und warum wird das Projekt überhaupt durchgeführt? Checken Sie regelmäßig, dass alle (noch) auf demselben Stand sind. Hat jeder das gleiche Bild im Kopf, auch Wochen und Monate nach dem Auftaktmeeting noch? Hier bewährt sich ein Check beispielsweise nach drei Monaten Zusammenarbeit: Lassen Sie einfach jeden Einzelnen in der Projektgruppe einmal auf einem Blatt notieren, wie er das Ziel dieses Projektes verstanden hat. Hängen Sie diese Blätter dann an einer Metaplanwand nebeneinander und überprüfen Sie, wie viele Antworten Sie bekommen haben. Erschrecken Sie nicht, wenn Sie von neun Mitgliedern sieben verschiedene Antworten erhalten, sondern nehmen Sie das zum Anlass, Sinn und Zweck noch einmal zu besprechen, damit wieder alle am gleichen Strang ziehen – und zwar in dieselbe Richtung!

Regel 2: Führen Sie sichtbar und präsent, um ein Gefühl der Sicherheit und Leitung in der bewegten Zeit zu geben!

Als Führungskräfte in Veränderungsprojekten sind wir wie die Fremdenführer, die mit einem gelben Schirm eine Gruppe in der Hochsaison über den bevölkerten Markusplatz in Venedig führen. Das Signal sollte also sein: Da, wo Sie sind, ist Ihr Team, und mit Ihnen gemeinsam findet man den Weg aus diesem Gewusel. Präsenz ist in Veränderungsprojekten ein ganz essenzielles Führungsinstrument. Und auch, wenn Sie gerade jetzt in einer Vielzahl von anderen Terminen unterwegs sein müssen, sollten Sie in Ihrem Kalender bewusst Zeiten einplanen, in denen Sie an Ihrem Arbeitsplatz sind, über die Flure gehen, die Büros oder Produktionshallen besuchen und ansprechbar sind. Man wird an Ihrer Haltung, Ihrer Miene den Zustand des Unternehmens, der Abteilung, des Projektes ablesen. Das heißt, wenn Sie mit federnden Schritten und optimistischem Gesichtsausdruck durch Ihr »Revier« schreiten, dann wird diese Zuversicht auf Ihre Mitarbeiter überspringen. Und umgekehrt gilt das natürlich auch für hängende Schultern und Pessimismus. Stellen Sie sich also zum Thema Präsenz vor: Wann immer Sie Ihr Büro verlassen, sind Sie auf einer Bühne und ein Lichtkegel leuchtet jede Ihrer Bewegungen und Gesichtsregungen aus. Ihre Glaubwürdigkeit hängt auch davon ab, ob Ihr Auftritt zu Ihren beruhigenden Worten passt.

Regel 3: Informieren Sie kontinuierlich!

Häufig möchten Führungskräfte nur das veröffentlichen, was schon wasserdicht entschieden und sozusagen erledigt ist. Damit schüren sie jedoch Unruhe und provozieren Gerüchte. Bewährt hat sich dagegen, auch über aktuelle Fragen, an denen man gerade arbeitet und die noch nicht entschieden sind, zu informieren, über den »Ongoing Process« sozusagen. Das mildert die Sorge, da sei etwas Unkontrollierbares im Gange.

Regel 4: Schaffen Sie viele Möglichkeiten für Kommunikation und Dialog!

Über die beschriebene zielgruppengerechte und regelmäßige Information hinaus sollten Sie ganz bewusst Möglichkeiten der Kommunikation einrichten. Hier ist besonders der offene Dialog gemeint, also die Gelegenheit, sich durch Fragen, durch Kamingespräche, in Diskussionsrunden oder (bei dezentralen Organisationen) durch Chats und Videokonferenzen auszutauschen und zu schauen, ob alle noch auf demselben Stand sind, welche Fragen noch offen sind, wo Zweifel auftauchen, wo sich Widerstand formiert.

Regel 5: Machen Sie aus Betroffenen Beteiligte!

Beziehen Sie Ihre Mitarbeiter in die Umsetzung ein, nachdem die grundsätzlichen Entscheidungen vom Management getroffen wurden. Häufig haben wir mehr Entscheidungsspielraum, den wir delegieren können, als wir zunächst denken. Bei der Frage der Umsetzung und der Ausgestaltung von Details und Unterpunkten sollten unbedingt die Mitarbeiter beteiligt werden. Auf diese Weise kommen sie aus ihrer Rolle als Opfer des Wandels heraus und überwinden am ehesten das Gefühl der Ohnmacht, das häufig Widerstand auslöst. Je mehr man selbst handeln und Einfluss nehmen kann, desto mehr schrumpft die eigene Verunsicherung.

Regel 6: Bauen Sie Kommunikation und Information adressatengerecht auf!

Das sogenannte 4-Quadranten-Modell (4MAT-System) der US-Pädagogin Bernice McCarthy unterscheidet vier Lerntypen, je nachdem, mit welcher Frage jemand sich das Leben erschließt: [145]

- Der Visionär fragt: »Wozu ist das noch gut?«
- Der Sinnsucher fragt »Warum machen wir das?« und will Kontext und Hintergründe wissen.
- Der Gründliche fragt »Wie stellt sich das genau dar?« und möchte Zahlen, Daten, Fakten, ganz konkret und fundiert und am liebsten mit zwei Stellen hinterm Komma.
- Der Pragmatiker (Handlungsmensch) fragt »Was machen wir?« und möchte am liebsten sofort loslegen.

Jeder dieser Typen braucht andere Schlüsselwörter, um einem Projekt zu folgen und von einer Idee begeistert zu sein. Visionäre gewinnen Sie, indem Sie Zukunftsbilder malen, Sinnsucher mit ausführlichen Erklärungen, Gründliche mit Zahlen, Daten, Fakten und Pragmatiker mit konkreten Handlungsplänen. Ausführlicher habe ich das in meinem Buch *Die 10 größten Führungsfehler und wie Sie sie vermeiden* dargestellt.[146] Daraus leitet sich die Herausforderung ab, in einer Präsentation oder Rede, die sich an alle Mitarbeiter wendet, jedem etwas von dem Stoff zu liefern, der ihn besonders interessiert. Und dasselbe trifft natürlich in anderem Sinne auf verschiedene Zielgruppen zu, an die Sie sich wenden: Aufsichtsrat und Kapitalgeber, Führungskreis, Betriebsrat oder Belegschaft – Sie alle sehen Veränderungsprojekte unter ihrem jeweiligen Blickwinkel und haben eigene Fragen. Eine Allzweckpräsentation für alle Gruppen verbietet sich da von selbst.

Regel 7: Führen Sie typgerechte Mitarbeitergespräche!

Mitarbeiter gehen unterschiedlich mit Veränderungen um. Der amerikanische Change-Experte David M. Noer führt dies darauf zurück, wie stark die generelle Veränderungsfähigkeit und Veränderungswilligkeit eines Menschen ausgeprägt sind. Noer differenziert vier Verhaltensmuster (siehe Grafik Seite 162):

- Hohe Veränderungsfähigkeit/niedrige Veränderungsbereitschaft: Es wird immer Mitarbeiter geben, die sich mit Händen und Füßen gegen Veränderungen wehren, wortreich beweisen wollen, dass die Neuerung nicht funktionieren kann, und versuchen, einfach so weiterzumachen wie bisher (»Verschanzte«). Diese Menschen können eigentlich, wollen aber nicht. Sie brauchen hartnäckige Ermutigung und kleine (Erfolgs-)Projekte, um in Bewegung zu kommen.

- Niedrige Veränderungsfähigkeit/niedrige Veränderungsbereitschaft: Andere sind sehr erschrocken und bleiben im Schock stecken (»Überwältigte«), weil die Situation sie völlig überfordert. Sie brauchen Geduld und besonders einfühlsame Führung, um sich mutiger auf das Thema einzulassen.

- Niedrige Veränderungsfähigkeit/hohe Veränderungsbereitschaft: Wieder andere springen zwar begeistert auf das Thema an, ihnen fehlt aber die Erfahrung oder auch die Fähigkeit, tatsächlich etwas zu bewegen (»Angeber«). Für sie ist alles »easy«, nur kommt bei ihrer Begeisterung am Ende wenig heraus. Hier sollten Sie sich nicht blenden lassen, sondern klare Ziele vorgeben.

- Hohe Veränderungsfähigkeit/hohe Veränderungsbereitschaft: Der vierte Typ schließlich ist der »Lernende«, der verändern kann und will und aufgrund seiner hohen Reife und Erfahrung ungeheuer viel bewegt. Ihn werden Sie eher bremsen müssen in seinem Eifer, sich um alles und jeden zu kümmern, damit er nicht ausbrennt.

Schauen Sie also im Gespräch mit Mitarbeitern genau hin, wo jeweils der Kern des Problem liegt: Der eine braucht etwas zum Einfangen seiner Aggression, der nächste einen kleinen Anschub, Ihr »bestes Pferd« braucht Anerkennung und Würdigung, und wieder andere brauchen Trost und Ermutigung, um Schock und Depression zu überwinden.

Umgang mit Veränderung nach David M. Noer[147]

	gering → Lernbereitschaft → **hoch**	
hoch (Lern-, Veränderungsfähigkeit)	**Der Verschanzte** … klammert sich an Bestehendes. … will neue Situationen mit erprobten Verhaltensweisen meistern, obwohl diese nicht passen.	**Der Lernende** … packt zu und entwickelt sich weiter. … setzt sich aktiv mit den Veränderungen auseinander. … erwirbt neue Fähigkeiten. … wächst an der Situation.
gering	**Der Überwältigte** … zieht sich zurück und weicht aus. … vermeidet die Auseinandersetzung. … erstarrt oft im Schock.	**Der Angeber** … ist hoch motiviert, aber substanzlos. … zeigt viel Aktivität und kommuniziert viel, ohne dass wirklich eine Veränderung im eigenen Verhalten passiert.

gering   **Lernbereitschaft,**   hoch
Zufriedenheit mit Veränderungen

Regel 8: Beziehen Sie Stakeholder und Multiplikatoren frühzeitig ein!

Stakeholder, also Gruppen, die ein Interesse am Fortgang des Projektes haben, können beispielsweise sein: Aufsichtsrat, Betriebsrat, Ihr Vorgesetzter und die Ebenen darüber, Schnittstellenbereiche, wichtige Kunden und interessierte Dritte außerhalb des Unternehmens. Diese Stakeholder müssen genauso in das Thema einbezogen werden wie die Multiplikatoren, die bei der Umsetzung und bei der Mehrheitsbeschaffung behilflich sein sollen. Machen Sie sich die unterschiedlichen Interessen klar und beziehen Sie die verschiedenen Gruppen rechtzeitig mit ein. Je früher Sie das tun (am besten schon in der Ideenphase), umso sicherer können Sie sein, dass alle Bedenken vorab und rechtzeitig bedacht werden und nicht erst am Ende ein Projekt zum Scheitern bringen. Wenn Sie wichtige Personen zu spät einbeziehen, bekommen diese das Gefühl, sie sollen lediglich »abnicken«, was längst entschieden ist, und das gefällt den allerwenigsten.

Regel 9: Holen Sie den Betriebsrat rechtzeitig ins Boot!

Es ist immer wieder erstaunlich, dass selbst in mitbestimmungs-orientierten Unternehmen »vergessen« wird, den Betriebsrat rechtzeitig einzubinden – oft in der Hoffnung, die Angelegenheit auf diese Weise still und leise über die Bühne zu bekommen. Meine Erfahrung ist dagegen, dass Betriebsräte Veränderungsprojekten gegenüber aufgeschlossen sind, wenn sie

a) rechtzeitig eingebunden werden,
b) alle Informationen haben, die sie brauchen, um mitdiskutieren und mitentscheiden zu können, und
c) erkennen, dass die Führungskraft ein Interesse daran hat, Menschen mitzunehmen und Bedenken und Sorgen abzubauen.

Wenn Sie das vermitteln können, arbeiten Betriebsräte ausgesprochen konstruktiv mit. Wenn sie sich übergangen fühlen, kann es dagegen anstrengend für Sie werden.

Regel 10: Starten Sie, wenn möglich, mit Pilotgruppen!

Wahrscheinlich haben Sie auch schon die Erfahrung gemacht, dass es sich bewährt, Neues zunächst im Kleinen auszuprobieren, bevor man es in großem Stil einführt. Am besten wählt man daher sehr früh zu Projektbeginn eine Pilotgruppe aus, mit der man startet. Für diesen Testlauf eignet sich eine sehr heterogene Gruppe, die ängstliche und weniger ängstliche Mitarbeiter, Bedenkenträger und Begeisterungsfähige einschließt. So können Sie frühzeitig Hürden und Schwachstellen identifizieren. Wenn Sie ein solches Pilotprojekt veröffentlichen und darauf verweisen, dass hier erst einmal Erfahrungen gesammelt werden, bevor das Großprojekt aufgesetzt wird, tragen Sie schon ein großes Stück zur Beruhigung bei.

Auch hier abschließend noch einmal alle Maßnahmen auf einen Blick:

Fazit: Glaubwürdige Führungskräfte gefragt

In Zeiten des Wandels und in Veränderungsprojekten ist das höchste Gut einer Führungskraft die eigene Glaubwürdigkeit. Nur wenn Ihre Weste noch weiß ist und Sie vertrauens- und glaubwürdig sind, folgt man Ihren Ideen, lässt sich von Ihnen überzeugen und traut sich zu springen, im Vertrauen darauf, dass das Wasser tief genug ist. Um als Führungskraft diese Glaubwürdigkeit zu erhalten, ist ein guter Kompass wichtig: die eigenen Werte, die einem sagen, was geht und was nicht, welche (Macht-)Spielchen man mitmacht und wo man der eigenen Überzeugung folgen muss. Nur wer langfristig auf das Vertrauenskonto eingezahlt hat, kann in schwierigen Situationen Vertrauen bei seinen Mitarbeitern einfordern. Dazu müssen Sie im Führungsalltag nicht alles sagen, was Sie denken, aber Sie sollten immer das tun, was Sie öffentlich gesagt haben. Diese Übereinstimmung von Worten und Taten ist der Kern Ihrer Glaubwürdigkeit – und nicht etwa flammende Motivationsappelle oder von PR-Fachleuten ausgetüftelte Statements und Reden.

Neben der Glaubwürdigkeit sind klare und stetige Kommunikation eine weitere Säule des erfolgreichen Change-Managements, und dabei darf es gern schlicht zugehen. Wenn ich Führungskräfte oder Vorstände auf schwierige »Auftritte« vorbereite (etwa vor Betriebsversammlungen), beginne ich mit einer scheinbar einfachen Aufforderung: »Erklären Sie es mir, als ob ich 12 Jahre alt wäre!« Meist lächelt mein Gegenüber dann belustigt bis überlegen. Das ändert sich schlagartig, wenn die eingeschliffenen Floskeln der Managementsprache mit einem schlichten »Was heißt das konkret?« oder »Warum?« hinterfragt werden. Dann stellt sich heraus, wie schwer es den meisten fällt, tatsächlich verständlich Klartext zu reden. Damit Mitarbeiter eine Chance haben zu begreifen, warum ein Change-Projekt erforderlich ist und was es bringen soll, sind kurze Sätze und klare Worte gefragt. Dazu gehört auch: Sie müssen nicht perfekt sein – aber Sie sollten ehrlich sein. Lieber ein (Noch-)Nicht-Wissen einräumen als die aktuelle Situation verschleiern, lieber mit vorläufigen Zwischeninformationen glaubwürdig bleiben als in haltlose Beschwichtigungen flüchten. Es gilt auch, gemeinsam Unsicherheiten auszuhalten, die das Wirtschaftsleben für uns alle mit sich bringt. Entscheidend ist ferner, den Draht zu Ihren Mitarbeitern während des gesamten Prozesses nicht abreißen zu lassen, ansprechbar zu bleiben, auch wenn Sie in den schwierigen ersten Phasen eines Veränderungsprojektes immer wieder mit Ängsten und Aggressionen, verstocktem Schweigen und hilfloser Wut konfrontiert werden können.

Eine weitere Stärke ist für das Change Management unabdingbar: Geduld. Diese Forderung ist gerade für Machertypen sicher am schwersten einzulösen. Doch Veränderungsprojekte sind nicht nur betriebswirtschaftliche Herausforderungen – sie sind auch und vor allem eine emotionale Achterbahn für die Betroffenen. Das Ernstnehmen von Ängsten und das Aushalten von Angriffen sind unerlässlich, wenn Sie Mitabeiter gewinnen und mitnehmen wollen, während jedes voreilige Gutwetterprogramm einen Keil zwischen Sie und Ihre Mitarbeiter treiben würde. Zu Beginn des Kapitels sprach ich davon, dass der Begriff »Change-Management« jetzt immer häufiger von »Emotion-Management« abgelöst wird. Der Begriff betont, dass Führungskräfte die eigenen Emotionen und die der Mitarbeiter in den einzelnen Phasen berücksichtigen und zudem lernen müssen, mit eigenen Ohnmachtsgefühlen und gefühlsmäßig stark aufgeladenen Situationen umzugehen.

Mit der Bereitschaft dazu, Geduld, Ehrlichkeit und Rückgrat gegenüber einem ungeduldigen Topmanagement werden Sie die Bewährungsprobe »Change-Management« meistern.

7 Wie führt man durch persönliche Krisen?
Der Chef als »Hüter der Energie«

> Dass Sonntag ist, merke ich nur daran,
> dass ich bei Lidl nicht die Tür aufkriege.
>
> *30-jähriger 3D-Animateur*

> Außer in wirklichen Krisenzeiten habe ich nie am
> Freitagabend, Samstag oder Sonntag gearbeitet.
>
> *Lee Iacocca, langjähriger Chrysler-CEO*

Unternehmenswelten: *Alexander M. zählte jahrelang zu den Leistungsträgern im IT-Team. Eng terminierte Projekte, Zeitdruck, wechselnde Kundenanforderungen, all das bewältigte er souverän, mit zähem Einsatz und zahlreichen Überstunden. Kein Wunder, dass sein Vorgesetzter immer wieder auf ihn zukam, wenn er jemanden brauchte, auf den er sich »hundertprozentig verlassen konnte«. Doch irgendwann veränderte Alexander M. sich: Er wurde reizbar, fuhr schon bei Kleinigkeiten aus der Haut, kämpfte immer wieder mit Infekten. Klagte über Dauerstress, um im nächsten Moment bitter zu bemerken, er sei »hier der Einzige, der den Karren jedes Mal aus dem Dreck zieht«. Fehler häuften sich, die Arbeitstage wurden noch länger, der Ton gegenüber den Kollegen schroffer. Eines Tages dann der Zusammenbruch, Alexander M. klappte vor dem Computer einfach zusammen. Diagnose: Burnout. Sein Vorgesetzter Michael R. beschaffte ihm über das Weiterbildungsbudget einen Therapieplatz, weil er auf einen offiziellen Krankenkassenplatz ein Jahr hätte warten müssen. Nach Beginn der Therapie erkundigte er sich per Mail beim Therapeuten, was er zum Arbeitsplatz selbst sagen würde, was man denn alles ändern müsste, damit Alexander M. nicht nach seiner Rückkehr gleich wieder krank würde. Sein Mitarbeiter, der die Mail in Kopie erhielt, war völlig irritiert über diesen Eingriff in seine Privatsphäre. Er beschwerte sich bei Vorstand und Betriebsrat über seinen »übergriffigen Chef«, bis der Betriebsrat ihm erklärte, wie wohlmeinend das eigentlich vom Chef sei, und ob er nicht froh wäre, dass er seinem Vorgesetzten offensichtlich nicht egal sei? Nach der Rückkehr von Alexander M. waren seine Projekte anders gestaffelt, es gab mehr Unterstützung und ein Eingliederungsprogramm, das einen allmählichen Wiedereinstieg ermöglichte.*

Alexander M. ist kein Einzelfall. Sein Chef hätte sicher besser daran getan, ihn vor der Mail an den Therapeuten zu informieren, aber immerhin: Er hat sich gekümmert. Diese Herausforderung kommt auf immer mehr Führungskräfte zu. Krankenkassen schlagen Alarm, Therapeuten führen lange Wartelisten, Bücher zum Thema »Burnout« verkaufen sich bestens. Immer mehr Menschen scheinen am Leben zu leiden, nicht zuletzt am modernen Arbeitsleben. Der Arbeitsalltag heute ist ein anderer als noch vor 30 Jahren, das haben wir in den letzten Kapiteln gesehen: »Verdichtete« Arbeit, flexible Arbeitszeiten, Zusammenarbeit über verschiedene Zeitzonen, permanenter Wandel, immer komplexere Aufgaben – all das geht nicht spurlos an den Menschen vorüber. Hinzu kommen weniger stabile Familienbande, brüchigere soziale Netze, was den Einzelnen oft vor große Probleme stellt, sobald im Privaten einmal nicht alles läuft wie geplant. Mir fällt in diesem Zusammenhang die alleinerziehende Mutter ein, die im Handel im Verkauf arbeitet und deren Sohn gerade erhebliche Schul- und Drogenprobleme hat. Durch ihre Arbeitszeiten ist sie abends leider selten bei ihm zu Hause. Und da der Arbeitgeber signalisiert, dass »jeder ersetzbar ist«, traut sie sich nicht, um einen Tausch der Schichtpläne auf Zeit zu bitten. So wächst ihr die Familiensituation immer mehr über den Kopf, sie ist voller Sorge und giftet jeden unentschlossenen Kunden im Beratungsgespräch an, sich doch mal bitte zu entscheiden, bis es zum berechtigten Kritikgespräch kommt. Ein Chef, der dann fragen muss: »Warum haben Sie denn nichts gesagt!?«, hat offenbar so geführt, dass der Betroffenen genau das gar nicht in den Sinn kam.

»Das Private ist politisch«, hieß es bei den Achtundsechzigern. Heute könnte man sagen: »Das Private wird Business.« Wir werden es uns schlicht nicht mehr leisten können, gute Kräfte zu verschleißen, nach dem zynischen Motto: Dann kommt eben der Nächste. Weil der Nächste nicht immer auf uns wartet oder weil es zumindest viel Zeit und Geld kostet, bis alles wieder rund läuft. Und weil ignorantes Wegsehen oder Ersetzen auch die Kollegen demotiviert, die (noch) nicht betroffen sind. Viele Arbeitnehmer und Führungskräfte sind im direkten oder weiteren Umfeld längst mit den psychischen Kosten der modernen Arbeitswelt konfrontiert, mit Depressionen, Burnout und anderen Erkrankungen. Aber auch private Krisensituationen von der Scheidung über Erziehungsprobleme bis zu Geldsorgen tragen dazu bei, dass Mitarbeiter unsere Unterstützung brauchen. Was sagen die Zahlen?

Schwierige Zeiten für den Einzelnen – die Zahlen

1960 kamen auf 648 471 Eheschließungen 71 217 Scheidungen pro Jahr; 1980 lag dieses Verhältnis bei 496 603 zu 141 016; 2008 heirateten noch 377 055 Paare und 191 948 ließen sich scheiden. Damit kommt auf zwei Trauungen inzwischen eine Trennung.[148] Soziale Bindungen sind brüchiger geworden; mit Anfang 40 die erste Scheidung hinter sich zu haben ist inzwischen schon fast normal. Eine Folge ist, dass immer mehr Alleinerziehende Familien- und Berufsaufgaben alleine schultern müssen. Jede fünfte Familie in Deutschland (19 Prozent) war 2009 eine Mutter-Kind- oder Vater-Kind-Familie (72 Prozent leben das traditionelle Familienmodell, 9 Prozent Lebenspartnerschaften). 91 Prozent der Alleinerziehenden sind Frauen, die überdies weitaus häufiger Kinder unter zehn Jahren versorgen als Männer. Das Armutsrisiko Alleinerziehender ist mehr als viermal höher als bei Paaren mit Kindern: Es beträgt 36 Prozent, in klassischen Familien (immerhin noch) 8 Prozent.[149] Auch die Zahl der Privatinsolvenzen wächst seit Jahren – von 14 024 im Jahre 2000 auf einen Rekord von 137 000 im Jahre 2007, so Bürgel Wirtschaftsinformationen.[150] Anschließend flachte sich die Kurve etwas ab, für 2010 jedoch erreichte die Zahl mit 139 110 Pleiten eine neue Höchstmarke.[151] Betroffen sind immer mehr jüngere Menschen.[152] Dabei spielt sicher ein ganzes Bündel von Ursachen eine Rolle, von unbedachtem Konsum über Schicksalsschläge wie Arbeitslosigkeit, Scheidung oder Krankheit bis zu Niedriglöhnen, bei denen schon eine umfangreiche Zahnbehandlung ein kaum noch zu füllendes Loch in die Kasse reißt.

Unabhängig von Einkommen und finanzieller Situation kommt daneben ein anderes Problem auf immer mehr Menschen zu: Was tun, wenn die eigenen Eltern intensive Betreuung brauchen? Erfreulicherweise werden wir alle immer älter, doch mit 80 ist jeder Fünfte pflegebedürftig, mit 90 jeder Zweite.[153] Wer soll die Pflege übernehmen, die früher häufig ganz selbstverständlich von nicht berufstätigen Töchtern oder Schwiegertöchtern geleistet wurde? Heute hetzen viele zwischen Arbeitsplatz und krankem Angehörigen hin und her, plagen sich mit Schuldgefühlen oder wissen nicht, wie die hohen Heimkosten aufgebracht werden sollen. Und wer sich (noch) nicht um die Alten sorgt, kämpft in Zeiten von PISA und großen Klassen möglicherweise mit Schul- oder Erziehungsproblemen. Eins von 13 Kindern verlässt die Schule heute ohne Abschluss, jeder sechste junge Mensch zwischen 20 und 30 hat derzeit keinen Berufsabschluss.[154]

Mir geht es nicht um Schwarzmalerei, aber die Zahlen sind ein Blitzlicht auf die Belastungen, denen einige Ihrer Mitarbeiter jenseits des Arbeitsplatzes ausgesetzt sind. Unsere moderne, individualistische Gesellschaft bietet dem Einzelnen mehr Möglichkeiten als jemals zuvor, aber das Aufbrechen traditioneller Lebensformen hat eben auch Schattenseiten.

Daneben lassen auch die Statistiken der Krankenkassen aufhorchen: Die Zahl der Fehltage aufgrund psychischer Erkrankungen hat in den letzten beiden Jahrzehnten dramatisch zugenommen. Der *Gesundheitsreport 2010* der Techniker Krankenkasse verzeichnet bei »psychischen und Verhaltensstörungen« von 2000 bis 2009 einen Anstieg um 40 Prozent, die AOK für den Zeitraum 1995 bis 2008 sogar um 80 Prozent.[155] Hinter »Krankheiten des Muskel-Skelett-Systems und des Bindegewebes« sowie »Krankheiten des Atmungssystems« belegen psychisch bedingte Erkrankungen inzwischen Platz 3 in der Versicherungsstatistik. Dabei spielt auch eine Rolle, dass Menschen mit einer Atemwegserkrankung im Schnitt eine gute Woche (6,2 Tage) ausfallen, Menschen mit psychischen Krankheitsbildern aber fast sieben Mal so lange (39,3 Tage).[156] Das macht die Vertretung durch Kollegen zu einer Herausforderung und muss meistens mit erheblichem Aufwand anderweitig aufgefangen werden.

Unter dem Begriff »Psychische Störungen« fasst die von der WHO erstellte »Internationale statistische Klassifikation der Krankheiten« (ICD-10) eine Vielzahl von Krankheitsbildern wie Suchterkrankungen (Alkohol-, Opiat-, Stimulantienabhängigkeit), Essstörungen, Depressionen, Angst- und Schlafstörungen, Zwangsstörungen, sogenannte somatoforme Störungen (also körperliche Beschwerden ohne organische Ursachen wie etwa Hypochondrie, Schmerzstörung) sowie psychotische Störungen wie Schizophrenie zusammen. Nach der Häufigkeit stehen Studien zufolge Depressionen, spezifische Phobien (Ängste) und psychosomatische Störungen an der Spitze der Erkrankungen, mit einigem Abstand gefolgt von Alkoholabhängigkeit und sozialen Phobien. Wer an einer psychischen Störung leidet, ist nicht »verrückt«, betont Dr. Frank Jacobi vom Institut für Klinische Psychologie und Psychotherapie der TU Dresden. Vielmehr handele es sich meist um eine »extreme Ausprägung an sich normalen Erlebens«, wie etwa übersteigerte Angst oder Traurigkeit. Statistisch gesehen sei jeder Dritte im Alter von 18 bis 65 Jahren betroffen; die Wahrscheinlichkeit, im Laufe seines Lebens selbst einmal betroffen zu sein, betrage etwa 50 Prozent.[157]

Hinter dieser frappierenden Zahl verbergen sich natürlich unterschiedlich schwere Ausprägungen, die nicht in jedem Fall behandlungsbedürftig sind. Doch wenn Sie einmal überlegen, wer in Ihrem persönlichen Umfeld in den letzten Jahren eine »schlimme Phase« durchmachte, nicht mehr so richtig »funktionierte«, ungewöhnlich viel Alkohol trank, zu Tabletten griff, länger krankgeschrieben war, erklärt sich eine Wahrscheinlichkeit von 50 Prozent während des gesamten Erwerbslebens. »Cola, Koks und Ritalin. Wie die Deutschen sich im Büro dopen«[158] überschrieb die *Frankfurter Allgemeine Sonntagszeitung* einen Beitrag und listet auf, womit sich Führungskräfte für den stressigen Arbeitsalltag fit machen wollen. 2007 wurden in Deutschland rund ein Viertel mehr Antidepressiva verschrieben als 2006; ähnlich sieht die Statistik für Mittel mit aufputschender Wirkung aus. Wo mancher Arbeiter zur Schnapsflasche greift, bevorzugen Manager offensichtlich Pillen, die wahlweise leistungsfähig und wach oder gelassen und müde machen sollen.[159] Auch geschlechtsspezifische Tendenzen lassen sich feststellen: So reagieren Frauen nach Erkenntnissen der AOK etwas häufiger mit Depressionen und »Anpassungsstörungen«, Männer dagegen überproportional häufig mit Suchtverhalten.[160]

Gelegentlich hört man die Auffassung, man solle das alles nicht so dramatisieren, es gebe vermutlich nicht mehr Kranke als früher auch, sondern nur mehr Diagnosen aufgrund gewachsener Sensibilität. Das mag so sein, doch die Auswirkungen am Arbeitsplatz bleiben dieselben und müssen bewältigt werden. Hinzu kommt: Selbst wenn wir nicht häufiger krank sind als unsere Eltern oder Großeltern, bewegen wir uns in einer Arbeitswelt, die schnelllebiger, anspruchsvoller und leistungsorientierter ist als die früherer Generationen. Wo man früher eine schwierige Lebensphase und damit einhergehende Leistungsprobleme vielleicht »still überwinden« konnte, fällt sie heute sofort auf, weil im Arbeitsalltag kaum noch Luft ist. Der wachsende Druck von außen macht Probleme möglicherweise nicht nur sichtbarer, sondern verstärkt sie auch, weil ein »Sich auch mal hängen lassen« gar nicht mehr drin ist. Nimmt man die loseren sozialen Bindungen, die steigenden Scheidungsraten, die häufigeren Umzüge durch höhere Ansprüche an Flexibilität, die Unsicherheit vieler Arbeitsplätze, die üblichen Umstrukturierungen und stetigen Veränderungen hinzu, ist es kaum verwunderlich, dass heutzutage mancher »abdreht« und reif für die psychosomatische Langzeitkur ist, der vor 15 oder 20 Jahren unter anderen Umständen vielleicht noch selbst die Kurve bekommen hätte.

Der Begriff, der im Zusammenhang mit psychisch bedingten Störungen am häufigsten fällt, ist »Burnout«. Dabei gibt es bis heute weder eine wissenschaftliche Definition noch ist Burnout als eigenständige Erkrankung anerkannt. Ärzte diagnostizieren stattdessen eine »Erschöpfungs-« oder »Arbeitsdepression«, eine »Anpassungsstörung« oder eine »depressive Episode«. Burnout ist damit der moderne Sammelbegriff für das Leiden an der Arbeitswelt. Betroffen sind nicht nur Arbeitnehmer jenseits der vierzig, wenn die körperlichen Kräfte allmählich nachlassen und anstrengende Arbeitsjahre ihre Spuren hinterlassen: Es trifft immer mehr Jüngere. »In den Kliniken nimmt die Zahl der jungen Patienten zwischen 30 und 35 zu, die schon am Anfang ihres Berufslebens so ausgebrannt sind wie ihre Vorgänger an dessen Ende«, heißt es unter der Überschrift »Ich kann nicht mehr« im Magazin *Die Zeit Campus*.[161] Erschreckend ist heute auch zu sehen, welche Leute ausfallen, denn es sind die Mitarbeiter, die wir eigentlich als Leistungsträger erlebt haben und die ausgesprochen belastbar waren. Das hat sich verändert, früher betrafen die meisten Ausfalltage eher Mitarbeiter, die ein Motivationsproblem hatten oder aus anderen Gründen anfällig für »den gelben Schein« waren. Wie verändert sich die Führungsrolle durch all diese Problemfelder?

Führungsfragen

Ob wir wollen oder nicht: Wenn immer mehr Arbeit von immer weniger Menschen erledigt wird, müssen Führungskräfte sich auch darum kümmern, dass Mitarbeiter sich gesund erhalten, und ihnen helfen, Krisenzeiten zu überwinden. Das gilt umso mehr, als schon aufgrund der demografischen Entwicklung immer länger gearbeitet wird und großzügige Vorruhestandsmodelle der Vergangenheit angehören. Selbstverständlich liegt die Hauptverantwortung für sein gesundheitliches Gleichgewicht weiterhin beim Mitarbeiter selbst, aber die Führungskraft kann dazu beitragen, dass Mitarbeiter ihre Verantwortung erkennen, verstehen und ernst nehmen. Fragen, die sich in diesem Zusammenhang stellen:

- Woran erkennen Sie, dass ein Mitarbeiter in akuter Gefahr schwebt »auszubrennen« oder gravierende private Probleme mit sich herumschleppt? Welche Frühwarnsignale gibt es?
- Wie können Sie gesundheitliche Prophylaxe in Ihren Führungsalltag wirksam einbeziehen?

- Wer ist besonders anfällig für Burnout?
- Durch welches Führungsverhalten beugen Sie Burnout-Erkrankungen am besten vor, durch welches Verhalten begünstigen Sie sie womöglich?
- Welche Hilfsangebote können Sie selbst und das Unternehmen insgesamt machen – im Krankheitsfall, aber auch, um in belastenden privaten Situationen Unterstützung zu bieten?

Burnout, Stress & Co.

Können Sie sich erinnern, dass Ihre Großeltern über »Stress« geklagt haben? Wahrscheinlich nicht. Dabei hatte man vor 40 oder 50 Jahren durchaus auch genug zu tun. Die Arbeitszeiten waren erheblich länger als heute, die Sechstagewoche war bis Mitte der 50er Jahre die Regel. 1970 leistete nach Berechnungen des Instituts für Arbeitsmarkt und Berufsforschung (IAB) in Westdeutschland jeder Erwerbstätige durchschnittlich 1 966 Arbeitsstunden. Im Jahre 2007 waren es in Gesamtdeutschland im Schnitt noch 1 433 Stunden.[162] Und obwohl wir statistisch gesehen über 500 Stunden weniger arbeiten als früher, scheint »Stress« als zermürbende, nervenzerrende (Dauer-)Belastung ein Phänomen unserer Tage zu sein.

Stress wird nicht nur durch Verdichtung der Arbeit, moderne Kommunikationsmedien und andere beschriebene Phänomene unserer Arbeitsbedingungen ausgelöst, auch immer absurdere Arbeitszeitmodelle tragen insbesondere im gewerblichen Bereich dazu bei. »Früher« gab es die klassischen drei Schichten, die sich von sechs bis sechs Uhr die Arbeitszeit mit je acht Stunden aufteilten und die in einem festen Rhythmus wechselten, sodass Anlagen betriebswirtschaftlich sinnvoll rund um die Uhr genutzt wurden. Daran konnten Menschen sich gewöhnen, wenngleich die gesundheitlichen und sozialen Belastungen durch Nacht- und Wechselschichten erheblich und lange erforscht sind. Die Steigerung im Dienste der Kunden sieht inzwischen häufig so aus, dass der Schichteinsatz auf Abruf erfolgt, die Länge der Schichten kurz vorher bekannt gegeben wird (2 bis 3 Tage sind schon viel) und die Arbeitszeiten sich verschieben. So sehen wir beispielsweise bei Paketdiensten, Versandhandelsunternehmen und der Post Arbeitszeiten, die zwischen null und zwei Uhr beginnen und dann rund acht Stunden dauern. Dies alles zum Beispiel, damit der Kunde noch bis

18 Uhr bestellen kann und seine Ware trotzdem am nächsten Tag erhält. Wer braucht das wirklich um diesen Preis? Was bedeutet es für Mitarbeiter und ihre langfristige Gesundheit, wenn sie gegen ihren biologischen Rhythmus und die innere Uhr leben und das ständig, also nicht einmal mehr im Schichtwechsel? Sie arbeiten dann, wenn der Körper eigentlich andres vorhat, essen und trinken »spiegelverkehrt« und kommen gegen zehn nach Hause, schlafen dann, wenn es überall quirlig und hell ist von zwölf bis neunzehn Uhr und sind dann wach, bis sie um Mitternacht zur Arbeit aufbrechen. In diesem Kontext bekommen weiter oben ausgeführte Themen wie Fürsorgepflicht, gute Stimmung im Team und eine wertschätzende Arbeitsumgebung eine noch stärkere Bedeutung, denn diese Mitarbeiter sehen kaum noch jemand anderen als ihre Chefs und Kollegen.

Andererseits kann man auch beobachten, dass die Klagen über zu viel Stress geradezu zum guten Ton zu gehören scheinen: Wer fröhlich abends in der Kneipe verkündete, er habe alles im Griff und schaffe sein Pensum locker, würde vermutlich scheele Blicke ernten. Kein Ehrgeiz? Auf dem Abstellgleis gelandet? Wer wichtig ist, hat Stress! (Und nur wer Stress hat, ist wichtig?) Schließlich leben wir in einer Leistungsgesellschaft!

Verzeihen Sie den ironischen Unterton. Aber wir sollten uns über eines im Klaren sein: Verhaltensweisen, die geradewegs in den Burnout führen können, sind in unserem Arbeitsleben durchaus erwünscht und werden belohnt: sich ambitionierte Ziele setzen, über seine Grenzen gehen, »alles« zu geben – für Prestige und Status, für den nächsten Bonus, für die Karriere. Wer dabei nicht rechtzeitig bremsen kann, riskiert, über kurz oder lang »auszubrennen«. Der Therapeut Hansjörg Becker definiert Burnout als »Zustand körperlicher, psychischer und geistiger Erschöpfung, der durch normale Erholungszeiten nicht mehr kompensiert werden kann«.[163] Nicht jeder ist in gleichem Maße gefährdet zu erkranken. »Burnout-Patienten sind sehr leistungsfähige Menschen. Nur wer sich für etwas begeistert engagiert, kann ausbrennen«, sagt beispielsweise Gernot Langs, Leiter der Psychosomatischen Klinik Bad Bramstedt.[164] Und Herbert J. Freudenberger, für das Magazin *Emotion* der »Gründungsvater der Burnout-Forschung«, betont, besonders anfällig seien »Menschen mit hoher Anstrengungsbereitschaft und hohen Erwartungen an sich selbst und andere«.[165] Fatalerweise sind das genau die Eigenschaften, die Menschen zu idealen Mitarbeitern machen können, zu denjenigen, die die Abteilung wesentlich voranbringen. Ein Chef, der gerade sein »bestes Pferd im Stall« ermuntern soll, besser auf sich Acht zu geben und kürzer zu treten, muss daher ein ausgesprochen hohes Verantwortungsgefühl besitzen.

Warnsignale und Phasen der Burnout-Erkrankung

Welche Warnsignale zeigen an, dass ein Mitarbeiter gefährdet ist? In Anlehnung an Erkenntnisse des Hamburger Burnout-Experten Professor Matthias Burisch lassen sich sieben Phasen wachsender Erschöpfung unterscheiden: [166]

Sieben Phasen wachsender Erschöpfung

1. Anfangsphase (Warnsymptome)	nicht mehr abschalten können, Gereiztheit, beginnende subjektive Erschöpfung
2. Reduziertes (oder übersteigertes) Engagement	innere Kündigung oder Schuldgefühle (»Ich muss es schaffen!«)
3. Emotionale Reaktionen/ Schuldzuweisung	Niedergeschlagenheit, erhöhte Reizbarkeit
4. Abbau	… der geistigen Leistungsfähigkeit (Konzentrationsschwierigkeiten) … der Motivation (»Dienst nach Vorschrift«)
5. Verflachung	… des emotionalen Lebens (innere Leere) … des sozialen Lebens (Rückzug) … des geistigen Lebens
6. Körperliche Symptome	psychosomatische Reaktionen wie Muskelverspannungen, geschwächtes Immunsystem, Magen-Darm- oder Herz-Kreislauf-Beschwerden
7. Verzweiflung	Hoffnungslosigkeit bis hin zu Suizidgedanken

Ein Burnout kommt also nicht plötzlich, sondern schleichend, als immer bedrohlichere Eskalation des Empfindens, die äußeren Anforderungen (oder selbst gestellten Ansprüche) nicht mehr bewältigen zu können. Aufhorchen sollten Sie als Führungskraft,

… wenn sich bei einem bislang zuverlässigen Mitarbeiter Fehler und Vergesslichkeiten häufen;

… wenn ein Mitarbeiter immer öfter blass und abgespannt wirkt oder unruhig und gehetzt;

… wenn jemand zunehmend abweisend und kurz angebunden reagiert;

… wenn ein Mitarbeiter sich zurückzieht (nicht mehr mit zum Mittagessen geht, Betriebsfeiern und andere Treffen mit Kollegen meidet);

… wenn jemand schon bei kleinen Anlässen aus der Haut fährt und zu Wut- oder Tränenausbrüchen neigt;

… wenn ein Mitarbeiter jeden Infekt mitnimmt, ständig erkältet ist, über Kopfschmerzen klagt und Ähnliches.

All diese Warnsignale können übrigens auch auf eine akute private Belastungssituation hindeuten. Mir fällt beispielsweise eine Sachbearbeiterin ein, die stets zu den besten Kräften der Abteilung gehört hatte und plötzlich immer fahriger, blasser und unkonzentrierter wurde. Am Ende löste ein eigentlich triviales Problem einen Weinkrampf aus. Erst da erfuhr der Vorgesetzte: Vor zwei Monaten sei der Vater schwer erkrankt und ins Krankenhaus eingeliefert worden. Seit der Zeit übernehme sie die Betreuung der Mutter, die allein nicht mehr zurechtkomme, weil sie an Altersdemenz leide.

»Burnout-Prozesse beginnen mit der Erfahrung von Hilflosigkeit in subjektiven oder objektiven ›Fallensituationen‹«, sagt Matthias Burisch, der die Erkrankung als »Ausdruck einer gestörten Interaktion einer Persönlichkeit mit einer Umwelt« deutet.[167]

Risikofaktoren im Arbeitsalltag

In betrieblichen Situationen stellt sich die Frage, ob ein bestimmtes Führungsverhalten ein Ausbrennen einzelner Mitarbeiter begünstigt. In meiner langjährigen Praxis als Personalleiterin habe ich beobachtet, dass sich Krankheitsfälle in Abteilungen häuften,

… wenn Vorgesetzte eher autoritär führten und ihren Mitarbeitern insbesondere in schwierigen Situationen und bei hohem Arbeitsanfall wenig Freiraum und Mitwirkungsmöglichkeiten einräumten;

... wenn Vorgesetzte eher kühl und unpersönlich agierten und sich wenig für die Menschen in ihrer Abteilung interessierten;

... wenn das Abteilungsklima von Angst und Unsicherheit geprägt war, sei es aufgrund sachlicher wirtschaftlicher Faktoren, sei es aufgrund eines entsprechenden Führungsstils;

... wenn Vorgesetzte mit Lob und Anerkennung außerordentlich geizig waren, getreu der Maxime »nicht geschimpft ist genug gelobt«.

Dies deckt sich mit den Ergebnissen einer Langzeitstudie, für die das Schweizer Institut »sciencetransfer« in Zusammenarbeit mit der Bertelsmann Stiftung 2006 bis 2009 jährlich 120 Teilnehmer befragte. Danach können Führungskräfte mit persönlicher Ansprache und rechtzeitiger Arbeitsentlastung das Risiko, dass einer ihrer Mitarbeiter an Burnout erkrankt, deutlich verringern. Neben besseren Arbeitsmitteln, Tipps und Entlastung spielen dabei auch »Zuspruch, Trost, Motivation und Zuhören« eine wesentliche Rolle. 20 Prozent mehr Unterstützung bewirkten 10 Prozent weniger Burnout-bedingte Erkrankungen, so die Schweizer Wissenschaftler.[168] Viel arbeiten zu müssen ist kräftezehrend. Viel arbeiten zu müssen, sich dabei anderen hilflos ausgeliefert zu fühlen und keine Anerkennung für das Geleistete zu bekommen jedoch ist schlimmer. Das macht offenbar viele Menschen krank – insbesondere jene, die sich stark über den Arbeitserfolg definieren und denen es schwerfällt, Grenzen zu setzen.

Wissenschaftlich fundiert wird diese These im sogenannten »Effort-Reward Imbalance Model« (ERI), das Burnout-Erkrankungen dann für wahrscheinlich hält, wenn Anstrengungen auf der einen und Belohnungen auf der anderen Seite in ein Missverhältnis geraten. Empirische Studien belegen, dass Menschen in einer solchen Situation tatsächlich sehr viel stärker vom Erschöpfungssyndrom betroffen sind.[169] Wer Einfluss auf seine Situation nehmen und mitbestimmen kann, wer Wertschätzung erfährt und Erfolgserlebnisse hat, kann offenbar starke Arbeitsbelastungen besser ertragen als jemand, bei dem das nicht der Fall ist. Da wundert es kaum noch, dass neben Mitarbeitern in Sozial- und Pflegeberufen auch Callcenter-Mitarbeiter und Zeitarbeiter besonders häufig von seelischen Erkrankungen betroffen sind, wie eine Studie der Bundespsychotherapeutenkammer (BPtK) feststellte.[170] Das Gefühl der Ohnmacht spielt eine große Rolle beim Burnout, und ein kooperativer Führungsstil und Gestaltungsfreiräume für die Mitarbeiter sind daher aktive Burnout-Prophylaxe. Was Sie sonst noch tun können, lesen Sie im nächsten Abschnitt.

Was Sie tun können: eine Kultur der Achtsamkeit fördern

Vorbeugen ist besser als heilen, das gilt auch bei Burnout und anderen stressbedingten Erkrankungen. Nur so lassen sich die hohen seelischen und sozialen Kosten für den Betroffenen wie auch die hohen wirtschaftlichen Kosten von Langzeitausfällen für die Unternehmen eindämmen. Und auch für private Belastungen können wir Mitarbeiter vorbereiten und sie im akuten Fall besser stützen. Dennoch wird in der Praxis oft erst gehandelt, wenn Mitarbeiter wie im Eingangsbeispiel zusammenbrechen. Die Ursachen sind vielfältig: Zeitdruck bei der Führungskraft, Unkenntnis, Hilflosigkeit, wie man mit dem Problem umgehen soll, die Hoffnung, es werde schon »gutgehen« und der sichtlich Angeschlagene werde sich wieder fangen. Immer mehr große Unternehmen reagieren inzwischen, schaffen interne Anlaufstellen, rufen Projekte ins Leben. So kümmert sich bei der Lufthansa Technik AG beispielsweise eine »Sozialberatung« um angeschlagene Kollegen, bei Ford in Köln und Saarlouis hat man ein Präventionsprogramm aufgelegt, in dem »Integrationsteams« sich gezielt um Mitarbeiter mit hohen Fehlzeiten kümmern, Rehamaßnahmen und Weiterbildungen vorschlagen, etwa bei chronischen Krankheiten oder psychischen Problemen.[171] Das trägt dazu bei, das Thema zu enttabuisieren, und das ist ein erster wichtiger Schritt in einer (Hoch-)Leistungskultur, in der immer noch Sprüche kursieren wie: »Nur die Harten kommen in den Garten!« Work-Life-Balance ist längst kein Kuschelbegriff mehr, sondern eine ernste Herausforderung für jeden von uns, für uns selbst (siehe Kapitel 8), aber auch in der Führungsverantwortung für die Mitarbeiter, die wir unterstützen müssen, Beruf und Familie, Karriere und Abschalten unter einen Hut zu bringen. Führung wird zukünftig auch die Aufgabe des »Corporate Health-Managements« beinhalten, das den Blick auf diese Zusammenhänge schärft und gemeinsames, systematisches Gegensteuern gegen eine im Wortsinne ungesunde Entwicklung umfasst.

»Motivation« neu und differenzierter denken

Jahrelang haben wir Motivation in der Tradition von Maslow und seiner bekannten »Pyramide« gedacht, die davon ausgeht, dass zunächst Basisbedürfnisse wie die nach Nahrung und Sicherheit erfüllt sein müssen, als Nächstes Zugehörigkeit und Gemeinschaft motivierend wirken, bevor Status und Anerkennung für den Einzelnen wichtig werden und schließlich an der Spitze die Selbstverwirklichung zum Motivationsfaktor wird. Dabei haben wir fast selbstverständlich vorausgesetzt, dass wir in den westlichen Industrieländern die Basisebenen längst für alle erreicht haben und es im Wesentlichen darum geht, Motivation über Teamgeist, Anerkennung und Gestaltungsfreiraum zu fördern.

Vor dem Hintergrund der Veränderungen auf dem Arbeitsmarkt, die ich im ersten Kapitel beschrieben habe, mit Niedriglöhnen und Leiharbeit, Befristungen und prekären Erwerbssituationen, wird das Maslow-Modell vollends problematisch. Was ist etwa mit der Verkäuferin und alleinerziehenden Mutter, die am Monatsende womöglich nur 150 Euro mehr hat, als wenn sie Hartz IV beantragte? Niemand wird ernsthaft glauben, diese Mitarbeiterin könne man durch mehr »Gestaltungsfreiraum« motivieren. Was diese Frau ihre Arbeit engagiert tun lässt, sind eher Stolz, das Zugehörigkeitsgefühl zum Unternehmen oder Team, vermeintliche Sicherheit, eine dauerhafte Perspektive und die Erfahrung, dass man sie in ihrer Familiensituation nicht allein lässt, wenn es einmal schwierig wird. Und: Geld mag für viele gut verdienende Arbeitnehmer kaum als Ansporn taugen – wenn man jedoch jeden Cent dreimal umdrehen muss, taugt es sehr wohl als Motivator! Für viele Mitarbeiter müssen wir die Motivationspyramide also auf den Kopf stellen und uns fragen: Was bieten wir, um die Bewältigung des Alltags leichter zu machen? Dazu braucht es nicht zuletzt Führungskräfte, die sich ihren Chefs gegenüber auch mal unbeliebt machen und mehr Budget, eine Weihnachtsprämie oder andere Zeitsysteme für ihre Mitarbeiter durchsetzen.

Betreuungsmöglichkeiten und andere Hilfestellungen bieten

Familienfreundlichkeit ist inzwischen ein wichtiger Standortfaktor, doch das ist noch nicht in den Köpfen aller Arbeitgeber angekommen. Dazu gehören firmeneigene Kinderkrippen und -horte mit Öffnungszeiten, die Eltern das Arbeitsleben wirklich erleichtern. Dazu gehört auch, über »Pflegezeiten« für die Betreuung Älterer analog zur Elternzeit nachzudenken, bevor die Politik dies verbindlich regelt. Dazu gehört schließlich eine Personalabteilung, die sich nicht einseitig auf High Potentials konzentriert, sondern alle Lebensphasen im Blick hat und beispielsweise bei Arbeitszeitmodellen schaut, was Menschen in der Familienphase und später in der Betreuungsphase brauchen. Und das beginnt schon bei kleineren Dingen wie Informationsveranstaltungen zum Thema »Pflegebedürftige Angehörige« oder »Mobbing an der Schule«.

Immer mehr Unternehmen zahlen pauschale Beiträge pro Mitarbeiter und Jahr an externe Dienstleister, die sich mit ihrem »Familienservice« in einem Wachstumsmarkt befinden. Hier können Mitarbeiter anonyme Beratungsgespräche zu allen Themen führen, die ihnen Sorgen bereiten und ihren Ursprung in Job oder Familie haben: von pubertierenden Kindern oder Drogenproblemen in der Familie über eigene Ängste in der Zusammenarbeit mit Kollegen oder bei Stellenabbauprogrammen bis hin zur Betreuungslösung für kranke Kinder oder Eltern. Die Beratung bleibt absolut vertraulich und ist mit dem Pro-Kopf-Betrag abgegolten.

Niedrigschwellige Beratungsangebote für Krisensituationen

Machen Sie sich stark dafür, dass es Anlaufstellen im Unternehmen gibt, an die Mitarbeiter sich bei Schwierigkeiten und in Krisensituationen wenden können. Nicht jeder mag mit seinem Chef darüber reden, dass ihm die Arbeit über den Kopf zu wachsen droht – auch wenn eine gute Führungsbeziehung genau das möglich machen sollte. Wo Großunternehmen Beratungsstellen installieren, können kleinere Organisationen jemanden im Betriebsrat qualifizieren, der als Ansprechpartner fungiert und sensibel mit dem Thema Burnout umgeht. Ein Aushang am Schwarzen Brett mit einem Gesprächsangebot für Mitarbeiter, die erschöpft und ausgepowert sind, hat Signalwirkung. Auch Betriebsärzte und medizinischer Dienst sollten informiert und geschult sein und Betroffene gegebenenfalls an qualifizierte Therapeuten überweisen können.

Stressbewältigung und Gesundheitsprävention zum Thema machen

Der Umgang mit einer neuen Software oder die richtige Kundenansprache am Telefon werden in vielen Unternehmen intensiv trainiert – wie man Abstand vom Alltagsstress gewinnt, ist seltener ein Thema. Dazu kann der Betriebssport mit Angeboten von progressiver Muskelentspannung über Yoga bis zu Laufgruppen ebenso beitragen wie die Personalentwicklung, die Seminare rund um Work-Life-Balance und Stressbewältigung mit derselben Selbstverständlichkeit anbietet wie solche zu Outlook, Excel und Co. Indem man das Thema Lebensbalance ernst nimmt, wirkt man außerdem dem Eindruck entgegen, Überforderung oder Burnout seien ein individuelles Versagen. Schon im Ankündigungstext einer Personalentwicklungsbroschüre kann man das Thema durch gute Formulierungen aus der »Loser-Ecke« holen und durch Testimonials von angesehenen Teilnehmern zusätzlich unterstützen. Und wenn dann das Topmanagement noch eine fürsorgliche Bitte adressiert, dass solche Themen bitte ernst genommen werden sollten, ist die »Erlaubnis von ganz oben« gegeben, sich wirklich dort anzumelden, ohne ein Imageproblem befürchten zu müssen.

Das Thema Lebensbalance in Mitarbeitergespräche einbauen

In der Alltagshektik gerät die Frage der mentalen und körperlichen Fitness schnell aus dem Blick. Insofern ist es günstig, generell in Jahresgesprächen das Thema Work-Life-Balance auf die Agenda zu setzen mit Fragen wie: »Lieber Mitarbeiter, was tun Sie, um sich gesund zu halten? Wie kommen Sie mit der Pausenstruktur zurecht? Wie viele Stunden arbeiten Sie, wie setzen Sie Grenzen, wie schaffen Sie die Kombination zwischen Familie und Beruf? Brauchen Sie Unterstützung, holen sie sich diese?« An solche Fragen müssen sich viele Mitarbeiter erst noch gewöhnen, denn bisher waren diese Punkte vielleicht ein Thema im Fehlzeitengespräch und hatten eher sanktionierenden Charakter. Mir geht es um eine neue Form von Anteilnahme und um eine Fürsorge des Arbeitgebers, wie sie ursprünglich gedacht war. Der Vorgesetzte kümmert sich auf eine Weise, die Wertschätzung widerspiegelt, und sendet eine subtile Botschaft, die Mitarbeiter mit der Arbeitsbelastung, dem multimedialen Stress und den gefühlten Erwartungen nicht allein zu lassen, sondern auch hier Führung im positiven Sinne zu zeigen.

Einen wissenschaftlich fundierten Selbsttest – eine Kurzform des »Hamburger Burnout Inventory« (HBI) – finden Sie im Internet unter *www.cconsult.info/selbsttest.html*. Er liefert Indizien zum Grad der individuellen Gefährdung und kann Sie bei der Thematisierung des Burnouts im Rahmen von Mitarbeitergesprächen unterstützen. Für eine kurze erste Selbstbefragung eignet sich auch der folgende Fragebogen:[172]

Kurztest: Wie hoch ist Ihr Stress-Risiko?

Warnsignale	Ja	Nein
Schaffen Sie Ihr Arbeitspensum häufig nur mit höchster Anstrengung?	☐	☐
Können Sie nicht mehr genießen, sondern stehen ständig unter Spannung?	☐	☐
Haben Sie einen erhöhten Puls oder Blutdruck?	☐	☐
Fühlen Sie sich beim Aufstehen oft wie gerädert?	☐	☐
Überfordert Sie der Alltag häufig?	☐	☐
Haben Sie Angst, den Erwartungen anderer an Sie nicht zu entsprechen?	☐	☐
Reagieren Sie bei Kleinigkeiten gereizt?	☐	☐
Fühlen Sie sich innerlich nicht im Gleichgewicht?	☐	☐
Haben Sie manchmal den Wunsch, alles hinzuwerfen und davonzulaufen?	☐	☐
Leiden Sie unter Kopf- oder Nackenschmerzen?	☐	☐

Bei mehr als 3 »Ja« besteht Handlungsbedarf! Für viele Chefs bedeutet das ein Umdenken. Gefragt ist hier der Vorgesetzte als Coach, der den Spiegel vorhält: »Ich habe den Eindruck, dass Sie zu viel arbeiten; ich sehe, Sie sind am Limit. Mir ist aufgefallen, dass Sie in den vergangenen drei Meetings …, was können wir tun, um es zu ändern? Was tun Sie, um aufzutanken, wer unterstützt Sie? Wie kann ich helfen? Brauchen Sie eine Auszeit?« Ja, hier geht es auch um Persönliches, das wird sich nicht vermeiden lassen. Wir verschieben die Grenzen der Arbeit im digitalen Zeitalter ins Private hinein, dann muss das Ganze auch umgekehrt funktionieren, sodass beide Teile sich im Idealfall wie ein Yin-Yang-Bild ineinanderfügen. Und wir sind als Führungskräfte in beide Teile involviert, wenn wir den ganzen Menschen mit seinem ganzen Engagement und seiner Loyalität und Identifikation wollen. Dabei gilt auch: Aus der letztendlichen Verantwortung für die eigene Gesundheit kann ein Chef niemanden entlassen. Aber er kann dafür sorgen, dass ein Mitarbeiter sich dieser Eigenverantwortung wieder bewusst wird. Die »Fürsorgepflicht des Arbeitgebers« bekommt also eine zusätzliche, neue Bedeutung. Gerade in stressigen Situationen neigen Menschen dazu, einen Tunnelblick zu entwickeln, sodass ein Anstoß von außen hilfreich sein kann. »Es geht immer um die Erkenntnis des eigenen Anteils an der Krankheit«, sagt Ulrike Manegold, Neurologin, Psychiaterin, Psychotherapeutin und Chefärztin einer Fachklinik für Psychosomatik. Und: »Sich einzugestehen, dass man nicht bloß Opfer ist, fällt niemandem leicht.«[173] Reagieren Sie also sensibel, aber bürden Sie sich nicht die komplette Verantwortung für die seelische Gesundheit Ihrer Mitarbeiter auf. Helfen Sie fachkompetente Unterstützung zu finden, denken Sie nicht, Sie müssten das alleine regeln: Wir sind und bleiben Führungskräfte, nicht Therapeuten.

Pausenkultur pflegen

Das ist etwas, was sich schnell umsetzen lässt und bei dem es doch in vielen Unternehmen hapert: Sorgen Sie dafür, dass Ihre Mitarbeiter regelmäßig Pausen machen! Echte Pausen bieten Entspannung, Durchatmen, kurz: ein Kontrastprogramm. In Pausen sollte nicht nebenbei weitergearbeitet und möglichst auch nicht über die Arbeit gesprochen werden. Besser wäre es, zu lachen und Quatsch zu machen, entspanntes Plaudern oder Schweigen zuzulassen oder gemeinsam mit einem Trainer Entspannungstechniken zu lernen und dann anzuwenden. Merkwürdigerweise leben wir mit »Raucherpausen«, müssen uns aber erst mit dem Gedanken anfreunden, dass ein Bildschirmarbeiter regelmäßig einige Minuten Rückengymnastik macht.

Rainer Wieland, Organisations- und Arbeitspsychologe an der Universität Wuppertal, schätzt, dass nur etwa 10 Prozent der Unternehmen eine echte Pausenkultur pflegen.[174] Selbst mancher Chef ist stolz darauf, wenn er wieder mal »durchgearbeitet« hat. Dabei lügt man sich in die Tasche, denn niemand kann acht Stunden oder länger ohne Unterbrechung konzentriert und produktiv sein. Eine Pausenkultur beginnt bei ansprechenden Pausenräumen drinnen wie draußen, bei Angeboten zum Abschalten vom Kicker bis zum Badminton-Set, vom Entspannungssessel bis zum Raum der Stille. Dabei passt nicht alles für alle, ein Callcenter-Team hat andere Bedürfnisse als die Buchhaltung, junge Mitarbeiter entspannen anders als ihre älteren Kollegen. Einfach zu fragen, was die Mitarbeiter gut fänden, hat noch nie geschadet. Außerdem sollte es Regeln geben, so etwa die einfache Maxime, dass nicht am Arbeitsplatz gegessen wird, sondern an einem anderen Ort, damit man auch mal »rauskommt«. Niemand muss in die Kantine gehen, aber ein ansprechendes Ambiente und eine gesunde Speisenauswahl dort oder eine nette Cafeteria werden wirken. Der wirksamste Hebel für eine gute Pausenkultur ist jedoch schlicht: das eigene Vorbild. Ein Chef, der selbst konsequent Pausen macht, gibt damit die »Erlaubnis«, das auch zu tun, und unterstreicht, dass er kleine Auszeiten für wichtig hält. Das alles mag trivial klingen, doch wir sollten uns im Klaren sein, dass Produktivitätssteigerungen über Technik und Rationalisierung in den meisten Unternehmen ausgereizt sind. Wer weitere Produktivitätsfortschritte erwartet oder den Output auf hohem Level halten will, sollte dafür sorgen, dass seine Mitarbeiter sich wohlfühlen.

Abschied nehmen von der ständigen Erreichbarkeit

Im Zusammenhang mit Smartphone und Co. (siehe Kapitel 2) war es schon Thema: Tragen Sie selbst dazu bei, dass die Grenzen zwischen Arbeit und Privatleben gewahrt bleiben, dass es echte Auszeiten gibt, in denen man sich nicht in den Firmen-Computer einloggt, Mails checkt oder zwischendurch »kurz« noch Kundenanrufe erledigt. Im Urlaub sollte der Blackberry zu Hause bleiben und am Wochenende und abends konsequent ausgeschaltet werden. Neben der Vereinbarung von Spielregeln ist hier wieder das eigene Vorbild enorm wichtig. Denken Sie an Telekom-Personalvorstand Thomas Sattelberger, der für eine Konzernrichtlinie sorgte, nach der Telekom-Mitarbeiter an Wochenenden keine Mails beantworten müssen, und unter anderem dafür vom *Handelsblatt* zum »Reformer des Jahres 2010« erklärt wurde. Die Botschaft sei simpel, so Sattelberger im Interview: »Das Unternehmen kann und soll nicht komplett über die Zeit der Menschen verfügen.«[175]

Grenzen respektieren

Ebenso wichtig wie schwierig in der langfristigen Gesundheitsfürsorge für die Mitarbeiter ist die Frage: Wie vermeide ich, dass ich selbst immer wieder dieselben Leistungsträger belaste? Das ist kurzfristig die einfachste Lösung und eine enorme Entlastung noch dazu. Es braucht daher Selbstdisziplin, den »Schaffern« in der Abteilung nicht immer mehr aufzubürden und stattdessen die Lasten gerechter zu verteilen. Ich denke, in einer Kultur der Achtsamkeit, in welcher der Einzelne ermutigt wird, Aufmerksamkeit für sich selbst und die eigenen Bedürfnisse zu entwickeln, wird es auch leichter werden, Nein zu sagen. Das gilt für die Führungskraft selbst wie auch für die Mitarbeiter. Nur wer sich selbst und seine Grenzen achtet, achtet auch die der anderen – das las ich in einem der vielen Artikel zum Thema Burnout. Ein sehr wahrer Satz, finde ich.

Reflektieren Sie Ihre Anforderungen an andere. Einmal ehrlich, wie oft haben Sie schon gedacht: »Ich reiße mir hier ein Bein aus; da können sich die anderen doch wohl auch ein bisschen anstrengen!?« Gegenfrage: Ist es eigentlich fair, die eigene (selbst gewählte!) Messlatte an andere Menschen anzulegen, noch dazu an solche, die erheblich weniger verdienen und vielleicht sogar um den Anschlussvertrag bangen müssen? Wenig fair ist auch der subtile moralische Druck, mit dem man gerade die leistungsbereiten Mitarbeiter rasch dazu bekommt, doch noch einmal eine Nacht- oder Wochenendschicht einzulegen. Das Repertoire reicht von »Was würde ich nur ohne Sie machen!« bis »Mensch, Sie sind doch mein bester Mann. Sie können mich jetzt doch nicht hängen lassen!«. Und vollends unklug ist es, Mitarbeiter, die bereits ein stattliches Überstundenkonto vor sich herschieben, permanent aufzufordern, man müsse jetzt »richtig Gas geben«, um so noch mehr zu erreichen. Erstaunlicherweise halten manche Führungskräfte permanentes Antreiben für ein probates Mittel der Motivation. Was sie erreichen, sind Frust, Demotivation und Erschöpfung bei jenen, die sich bereits voll ins Zeug legen. Und an denjenigen, die es langsamer angehen lassen, prallen solche Sprüche ohnehin ab. In dieselbe Kategorie fragwürdiger »Grenzverletzungen« gehört die Festlegung von überzogenen Jahreszielen, um ein Maximum zu erreichen, etwa nach dem Motto: »15 Prozent mehr Umsatz fordern, und wenn wir dann bei 7 landen, ist das schon prima!« Derartiges Taktieren wird schnell durchschaut und sorgt dauerhaft für Misstrauen Ihnen gegenüber. Loten Sie lieber mit

Ihren Mitarbeitern aus, was wirklich möglich ist, und sorgen Sie für ein Klima, in dem gerade die Besten sich auch trauen, offen zu sagen, wenn nicht mehr drin ist.

Noch ein Wort zur »Achtsamkeit«. Der Begriff wird inzwischen inflationär benutzt. Eine schöne Definition gibt der Psychologe Sebastian Sauer, der zu diesem Thema forscht. Für ihn heißt Achtsamkeit: »sich dessen bewusst zu sein, was gerade jetzt innen und außen passiert« und »das darüber hinaus gelassen und ohne emotional in Aufruhr zu geraten, zu betrachten«.[176] Wenn uns diese gelassene Aufmerksamkeit für das eigene Befinden und unsere Umgebung hin und wieder gelingt, ist das eine gute Voraussetzung dafür, persönlichen Krisen zu begegnen – oder sie gar nicht erst eskalieren zu lassen.

Fazit: Achtsame Führungskräfte sind gefragt

Führungskräfte müssen sich am wirtschaftlichen Erfolg messen lassen, und das völlig zu Recht. Allerdings führt das in vielen Unternehmen zu einer Fixierung auf den kurzfristigen Ertrag, auf die nächsten Quartalszahlen, das Umsatzplus am Jahresende. Das kann sich als Milchmädchenrechnung erweisen, wenn beim Powern für das nächste Zahlenziel zu viel auf der Strecke bleibt: Lebensqualität, Atempausen, Zeit zum Innehalten und Nachdenken. Wer immer nur Vollgas fährt, riskiert einen Motorschaden. Weitsichtige Lenker drosseln das Tempo entsprechend und haben auf Dauer die Nase vorn.

Zugegeben: Mit dieser Argumentation hat man es im Unternehmensalltag nicht leicht, und es wird dem Manager in einer börsennotierten Gesellschaft oft noch schwerer gemacht als seinem Kollegen in einem inhabergeführten Unternehmen. Erreichte Umsätze hat man schwarz auf weiß, die Kosten menschlicher Begleitschäden dagegen erfasst kein Controlling, dafür gibt es (noch) keine Kennziffer. Wie viele Aufträge gehen durch den Ausfall eines Leistungsträgers verloren? Wie viele Kosten entstehen durch stressbedingte Fehler? Wie hoch sind die Kosten für Lohnfortzahlungen, wenn Mitarbeiter ausgebrannt für Wochen ausfallen? Davon abgesehen finde ich es erschreckend, wie viele Mitarbeiter ihr Gehalt im vertraulichen Gespräch inzwischen ganz offen als »Schmerzensgeld« bezeichnen und sich nur noch von Wochenende zu Wochenende, von Urlaub zu Urlaub durchhangeln. Das gilt für Sachbearbeiter wie für Führungskräfte im mittleren wie oberen Management gleichermaßen. Glauben wir wirklich, so den Herausforderungen der Zukunft begegnen zu können? Manch einer konstatiert heute mit vierzig frustriert und schon jetzt erschöpft, dass er noch fast 30 Arbeitsjahre vor sich hat.

Dazu gehört auch: Notwendig sind Führungskräfte, die sich trauen, nach oben Nein zu sagen und für mehr Budget und andere Zeitsysteme zu kämpfen, die sich unbeliebt machen, indem sie sich für ihre Teams einsetzen. Weiter oben muss erkannt werden, dass der Manager, der das tut und für mehr Leute oder gegen weiteren Personalabbau kämpft, das Wohl des Unternehmens im Blick behält. Und dass er kein »Weichei« ist, sondern derjenige, der sich tatsächlich im Sinne der allseits geforderten Nachhaltigkeit einsetzt. Und es muss aufhören, dass wir alle verdrängen, was wir eigentlich wissen, nämlich dass es so nicht weitergehen kann: Die Grenze ist vielfach überschritten, Menschen sind nicht unbegrenzt belastbar, sondern fallen irgendwann aus. Und es gibt keinen beliebigen Nachschub, der bereit steht, wie bei verschlissenem Material. Wir können uns den Luxus, einen Erschöpften durch einen Neuen auszutauschen, nicht mehr leisten. Es wird Zeit, das Potenzial an Mitarbeitern zu pflegen, das man hat.

Sich nicht nur an kurzfristigen Zahlenzielen zu orientieren, sondern die menschlichen Kosten mitzudenken, erfordert Weitsicht. Und doch bin ich überzeugt, dass es sich mittelfristig auszahlt, wenn sich ein Vorgesetzter ganz bewusst auch als »Hüter der Energie« versteht, als jemand, der es nicht achselzuckend hinnimmt, dass immer mehr Mitarbeiter auf der Strecke bleiben, sondern Sorge trägt, dass die meisten den Weg mitgehen können. Hinzu kommt: Auch die Haltung vieler Mitarbeiter ändert sich. Das Durchpowern früherer Jahrzehnte ist bei vielen einem differenzierten bis skeptischen Blick auf den Beruf gewichen, wahrscheinlich auch durch die Fragilität vieler Arbeitsbeziehungen. Warum soll ich meine Gesundheit für einen Arbeitsplatz riskieren, den es in einigen Jahren womöglich nicht mehr gibt? Was muss ich tun, um wirklich bis 67 durchzuhalten? An der TU Darmstadt und der Universität Mainz forscht man zur »Zukunft der Arbeitswelt 2030«. Dabei beobachtet man bei den Mitarbeitern einen Wertewandel gegenüber den 80er und 90er Jahren. Während früher Leistung, Karriere, Geld eine wichtige Rolle spielten, sei es aktuell so, »dass junge Menschen monetäre Aspekte zwar nicht verschmähen, aber viel stärker etwas Sinnvolles machen und sich persönlich weiterentwickeln wollen«. Auch »Erhalt der Arbeitsfähigkeit« und »Work-Life-Balance« spielten eine wichtige Rolle, so Ruth Stock-Homburg, Leiterin des Fachgebiets Marketing und Personalmanagement. Dies wird Auswirkungen auf den Führungsstil haben müssen. Stock-Homburg rät dazu, eine Unternehmenskultur der »Menschlichkeit« zu pflegen. Das sei kein »Gedöns«, so die Wissenschaftlerin: »Das Involvieren familiärer Angelegenheiten im beruflichen Kontext« steigert die Leistung von männlichen wie weiblichen Managern ihrer Studie zufolge um »deutlich über 10 Prozent«.[177] Also rechnet sich menschlichere Führung nachweisbar. Worauf warten wir?

8 Wie führt man sich selbst?
Der Chef als Selbstmanager

> Arbeit ist ein Rauschgift,
> das wie ein Medikament aussieht.
>
> *Tennessee Williams*

Unternehmenswelten: *Markus M. hat in einem mittelständischen Unternehmen einen Bilderbuchstart hingelegt. Nach nur zwei Jahren wird er zum Verkaufsleiter befördert und ist damit mit Anfang 30 dort, wo andere erst zehn Jahre später ankommen. Neben seinen sehr guten Leistungen als Produktmanager spielen dabei zwei weitere Faktoren eine Rolle: der nicht länger aufschiebbare Ruhestand des langjährigen Vorgängers und seine Beliebtheit beim Firmeninhaber, der in ihm einen Ersatz für den vergeblich ersehnten Sohn zu sehen scheint. Die Schattenseiten der Blitzkarriere: Ältere Kollegen sind ihm plötzlich unterstellt, fühlen sich übergangen und machen dem jungen Chef das Leben schwer. Der sieht sich auch inhaltlich oft überfordert, da ihm die große Verantwortung so schnell zufiel und er nicht langsamer in die Aufgabe hineinwachsen konnte. Zudem ist er zu Hause stark gefordert – gerade wurde das zweite Kind geboren, die Familie verlangt ihr Recht. Es müsse doch möglich sein, dass er die Vierjährige wenigstens zwei-, dreimal die Woche um sieben ins Bett bringe, damit die ihren Vater überhaupt noch sehe, meint seine Frau. Und warum er immer so ungeduldig sei, wenn er das tatsächlich mal schaffe? Und so geistesabwesend? Bald ertappt er sich dabei, später zu kommen, um solche Konflikte zu vermeiden, was dann zu neuen Vorwürfen führt. Und Freunde begrüßen ihn neuerdings mit einem spöttischen »Na, lebst du auch noch?«, wenn er es nach vielen Wochen mal zum Sport oder in die Kneipe schafft. Ergebnis: Hörsturz nach 14 Monaten im neuen Job, Ehekrise, weil seine Frau ebenfalls in den Beruf zurückwill. Markus M. zieht eine überraschende Konsequenz und entscheidet sich, einen Karriereschritt zurückzugehen. Dafür wechselt er das Unternehmen und arbeitet inzwischen als Teamleiter bei einem Mitbewerber. Heute sagt er: »Ich wollte zu viel zu früh. Ich hätte besser Nein gesagt, als mir die Verkaufsleitung angeboten wurde.«*

Für die meisten ambitionierten Menschen ist Karriere bis heute identisch mit Führungsverantwortung, und immer noch erzählen vor allem Männer in Vorstellungsrunden bei Seminaren gerne, wie viele Mitarbeiter »unter« ihnen arbeiten. Je größer die Führungsspanne, desto besser, so die Philosophie des Höher, Schneller, Weiter. Erst langsam setzt sich die Erkenntnis durch, dass das Leben noch anderes zu bieten hat, wie die am Ende des letzten Kapitels erwähnte Studie zu »Zukunft der Arbeitswelt 2030« zeigt. Ich habe großen Respekt vor der Entscheidung von Markus M., auch wenn bei manchem Beobachter der Neid auf den Überflieger angesichts seines vermeintlichen Scheiterns in Häme umgeschlagen sein dürfte. Markus M. hat eine sehr bewusste Entscheidung getroffen – für seine Gesundheit, für seine Familie, für etwas weniger Verantwortung auf mittlere Sicht und gewiss nicht gegen beruflichen Erfolg. Ich bin mir ziemlich sicher, dass er seinen Weg weiter gehen wird, und zwar auch, weil er mit dieser Lebenserfahrung die besten Voraussetzungen mitbringt, seine Führungsrolle mit Empathie und Weitsicht auszufüllen. Und gespielt werden bekanntlich ja 90 Minuten!

Nicht ohne Grund ist »Resilienz« – die Fähigkeit, Krisen zu meistern und gestärkt aus ihnen hervorzugehen – in der letzten Zeit verstärkt ins Blickfeld der Psychologen gerückt. Resiliente Menschen nehmen ihr Schicksal in die Hand und vertrauen darauf, dass es an ihnen liegt, ihm (wieder) eine Wendung zum Guten zu geben. In einer Lebens- und Arbeitswelt, die immer weniger Sicherheit bietet, ist dies eine wertvolle Ressource. Wer schon einige Stürme gemeistert hat, wird dunklen Wolken am Horizont gelassener und erfolgreicher begegnen können.

Sein Leben in all seinen Facetten bewusst zu steuern, es zu »managen«, dies ist eine weitere Rolle, die Führungskräfte erfolgreich ausfüllen sollten, wenn sie ihre Herausforderungen auf Dauer gut meistern und dabei weder gesundheitlich noch seelisch Schaden nehmen wollen.

Die Kosten der Karriere in Zahlen

Die alarmierenden Statistiken (siehe Kapitel 7), von wachsenden Scheidungsraten über Depressionen bis zu Burnout und anderen psychisch bedingten Erkrankungen, betreffen Mitarbeiter mit und ohne Führungsverantwortung. Insofern nehmen wir als Führungskräfte nicht nur Einfluss, sondern sind immer auch potenziell selbst Betroffene. Dass nach oben nicht nur die Luft dünner, sondern auch die Arbeitstage länger werden, belegen verschiedene Statistiken. So kommt die Hamburger Professorin Sonja Bischoff in ihrer 2010 veröffentlichten, 5. Studie über *Männer und Frauen in Führungspositionen der Wirtschaft in Deutschland*[178] zu dem Ergebnis, dass 10 Prozent aller Führungskräfte über 60 Stunden in der Woche arbeiten, 31 Prozent zwischen 50 und 60 Stunden und 58 Prozent bis 50 Stunden. Das statistische Bundesamt orientiert sich an der (nur für »echte« leitende Angestellte nicht geltenden) Obergrenze des Arbeitszeitgesetzes und ermittelte im Rahmen des jährlichen Mikrozensus, dass 39 Prozent der Führungskräfte die vorgesehene wöchentliche Grenze von maximal 48 Stunden überschreiten, während es bei den übrigen Erwerbstätigen lediglich 8 Prozent sind.[179] Topmanager mit einem Jahresverdienst von über 200 000 Euro scheinen nicht selten nur noch für den Beruf zu leben: 6 Prozent von ihnen gaben in einer Befragung der Unternehmensberatung Kienbaum an, mehr als 70 Stunden pro Woche zu arbeiten; bei 42 Prozent sind es immerhin noch 61 bis 70 Stunden und nur 3 Prozent der Topverdiener arbeiten weniger als 50 Stunden.[180]

Die langen Arbeitstage hinterlassen Spuren. Zwar sind Führungskräfte deutlich weniger als andere Arbeitskräfte von Knochen-, Gelenk- oder Muskelbeschwerden betroffen; mehr als jeder sechste Chef klagt jedoch über arbeitsbedingte psychische Belastungen, während es in den übrigen Berufsgruppen jeder neunte ist. Dabei spielen Zeitdruck und Arbeitsüberlastung eine wichtige Rolle, so das Statistische Bundesamt in einer Erhebung zu »Gesundheitsrisiken am Arbeitsplatz«.[181] Differenziertere Daten liefert die SHAPE-Studie eines Forscherteams rund um den Mediziner Walter Kromm. SHAPE steht für »Studie mit hoch ambitionierten Persönlichkeiten«, befragt wurden knapp 500 Führungskräfte des mittleren und oberen Managements. Über 60 Prozent der Befragten hätten gern mehr Zeit für ihre Kinder, über 70 Prozent für ihren Partner oder ihre Partnerin, über 80 Prozent für sich selbst. Männliche wie weibliche Führungskräfte erleben mehr Stress als der Bevölkerungsdurchschnitt aufgrund hoher Anforderungen (Arbeitsüberlastung, Erfolgsdruck, soziale Überlastung); weibliche Führungskräfte leiden daneben auch überproportional, weil eigene Bedürfnisse zu kurz kommen. Interessanterweise haben die Forscher Ehe- und Lebenspartner der Chefs und Chefinnen in ihre Befragung mit einbezogen. Ihr Fazit: »Männer werden in ihrer Stressbelastung von ihren Lebenspartnern oft höher eingestuft. Frauen werden diesbezüglich von ihren Lebenspartnern eher unterschätzt.«[182] Möglicherweise spiegelt sich hier auch die traditionell fürsorglichere Rolle der Frauen wider, und wahrscheinlich müssen wir daraus schließen, dass erfolgreiche Männer zu Hause eher Zuspruch und Entlastung erfahren als erfolgreiche Frauen. Überspitzt formuliert: Hinter einem erfolgreichen Mann steht häufig eine Frau, die ihm »den Rücken freihält«; und hinter einer erfolgreichen Frau steht nicht selten ein Mann, der fragt: »Was essen wir denn heute?«

Ohnehin unterscheiden sich die Lebenswelten von Männern und Frauen in Führungspositionen nach wie vor – und das nicht nur, weil Frauen im Topmanagement immer noch ausgesprochen rar sind: »Weibliche Führungskräfte sind mit 47 Prozent weitaus seltener verheiratet als Männer (67 Prozent)«, hat das Deutsche Institut für Wirtschaftsforschung DIW Berlin auf der Basis des Sozio-oekonomischen Panels (SOEP) errechnet, und sie verzichten offenbar häufiger zugunsten der Karriere auf Kinder: Der Anteil von Führungskräften ohne Kinder unter 16 Jahren liegt bei den Männern bei 60 Prozent, bei den Frauen bei 73 Prozent.[183]

Die viel beschworene »Managerkrankheit« mit drohendem Herzinfarkt indes halten die Forscher um Walter Kromm für einen »Mythos«: Erkrankungen des Herz-Kreislauf-Systems seien bei Managern nicht häufiger als im Bevölkerungsdurchschnitt. Stattdessen leiden Führungskräfte signifikant öfter unter »ausgeprägter Erschöpfung«, etwa »Mattigkeit, Schlafdefizit, erhöhtem Schwächegefühl«[184] – schlechte Voraussetzungen, um einem herausforderndem Beruf jahrelang gewachsen zu sein!

Führungsfragen

Der Internist und Vorsorgemediziner Dietrich Baumgart wunderte sich im *manager magazin* vor einiger Zeit öffentlich über seine Patienten: Die meisten von ihnen seien hochleistungsfähige Führungskräfte, die es gewohnt seien, komplexe Informationen auszuwerten und strategische Entscheidungen zu treffen. »Wieso nutzen Führungskräfte ihre Fähigkeiten und Ressourcen oft nicht, wenn es um so etwas Elementares wie das eigene Leben, die eigene Gesundheit geht?«[185] Eine bedenkenswerter Anstoß, aus dem sich verschiedene Punkte zur Selbstbefragung ableiten lassen:

• Was können Sie für eine ausgewogene Work-Life-Balance tun?
• Wie sorgen Sie am besten für Ihre Gesundheit?

- Wie steuern Sie am besten gegen, wenn Stress, Sorgen und Ängste Ihnen den Schlaf rauben?
- Wie können Sie mit schwierigen »Umständen« klarkommen, mit unangenehmen Aufgaben, mit Sachzwängen, die erst einmal nicht wegzudiskutieren sind?
- Was tun Sie, um Ihre Seele glücklich zu stimmen, wann darf sie zu Ihnen sprechen und inwieweit hören Sie darauf?

Sie entscheiden – und nicht die »Umstände«!

Permanente Veränderung, wegbrechende Sicherheiten, komplexe Aufgaben – auch wir Führungskräfte müssen für uns einen Weg finden, mit den Anforderungen der modernen Arbeitswelt klarzukommen. Wir sollen ganz unterschiedliche Mitarbeiter in unterschiedlichen Arbeitsverhältnissen zu Erfolgen führen und sind dabei mit den Nöten und Ansprüchen von »unten« ebenso konfrontiert wie mit den energischen Erwartungen und ambitionierten Zielvorgaben von »oben«. Wenn Sie im mittleren Management arbeiten, sind Sie in der sogenannten Sandwich-Position und bekommen Erwartungen von unten und Druck von oben. Je weiter Sie nach oben kommen, um so leichter wird es, wobei auch Topmanager an der Spitze immer noch genügend Gründe finden, über den Druck von oben oder von außen – von Anteilseignern, Stakeholdern, Analysten, Bankern – zu klagen.

Wenn ich im Coaching Führungskräfte dabei unterstütze, neue Handlungsmöglichkeiten auszuloten und umzusetzen, gilt es häufig als Erstes, ein Gefühl der Ausweglosigkeit aufzulösen. Man würde ja gerne weniger arbeiten, die Wochenenden frei halten, mehr für die Gesundheit tun, anders mit den Mitarbeitern umgehen, seinem eigenem Chef Grenzen aufzeigen und so weiter, aber (großes Aber!): aber die Umstände, aber die aktuelle Situation des Unternehmens, aber das Haus, das noch abbezahlt werden müsse und die schulpflichtigen Kinder, um derentwillen man seinen Job nicht gefährden könne, aber der schwierige Vorstand, mit dem ohnehin nicht zu reden sei. Wenn ich dann nachhake, ob man denn schon probiert habe, die Lage zu ändern, folgt nicht selten ein Schwall neuer Gründe, warum dies oder jenes »nicht geht«, warum »gerade jetzt« nicht der richtige Zeitpunkt sei. Die gesamte Energie fließt in Rückzugsgefechte. Die Scheu, den Rahmen des Gewohnten und Vertrauten zu verlassen, bestimmt ein Leben, mit dem man sich halt irgendwie arrangiert hat. Manchmal bin ich versucht, mein Gegenüber zu schütteln und ungeduldig zu rufen: »Hey, wach auf, es ist dein Leben. Du hast nur dieses eine, also frag dich doch mal, was du wirklich willst!«

Damit will ich Sachzwänge und Umstände nicht kleinreden. Natürlich gibt es schwierige Situationen. Aber eines stimmt definitiv nicht: dass wir keine Wahl haben. Wir haben immer eine Wahl, die Frage ist nur, ob wir bereit sind, den (möglichen) Preis dafür zu zahlen. Und einen Preis hat *jede* Entscheidung, auch die Entscheidung, nichts zu tun. Wenn ich mich entscheide, weiter meine gesamte Freizeit dem Beruf zu opfern, zahle ich einen Preis: gesundheitlich, in meinen privaten Beziehungen, in einer gewissen Verarmung meines Lebens. Wenn ich Grenzen setze und mir mehr Freizeit erkämpfe, zahle ich ebenfalls einen Preis: möglicherweise bin ich beim Vorstand nicht mehr ganz so gut angesehen und stehe auf der Beförderungsliste im schlimmsten Fall nicht mehr auf Platz eins. Was ist mir wichtiger? Eine klare Entscheidung ist allemal besser als ein dauerhaftes Hadern mit der Situation, das nur dazu reicht, sich alle paar Monate beim letzten verbliebenen Freund über den Status quo zu beklagen.

Für das Handeln in schwierigen Situationen gibt es eine schöne Formel, die Sie wahrscheinlich schon kennen: Love it, change it, or leave it. Wenn man diese Maxime wirklich beherzigt (und nicht nur achselzuckend zitiert), ist sie ungemein hilfreich, denn sie macht eines deutlich: Wir sind keine Opfer, sondern wir gestalten unser Leben und das, worüber wir uns definieren. Wir entscheiden, ob wir uns gut oder schlecht fühlen, ob wir Angst haben oder nicht, ob wir uns unterkriegen lassen von vorübergehenden Krisen oder gestärkt, wenngleich durchgeschüttelt wieder daraus hervorgehen. Nehmen wir die Formel einmal beim Wort:

Option 1: Love it! Dinge zu »lieben« bedeutet, sich mit den Umständen anzufreunden und sie so zu nehmen, wie sie sind. Nicht fruchtlos über das zu klagen, was wir gerade nicht (oder nur zu einem hohen Preis) ändern können, sondern etwas Gutes daran zu finden. Sammeln Sie zum Beispiel positive Eigenschaften Ihres Unternehmens, Ihres Vorgesetzten, Ihrer Aufgabe. Sie werden meist schnell feststellen, dass nicht alles schlecht ist. Die positiven Seiten blenden wir leider häufig aus, während wir uns die negativen gern jeden Tag aufs Neue vor Augen führen. Wenn Sie sich dazu noch die Frage beantworten, warum es gerade für Sie und gerade jetzt gut sein könnte, zu bleiben und »die Umstände zu lieben«, bekommt das Ganze ein anderes Gesicht. Option 1 bedeutet also, sich bewusst zu entscheiden, nicht die Umstände, sondern seine Einstellung dazu zu verändern.

Option 2: Change it! Dinge zu ändern ist die Aufforderung, sich der Situation zu stellen, bevor man die Koffer packt. Was ist so unerträglich, was stört, behindert am meisten? Geht es um Personen, um Aufgaben, um unterschiedliche Werte, um Vorfälle, die Sie nicht vergessen und verzeihen können? Was würden Sie denn gern ändern, wenn Sie könnten? Stellen Sie sich vor, Sie hätten drei Wünsche frei – was an Ihrem Job, an der Zusammenarbeit mit Ihrem Chef sollte anders sein? Worum würden Sie eine gute Fee bitten? Das hilft, die Dinge konkret zu machen, und zwar ohne Selbstzensur. Dann kommt der zweite Teil, die Umsetzung. Und da heißt es vor allem, die Hürde der eigenen Feigheit zu überspringen. Meine Erfahrung ist: Viele geben auf, bevor sie ein offenes Gespräch gesucht und ihr Anliegen vorgebracht oder ihrem Kummer Luft gemacht haben! Und fast ebenso viele bedauern hinterher zutiefst, es nicht wenigstens versucht zu haben. Also: Was muss sich in Ihrem Alltag ändern, beispielsweise für eine bessere Lebensbalance? Welche Entspannung brauchen Sie, wie viel Zeit dafür? Und welche Voraussetzungen müssten dafür im Unternehmen geschaffen werden, welche in Ihrem Privatleben? Option 2 bedeutet, aktiv zu werden.

Option 3: Leave it! Dinge zu verlassen heißt, eine Situation entschlossen zu beenden. Verlassen Sie Umstände, die Ihnen nicht gut tun und an denen Sie erwiesenermaßen nichts ändern können. Und tauschen Sie sich zum Mutsammeln mit Menschen aus, die sich getraut haben, zu »springen« und einen neuen Abschnitt zu beginnen. Sie berichten meistens, es sei nicht leicht gewesen, aber dann doch befreiend und so gut, wieder selbst zu bestimmen, sich treu zu sein, für sich zu sorgen. Oft hindert uns schlicht unsere Angst, einen großen Schritt ins Unbekannte zu tun. Dabei sollten wir eigentlich die größte Angst davor haben, unser eigenes Leben zu verpassen. Wie viele Menschen kennen Sie, die am Ende sagen: »Hätte ich nur damals …!« Das Leben ist keine Generalprobe, und eigene Wünsche dauernd auf später zu vertagen, ist eine riskante Strategie.

Was Sie tun können: sich selbst ein guter Freund sein

Mir hat sich der Fall einer jungen Managerin ins Gedächtnis gegraben, die eines Tages bei der Präsentation eines Projektes urplötzlich zusammensackte. Wenige Stunden später war sie tot. Ursache war eine Blutung im Gehirn, die durch ein stark erweitertes Gefäß ausgelöst wurde (ein sogenanntes Aneurysma). Nun war es nicht so, dass es keine Warnsignale gegeben hätte. Seit Monaten hatte die 38-Jährige über Kopfschmerzen und Schwindel geklagt, vor einigen Tagen war sie schon einmal im Büro ohnmächtig geworden. Kollegen wollten sie in die Klinik bringen, doch sie lehnte ab. Für einen Arztbesuch habe sie »keine Zeit«.

Wenn ein guter Freund, eine gute Freundin von ernsten Gesundheitsbeschwerden betroffen ist, kümmern wir uns um ihn und raten ihm, mehr auf sich zu achten und am besten gleich morgen zum Arzt zu gehen. Sind wir selbst betroffen, blenden wir das alles aus und beißen die Zähne zusammen. Viel wäre schon gewonnen, wenn wir uns selbst ein guter Freund wären. Wenn man mit sich selbst verbunden ist, behandelt man sich besser: Man beschimpft sich nicht selbst, wenn man mal danebenlag. Man treibt sich nicht an, »Jetzt mal schneller!«, wenn man offensichtlich nicht mehr kann. Stattdessen tut man das, was man für einen Menschen tut, den man sehr schätzt: ihm zuhören, ihn liebevoll betrachten und sagen: »Hey, du gefällst mir nicht, du siehst erschöpft aus.« Man gibt ihm Tipps, wenn er sie hören will, lässt ihn auch mal jammern und gesteht ihm ansonsten zu, sein Leben so zu leben, wie er es entscheidet. Dazu kann auch gehören, gelegentlich mehr oder weniger bewusst ins Verderben zu rennen und unvernünftig zu sein, wider besseres Wissen zu handeln. Alles das würden wir zulassen. Würden ihm etwas Gutes zu essen kochen, den besten Wein anbieten, ein Lager zur Nacht, wenn er nicht allein sein mag.

So viel Freundschaft und Fürsorge sollten Sie auch für sich selbst aufbringen. Sie haben letztlich nur sich selbst, Ihre Arbeitskraft und Ihr Kapital sind *Sie*. Und wenn Sie zulassen, dass Sie sich schlecht behandeln, dann werden auch andere Sie schlecht behandeln. Die Auflösung typischer Opfer-Situationen, der Ausweg aus vermeintlichen Sackgassen beginnt immer bei einem selbst. Und wenn Sie Ihr bester Freund wären, dann würden Sie sich einmischen, wenn jemand »gemein« zu Ihnen wäre, würden Sie Grenzen setzen. Hören Sie sich als kleine Übung einmal drei Tage lang zu, was Ihre innere Stimme Ihnen so alles an den Kopf wirft und wie Sie mit sich umgehen – das kann sehr aufschlussreich sein. Leben Sie Ihr Leben also bewusst, und seien Sie gut zu sich. Das wird anstrengende Lebensphasen und schlimme Tage nicht ganz verhindern, aber es wird sie seltener machen. Was hilft Ihnen noch, Ihren Lebenskompass nachzujustieren?

Gesünder leben und Erholungszeiten egoistischer gestalten

Ein typischer Neujahrsvorsatz, ich weiß. Und ich kann Ihnen hier auch nichts empfehlen, was Sie nicht ohnehin schon wüssten: Dass es der Gesundheit dient, regelmäßig sechs bis sieben Stunden zu schlafen, weil man dann weniger anfällig für Infektionskrankheiten ist. Dass guter Schlaf dem Gehirn hilft, Gedachtes und Erlebtes zu sortieren und zu verarbeiten und dass Alkohol dem nicht dienlich ist. Dass wir konzentrierter und fitter sind, wenn wir genügend Wasser trinken, am besten gut zwei Liter am Tag. Dass eine 10-Minuten-Pause, ein kleiner Gang um den Block Stress abbaut und uns nach dem Mittagessen doppelt guttut, weil die Verdauung einer der kräftezehrendsten Prozesse im Körper ist. Dass zu schweres und zu fettes Essen unsere Leistungsfähigkeit herabsetzt, gerade mittags. Dass wir mit regelmäßiger Bewegung und gesundem und mäßigem Essen das Beste für unsere Gesundheit tun. Dass Vorsorgeuntersuchungen sinnvoll sind.

Viele Menschen behandeln ihr Auto besser als sich selbst. Der Wagen wird poliert und gepflegt und zur Inspektion und zum TÜV gefahren, bekommt regelmäßig Benzin, Öl, Kühlflüssigkeit, Frostschutz. Der Mensch am Steuer kann da fast neidisch werden. Autopflege versteht sich von selbst, schließlich soll das gute Stück noch ein paar Jahre halten. Dass unser Körper uns noch 30, 40 oder 50 Jahre durchs Leben tragen soll, nehmen wir weit weniger wichtig. Dabei kann man vieles, was der Gesundheit dient, ohne großen Aufwand in den Alltag einbauen. Salat statt Kartoffeln, Treppe statt Fahrstuhl, kleiner Spaziergang statt Taxi, morgens eine Runde schwimmen im Tagungshotel, mit dem Fahrrad ins Büro, Obst statt Schokolade, abends einmal durch den Park statt Zappen und Rotwein. Das immer wieder zu berücksichtigen ist meiner Erfahrung nach aussichtsreicher als ambitionierte Neujahrspläne (»Ab sofort mindestens zweimal Fitnessstudio pro Woche und 10 Kilo abnehmen«). Auch hier gilt es, seine persönliche Balance zu finden, also weder zu streng mit sich zu sein noch zu nachsichtig.

Zum gesünderen Leben gehört auch, die Erholungszeiten wie Urlaub und Wochenenden auch tatsächlich zur Erholung zu nutzen und wirklich abzuschalten, statt immer im Standby-Modus zu leben (siehe Kapitel 2). Den Urlaub und die Wochenenden mit etwas mehr (im Wortsinne) gesundem Egoismus zu gestalten, würde ich gern mancher Führungskraft »verordnen«. Wie häufig versuchen Sie an den Wochenenden, es anderen recht zu machen, sitzen Stunden in einer kalten Sporthalle, wo Ihr Kind ein Turnier hat, empfangen Schwiegereltern zum Kaffee, legen alles, was in der Woche unerledigt blieb, auf den Samstag und fühlen sich Sonntagabend nicht aufgetankt? Welche Träume über einen Urlaub, der *Ihnen* wirklich gefallen würde, schieben Sie auf, weil Ihre Familie sich das Ziel aussuchen darf, als Kompensation dafür, dass Sie ja so selten zu Hause sind? Und wann sind Sie an der Reihe? Und was schenken Sie sich und geben sich, um so leistungsfähig zu bleiben, dass Sie weiterhin eine Familie ernähren und ihr ein gutes Leben auf hohem Niveau bescheren können? Diese Frage richtet sich an weibliche wie männliche Führungskräfte gleichermaßen. Auch hier gilt: Das Leben ist keine Generalprobe. Folgen Sie Ihren inneren Wünschen, wann immer es geht. Und Sie werden sehen, wie viel Verständnis Sie in Ihrem sozialen Umfeld ernten werden, solange Sie es authentisch und rechtzeitig kommunizieren und nicht erst dann, wenn Ihnen der Kragen platzt. Ob Sie eine Ferienwoche im Jahr nur für sich allein nehmen oder ohne Kinder mit Ihrem Lebenspartner, ob Sie alle sechs Wochen eine Wochenendauszeit nehmen, ob Sie sich zwei Abende in der Woche allein mit Ihren Freunden treffen – wie immer Sie es zu Hause verhandeln, es gibt viele Gestaltungsmöglichkeiten. Gerade engagierte Eltern erlebe ich in meiner Arbeit mit Führungskräften oft am Limit – bei all dem, was da zusammenkommt.

Sinnvolles Zeitmanagement

Damit meine ich nicht, dass Sie immer mehr Arbeit in immer weniger Zeit bewerkstelligen und so das Hamsterrad noch ein wenig schneller rotieren lassen sollten. Der Schlüssel zu mehr Lebensqualität ist schlicht Verzicht: weniger tun. Wir haben nicht »zu wenig Zeit« – jeder Mensch auf

Erden bekommt täglich genau gleich viel davon, exakt 24 Stunden. Wir versuchen nur, zu viele Aktivitäten in diese 1440 Minuten zu packen. Beim Entrümpeln unserer Tage helfen Pareto- und Eisenhower-Prinzip, zwei Klassiker des Zeitmanagements. Der italienische Volkswirt Vilfredo Pareto stieß auf die 80/20-Regel, nach der in vielen Lebensbereichen 80 Prozent des Erfolges mit 20 Prozent des Aufwands erbracht werden, während die restlichen 80 Prozent Aufwand oft nur noch ein Mehr von 20 Prozent erbringen. Sie kennen das: Ihre Vorstandspräsentation steht in wenigen Stunden, und dann kostet es Tage, ihr den letzten Schliff zu geben. Pareto heißt also: Aufwand und Erfolg sind nicht proportional, sondern es gibt erfolgskritische Momente, auf die man sich konzentrieren sollte. Wenn 20 Prozent der eigenen Aktivitäten 80 Prozent des Outputs bringen, kann es sinnvoll sein, sich von einigen Tätigkeiten ganz zu verabschieden. Wunder wirkt auch die Frage: »Bringt mich das, was ich jetzt gerade tue, meinen Zielen wirklich näher?«

Dem General und späteren US-Präsidenten Dwight D. Eisenhower wird die Klassifizierung von Tätigkeiten nach den Dimensionen wichtig/unwichtig und dringend/weniger dringend zugeschrieben. Das ergibt vier Quadranten, die ich für unser Thema angepasst habe:

	nicht dringend	dringend
wichtig	1 Wichtiges, das nicht direkt zeitsensibel ist (z. B. Erholung, Lebensbalance) → intensivieren	2 Erfolgsentscheidendes, das zeitnah erledigt werden muss → selbst tun
unwichtig	3 Dinge, die uns nicht weiterbringen, Nebensächlichkeiten und Alibitätigkeiten → eliminieren	4 Weniger Wichtiges, das aber sofortige Aufmerksamkeit fordert → delegieren

Für eine ausgewogene Lebensbalance ist der erste Quadrant entscheidend, denn hier beschäftigen wir uns beispielsweise mit Lebensfragen, Zielen, Fürsorge für uns selbst. Ob Sie heute joggen oder morgen, in dieser Woche mit Ihrem Kind in den Zoo gehen oder in der nächsten, ist nicht entscheidend. Entscheidend ist, dass Sie es tun. Und ob Sie sich in diesem Monat oder erst im nächsten darüber Gedanken machen, was Ihnen wirklich wichtig ist im Leben und ob Ihre gegenwärtige Lebensführung noch dazu passt, ist sekundär. Relevant ist, dass Sie dies regelmäßig, mindestens einmal im Jahr tun. Weil sie keine Deadline haben, vernachlässigen wir die Inhalte des ersten Quadranten am ehesten und sagen später, dafür hätten wir keine Zeit gehabt.

Termine mit sich selbst machen

Spötter behaupten, »keine Zeit« hieße in Wahrheit »es ist mir nicht wichtig«. Und bei näherer Betrachtung stimmt das auch: Kaum jemand würde dem Vorstand sagen, »sorry«, er habe »gerade keine Zeit« zu einem Gespräch hochzukommen, oder die Einladung zu einem exklusiven Kamingespräch mit wichtigen Geschäftspartnern absagen, weil es gerade hektisch im Büro ist. Keine Zeit für etwas zu haben ist also eine Frage der Prioritäten, und statt sich einzureden, es gäbe Sachzwänge, warum man es in diesem Winter wieder nicht ein einziges Mal in die Sauna geschafft hat, sollte man seine Prioritäten überdenken. Ist es Ihnen tatsächlich nicht wichtig, streichen Sie es, dann sind Sie wenigstens das schlechte Gewissen los. Ist es Ihnen wichtig, machen Sie dafür Termine, die genauso verbindlich sind wie wichtige Businesstermine. Ich kenne einen Personalleiterkollegen auf Direktorenebene, der die späten Montagnachmittage energisch gegen alle anderen Termine verteidigt. Da kümmert er sich um seine Kinder. Und es funktioniert, inzwischen planen alle drumherum. Ein Grund ist sicherlich, dass er niemals gesagt hat »Montag, 16:00 Uhr? Eigentlich müsste ich da ...«, sondern immer »Montag, 16:00 Uhr? Geht bei mir leider nicht!«. Machen Sie also Termine für Privates, für Reflexion, für Entspannung, für Ihre Freunde oder Lebenspartner, und nehmen Sie diese genauso ernst wie Geschäftliches. Das ist nicht einfach, aber sehr wirksam – und letztlich eine Frage der Gewöhnung. So vermeiden Sie es, alles auf »später« zu verschieben, wenn man »mehr Zeit« hat – denn das kann bedeuten, es auf den Sankt-Nimmerleins-Tag zu verschieben. Ich kenne genügend Männer, die es mit 50 sehr bedauern, früher kaum für ihre Kinder da gewesen zu sein und das dann manchmal in der Zweitfamilie nachholen (können). Und wir wissen alle nicht, wie lange wir leben werden und unsere Freunde und Partner, mit denen wir noch so viel vorhatten. Leicht gesagt und so schwer umgesetzt, ein ständiger innerer Dialog – ich weiß (leider), wovon ich rede.

Sich entlasten, Nein sagen lernen

Wenn Sie sich wirklich mehr Lebensbalance wünschen, kommen Sie um eines nicht herum: darum, Ihr Leben sehr bewusst zu gestalten! Unsere Zeit ist begrenzt, und es gilt auszuwählen, womit man sie verbringen will. Damit meine ich nicht lange To-do-Listen und Tagespläne im Viertelstundentakt, sondern eher Grundsatzentscheidungen. Vieles von dem, was wir angeblich »müssen«, tun wir aus Gewohnheit, weil wir uns dazu verpflichtet fühlen, weil wir uns scheuen, eigene Bedürfnisse anzumelden. Ich kenne Managerinnen, die neben einem 10-Stunden-Tag noch Haus und Familienleben alleine »managen« und zu Weihnachten die Großfamilie mit einem Fünf-Gänge-Menü verwöhnen. Putzfrau, Gartenhilfe, Catering? Kein Thema, wird alles selbst erledigt. Zum Entlasten gehört auch, öfter und früher mal Nein zu sagen, ob privat oder im Business. Niemand zwingt uns, den freien Sonntag für einen ungeliebten Verwandtenbesuch zu opfern oder den Kindergeburtstag als Großevent zu veranstalten. Und auch im Job ist mancher Termin nicht so unumstößlich, wie er präsentiert wird, und manches Ansinnen ist plötzlich nicht mehr so wichtig, wenn man signalisiert: Ich kümmere mich gern darum, aber erst in drei Wochen. Welche Gewohnheiten kosten Sie Energie, ohne Ihnen etwas einzubringen, sei es mehr Lebensqualität, seien es gute Kontakte, Wissen, Karrierechancen – irgendetwas? Wie viel Zeit »vertüdeln« Sie in sozialen Netzwerken, wie viel vor dem Fernseher, wie viel mit Menschen, die Ihnen nicht wirklich etwas bedeuten? Was oder wer kostet mich Energie, und was oder wer gibt mir Energie? Möglicherweise wird Sie diese Frage zu einigen radikalen Schnitten veranlassen.

Bei einem sehr guten Freund von mir hängt seit Jahren dieser Satz von Emil Oesch an der Wand: »Die Kunst, Zeit zu haben, ist auch die Kunst, sich die Leute vom Leib zu halten, die uns die Zeit stehlen.«

Den eigenen Chef als A-Kunden betrachten

Vielleicht ist es eine tröstliche Nachricht für alle Mitarbeiter, die mit ihrem Chef hadern und dadurch Energie verschwenden: Dem Chef selbst geht es oft genauso. Teamleiter klagen über Abteilungsleiter, Abteilungsleiter über Bereichsleiter, Bereichsleiter über Geschäftsleiter und alle zusammen über den Vorstand und der über den Aufsichtsrat oder verständnislose

Analysten. Manchen fällt es schwer, den Chefs oben zu »dienen« und bei allem Stress, den man ohnehin schon hat, deren teilweise absurde Forderungen zu erfüllen. Mir selbst hätte dabei früher – als ich als Mitglied der Geschäftsleitung im Hierarchie-Sandwich sozusagen als Käsescheibe über dem Hack lag – ein Bild geholfen, das ich heute vielen meiner Coachingklienten mit auf den Weg gebe: Betrachten Sie Ihren Chef als Ihren A-Kunden; dann fällt vieles leichter und vieles wird leichter verziehen. Wir würden allenfalls kurz die Augenbrauen heben, wenn ein sehr guter Kunde eine eilige Anfrage hat oder einen Auftrag zum dritten Mal erteilt, weil es intern immer noch nicht weiterging. Doch dann würden wir die Dienstleistung einfach erbringen, denn uns wäre klar, dass wir von A-Kunden leben. Wir würden uns nicht in Frust darüber ergehen, dass »schon wieder …«, sondern mit professioneller Haltung unseren Job machen – und das mit einem geflöteten »Gerne!« auf den Lippen. Und dieses Fehlen an negativ aufgeladener Leidenschaft macht es erträglicher. Und um einiges professioneller, denn das »Dienen« im positiven Sinne gehört zur Hierarchie – dafür bekommt man auch vieles zurück.

Seinen Chef als Kunden zu sehen ist eine wirksame »Love it!«-Strategie, entsprechend der Maxime des »Love, change it, or leave it«. Und von einem zufriedenen Chef profitieren Sie selbst am meisten, nicht nur in Ihrer eigenen Karriere, sondern auch darin, die Interessen Ihres Teams durchzusetzen. Wenn man Ihren gesamten Bereich als »gut funktionierend und in Ordnung« einstuft, wird man dort als Letztes sparen, zusammenstreichen, kritisch hinschauen. Diese Einstellung auch seinem Team zu vermitteln, zahlt sich aus, weil Ihre Mitarbeiter dann besser verstehen, warum ihre Priorität einmal wieder nach hinten rutscht und ein anderer Auftrag Vorrang erhält. Diese Flexibilität müssen und werden die Mitarbeiter aushalten, wenn sie sehen, dass ihr Chef der größte Lobbyist für die Interessen des Teams im Topmanagement ist. Je unentbehrlicher Sie und Ihre Mitarbeiter sind, umso besser. Und letztlich hilft diese positive Einstellung auch dabei, eine Baustelle weniger zu haben.

Spielräume ausschöpfen

Unser Leben ist selten schwarz oder weiß, sondern meistens eher grau meliert. Sehr vielen Führungskräften, die ich kenne, gefällt ihre Aufgabe, die Möglichkeit, etwas zu bewegen. Sie reiben sich jedoch immer wieder an bestimmten Aufgabenbestandteilen: einen langjährigen Mitarbeiter betriebsbedingt entlassen zu müssen, einem guten Mitarbeiter den befristeten Vertrag nicht verlängern zu können, dem Team zu eröffnen, dass noch einmal Sparmaßnahmen ins Haus stehen. Nicht selten hat man für eine Alternative gekämpft, aber der Vorgesetzte, der Vorstand, sagt uns, WAS zu tun ist. Ein großer Trost lag für mich als Managerin immer darin, selbst zu entscheiden und vor allem zu gestalten, WIE ich das Unabwendbare ausführe. Und in jedes Wie kann ich einfließen lassen, was mir als Mensch wichtig ist, wie ich handeln will, damit ich auch morgen noch in den Spiegel schauen kann. Wie führe ich beispielsweise ein Kündigungsgespräch, welche Hilfe biete ich an? Wie kann ich den Mitarbeiter bei der Jobsuche unterstützen, etwa indem ich mein Netzwerk aktiviere? Letztlich sind hier die persönlichen Kernwerte tangiert. Wer sich dauerhaft selbst verleugnet und gegen persönliche Werte handelt, wird krank.

In der Praxis beobachte ich, dass viele Führungskräfte solchen Situationen ausweichen, indem sie beispielsweise das Kündigungsgespräch an die Personalabteilung delegieren, das Team so lange wie möglich im Unklaren lassen, dem ausscheidenden Mitarbeiter aus dem Weg gehen. Das zehrt an den Nerven und kostet ungeheuer viel Energie – Energie, die besser in eine aktive Gestaltung der Situation investiert wird. Die eigenen Spielräume sind dabei meist größer als angenommen. Schauen Sie sich Ihre vielfältigen Aufgaben an: Wovor graut es Ihnen, was würden Sie am liebsten vermeiden und warum? Wovor haben Sie Angst, was brauchen Sie, um den Schritt gehen zu können? Und dann beantworten Sie sich die Frage: Wie kann das Unangenehme so gestaltet werden, dass Sie als Mensch gut damit umgehen können? Wenn Sie zunächst darauf achten, Ihre eigene Würde zu bewahren, dann können Sie es auch so würdevoll wie möglich für den anderen gestalten.

Netzwerke pflegen

Einzelkämpfer hatten es schon immer schwer, und sie werden es zukünftig noch schwerer haben, denn die Arbeitswelt wird immer komplexer. Ob Sie dringend eine Information brauchen und den Dienstweg in Ihrer Organisation abkürzen wollen, ob Ihr Stuhl wackelt und Sie sich langsam nach einem neuen Job umsehen müssen, ob Sie schlicht einen Rat auf einem Gebiet brauchen, in dem Sie sich nicht auskennen: Gute Kontakte erleichtern all das. Wer wirklich gut vernetzt ist, hat Kontakte im eigenen Unternehmen wie außerhalb, zu Menschen seines Schlages und zu solchen in anderen Bereichen und Branchen. Gute interne Kontakte dienen der Karriere, denn befördert wird im Regelfall nicht der Fleißigste, sondern der, den man kennt und für vertrauenswürdig und kompetent hält. Gute externe Kontakte erweitern das Blickfeld und sind immer dann von unschätzbarem Wert, wenn man sich verändern möchte. Viele Menschen übersehen das und gehen bei Netzwerkanlässen vorwiegend auf ihresgleichen zu – auf der Weihnachtsfeier sitzen sie mit ihrer Abteilung zusammen, beim Branchentreff stehen die Controller mit den übrigen Controllern zusammen, und die Techniker oder Marketingfachleute sammeln sich in einer anderen Ecke. Dabei kommen die wirklich nützlichen Hinweise und Tipps häufig nicht von den Menschen, denen man ohnehin täglich begegnet, sondern von loseren Kontakten. Das ist nicht verwunderlich, denn Menschen, die man häufig sieht, bewegen sich im selben Umfeld und haben daher nur begrenzt Zugang zu anderen Informationen und Menschen als man selbst. Bei Kontakten außerhalb unseres Umfeldes ist das anders. Wissenschaftlich belegt hat diesen Effekt der US-amerikanische Soziologe Mark Granovetter schon Mitte der 90er Jahre. Er sprach daher von der »Stärke der schwachen Bindung«.[186]

Warum fördern Netzwerke Ihre Lebensbalance? Zum einen, weil Sie im Alltag vieles leichter machen; zum anderen, weil sie ein Ort zum lebenslangen Lernen sind, weil sie Stütze, Beratung und kollegiales Coaching bieten können. In jedem anderen Lebensentwurf, für den wir uns interessieren, spiegeln wir uns selbst, können unser Verhalten und unsere Lebensstrategien überprüfen. Gute Netzwerke beugen einem Tunnelblick vor und sind so gesehen auch aktive Burnout-Prophylaxe. Hinzu kommt: Wer in schwierigen Zeiten bestehen will, wird auch lernen müssen, um Hilfe zu bitten. Ein Beispiel dafür ist eine Marketingmanagerin, die parallel zu ihrer Arbeit eine Brustkrebsdiagnose verkraften musste und Gott sei Dank mit Bestrahlung und minimalinvasiver Operation davonkam. Sie war während der Monate, die ihre Behandlung dauerte, verständlicherweise anfällig und nah am Wasser gebaut. Dank eines guten Netzwerkes zu Kollegen und in die Personalabteilung konnte sie nach erstem Zögern ihren Arbeitsalltag entlasten, sich von Reiseterminen befreien, vorübergehend einiges ins Home-Office verlagern und eine längere Urlaubs- und Erholungszeit einschieben. Ich kenne genügend Fälle, in denen Mitarbeiter versuchten, eine ernste gesundheitliche Krise still und für sich zu bewältigen, oft mit dem Ergebnis, dass sie dann irgendwann völlig zusammenbrachen.

Ein Netzwerk lebt vom Geben und Nehmen, und Sie werden feststellen, dass Sie schnell Kontakte anbahnen, wenn Sie anderen echtes Interesse entgegenbringen und bereit sind, als Erster zu geben. Und Sie werden feststellen, dass eine Handvoll echter Freunde im Ernstfall wertvoller ist als 500 virtuelle Facebook-Freunde.

Sich der eigenen Angst stellen

Das Thema Angst ist im Management tabu. Niemand gesteht sich gern ein, dass er Angst hat, und auch noch darüber zu reden, würde am selbst auferlegten Heldenmythos kratzen, den viele Führungskräfte pflegen. Frage ich manchmal nach den Befürchtungen, höre ich Antworten wie: »Angst? Nein, so würde ich es nicht nennen, ich mache mir halt so meine Gedanken, mir ist nicht so ganz wohl, aber Angst, nein!« Und doch macht die Angst auf der zweiten oder dritten Stufe der Karriereleiter natürlich nicht automatisch halt. Auch Führungskräfte sind Menschen! Es sind die verschiedensten Ängste, die sie umtreiben und ihnen womöglich den Schlaf rauben: die Angst zu versagen, nicht weiterzuwissen, ein Projektziel nicht zu erreichen; die Angst, Anerkennung oder Status zu verlieren; die Angst vor Jobverlust und davor, die Familie nicht mehr so gut versorgen zu können; die Angst, einen Imageverlust im Privatleben zu erleiden, im Kollegenranking zu den »Losern« zu zählen, den Anschluss zu verlieren, womöglich bei Hartz IV zu landen. Oft treibt die Sorge Betroffene in mentale Endlosschleifen – die Gedanken kreisen auf Hochtouren, sie werden nicht ausgesprochen und erst recht nicht sortiert. So macht sich die Angst erst einmal körperlich bemerkbar, und wenn man nicht lernt, sie in Worte zu fassen, werden die Symptome immer stärker, bis womöglich irgendwann gar nichts mehr geht. So weit muss es nicht kommen, denn die Erfahrung zeigt: Spricht man erst einmal aus, wovor man sich fürchtet, und nennt das Gespenst beim Namen, ist es nur noch halb so schlimm. In dem Moment, wo wir Gefühle formulieren, haben wir sie mit dem Teil unseres Gehirns erfasst, in dem logisches Denken zu Hause ist. Sie werden greifbar, und man kann sich mit ihnen auseinandersetzen. Oft genügt es schon, sich die schlimmstmögliche Folge konkret auszumalen, um wieder ruhiger atmen und schlafen zu können. Selten ist das, was »schlimmstenfalls« passieren könnte, so schwerwiegend, wie der diffuse Druck im Magen oder das Herzrasen signalisieren.

Lassen Sie sich also nicht von dem Gefühl lähmen, sondern akzeptieren Sie Ihre Angst und gehen Sie bewusst mit ihr um. Angst hat im Grunde eine Schutzfunktion, sie will uns etwas Wichtiges mitteilen. Unser typischer Umgang mit Angst ist durch archaische Reaktionen bestimmt, ein »Angstprogramm«, auf das wir seit Zehntausenden von Jahren programmiert sind: Angriff, Rückzug oder Totstellen. Angriff bedeutet: aktiv werden, handeln, etwas tun – sich Rat holen, einen Plan B ausarbeiten, Maßnahmen zur Eindämmung der Gefahr ergreifen. Wer wie das Kaninchen auf die Schlange starrt, fühlt sich elend und hilflos; wer Gegenmaßnahmen plant, beginnt, innerlich aufzuatmen. Rückzug heißt, sich der Situation entziehen, auf sicheres Terrain zurückweichen, eine riskante Angelegenheit erst einmal nicht weiter zu forcieren, sondern auf günstigere Tage zu warten. Totstellen und vor Angst wie gelähmt zu bleiben ist sicher die schlechteste, weil stressreichste Variante. Erste-Hilfe-Strategien, wenn Sie sich wie gelähmt und in der Falle fühlen, sind: Bewegung und Sport (baut Stresshormone ab), Aufschreiben der Sorgen (macht sie greifbarer und beherrschbarer) oder ein bewusstes Kontrastprogramm – vom Wochenende an der See bis zum Filmabend mit Freunden (rückt die Perspektive vielleicht wieder gerade). Suchen Sie sich professionelle Hilfe, tüfteln Sie mit einem Coach berufliche Handlungsstrategien aus. Und gehen Sie bei tiefsitzenden, wiederkehrenden Ängsten mit einem Psychologen der Frage nach, warum sie dieses Gefühl in bestimmten Situationen mit solcher Wucht überfällt. Wenn Sie merken, dass die Angst Sie beherrscht statt umgekehrt, müssen Sie handeln!

Bei alldem hilft, sich klarzumachen, dass Angst an sich nichts Negatives ist, sondern eine nützliche Warnfunktion hat. Die Vertreter unserer Spezies, die keine Angst kannten, sind vermutlich fast ausgestorben. Und auch heute zahlen Menschen, die es fertigbringen, selbst die lautesten Alarmglocken zu überhören, dafür irgendwann einen Preis. Wichtig ist allerdings, seine Angst in produktive Bahnen zu lenken.

Soforthilfe, wenn alles zu viel wird

Wenn Sie das Gefühl haben, zwischen Anforderungen zerrieben zu werden, bewährt sich Folgendes, um das Gefühl der Überforderung zu überwinden: Treten Sie gedanklich einen Schritt zur Seite und notieren Sie alles, was ansteht, am besten sortiert nach Bereichen oder Absendern. Legen Sie die Liste über Nacht weg und schauen Sie erst am Morgen wieder drauf, um Prioritäten neu zu sortieren und bei jedem Punkt zu fragen: Bis wann muss das spätestens erledigt sein? Und was davon muss wirklich jetzt erledigt werden – da komme, was wolle? Die »Komme, was wolle«-Frage ist ein sehr wirksames Instrument aus dem Zeitmanagement, das uns aufzeigt, wie viel bei näherem Hinsehen zwar dringlich erscheint oder uns so verkauft wird, aber nicht wirklich wichtig ist.

Es ist erstaunlich, wie viel es ausmacht, gezielt die Ratio einzuschalten, wenn uns Emotionen wie Überforderung, Stress oder Angst zu überwältigen drohen und das Gefühl einsetzt, das alles nicht mehr zu schaffen. Stress schaltet das bewusste Denken aus, und die Emotionen sorgen dafür, dass der Stress noch stärker und die Ängste noch größer werden. Das Herz rast, es werden die passenden Hormone ausgeschüttet, und mancher hat sich aufgrund dieser Spirale schon mit Verdacht auf Herzinfarkt in der Notaufnahme eines Krankenhauses wiedergefunden, obwohl organisch alles in Ordnung war.

Zwingen Sie sich, ein paar Minuten erst einmal nur tief zu atmen – und wenn Sie es schaffen, am besten durch das Herz wieder auszuatmen – in Ihrer Fantasie natürlich nur. Das allein wirkt gegen Panikgefühle. Und dann setzen Sie sich mit einem Glas Wasser an den Tisch und erstellen die besagte To-do-Liste, am besten mit der Hand und nicht am Computer, wo ein ganzer Wust von Aufgaben nur einen Mausklick entfernt ist. Notieren Sie alles, was ansteht, und dann machen Sie Feierabend, spielen mit Ihren Kindern oder mit Ihren Freunden Fußball, schauen mit Freundinnen einen »Gute-Laune-Film« und starten so ein gezieltes Ablenkungs- oder Entspannungsprogramm. Verbieten Sie sich alle Gedanken an den Job. Schauen Sie erst am nächsten Morgen wieder auf Ihr wüstes Überforderungsszenario und ordnen Sie es. Natürlich erledigt sich die Arbeit dadurch nicht von selbst, aber Sie fühlen sich besser dabei und werden wieder klarer und ein wenig entspannter. Und meistens ist es dann gar nicht mehr so schlimm, wie es am Vortag schien, denn Sie haben die

Kontrolle wiedergewonnen und sind nach der Welle, die über Sie hinweg-schwappte, wieder aufgestanden.

Schlechte »Helfer« sind übrigens Kaffee oder Alkohol, der vordergrün-dig entspannen mag, leider aber nicht dabei hilft, eine Entspannung von innen heraus zu ermöglichen. Alkohol belastet Ihren Körper nur zusätz-lich, denn der muss sich dann entscheiden, ob er den Stress in der Tiefe abbaut oder den Alkohol. Und er wird natürlich dem Alkohol die Prio-rität geben, denn den erkennt Ihr Körper sofort als Gift. Und apropos »Gedanken verbieten«: Faszinierenderweise lassen sich unsere Gedanken tatsächlich erziehen und trainieren wie ein Hund, auch wenn uns diese Überlegung zunächst fremd ist. Stellen Sie sich Ihre Gedanken als men-tale Trampelpfade im Gehirn vor – je öfter Sie einen Gedanken denken, desto schneller und öfter taucht er wieder auf, geradezu automatisch. Sind Sie dem hilflos ausgeliefert? Nein! Sie können sich bewusst entscheiden, den Trampelpfad zu verlassen und einen neuen Weg zu gehen. Schließlich sind Sie der Regisseur Ihrer Gedanken. Und so haben Sie es in der Hand, manchen Gedanken einfach zu verscheuchen nach dem Motto »Pfui und aus!« wie in der Hundeerziehung. Es braucht ein bisschen Übung, aber es klappt.

Fazit: Ausbalancierte Führungskräfte gefragt

Wessen Leben auf mehreren Säulen ruht, den wirft so schnell nichts um. Ein ausbalanciertes Leben mit sozialen Kontakten, Hobbys, Zeit für sich selbst, bewusstem Umgang mit der eigenen Gesundheit ist nicht so leicht aus der Balance zu bringen wie ein Dasein, das ausschließlich um den Beruf kreist. Ich empfehle Ihnen daher, immer wieder zu prüfen, worüber Sie sich definieren – nur noch über die Arbeit, Ihre Leistungen? Oder was macht Sie als Mensch außerdem aus? Und woraus ziehen Sie in Zeiten der Krise Kraft?

Selbstreflexion ist der Schlüssel zur Selbststeuerung. Diese Aufgabe begleitet uns ein Leben lang, das hört nicht auf. Dafür ist unsere Umwelt zu instabil, sie stellt uns immer wieder vor neue Herausforderungen. Und auch unsere eigenen Ansprüche und Prioritäten verändern sich mit den Jahren: Die Gesundheit, die wir mit 30 noch fast geschenkt bekommen, stellt ab 40 mitunter plötzlich energische Ansprüche an unsere Lebensfüh-rung. Die ersehnte Karriere, die uns bis 40 so ungeheuer wichtig war, lässt uns mit 45, wenn wir (fast) alles erreicht haben, vielleicht fragen: Und das soll es jetzt gewesen sein? Wahrscheinlich werden Sie beobachten, dass gerade zwischen Ende 30 und 50 etliche Menschen in Ihrem Umfeld ihr Leben noch einmal umkrempeln, sich vom langjährigen Partner trennen, eine (zweite) Familie gründen, womöglich sogar den Job kündigen und etwas ganz anderes machen. Das ist ein untrügliches Indiz dafür, dass sich Lebensfragen immer wieder stellen: Wie will ich leben? Was will ich sein? Was sind meine Ziele? Was ist mir wirklich wichtig? Was sind meine Kernwerte?

Ich bin überzeugt: Wer sich diesen Fragen stellt und für sich immer wieder Antworten findet, ruht in sich und wird auch seine Führungs-rolle mit mehr Gelassenheit und Souveränität ausfüllen. »Wir brauchen eine ›Gleichgewichtsethik‹, eine ausgewogenere Bedeutung von Beruf und außerberuflichen Tätigkeitsfeldern«, sagt der bekannte Wirtschaftspsy-chologe Lutz von Rosenstiel. »Die Frage ist: Nutze ich meine Freizeit nur, um Kraft zu schöpfen und mich für die Arbeit auszuruhen, oder habe ich eigene Lebensfelder, in denen ich Befriedigung und Entfaltung finde?«[187] Auch darüber entscheiden Sie – und nicht die Umstände. Denn wenn Selbstreflexion der Schlüssel zur Selbststeuerung ist, dann ist Selbstver-antwortung ihr Fundament.

Leadership 2.0:
Wie führt man im 21. Jahrhundert erfolgreich?

Nein, es ist nicht alles anders als im 20. Jahrhundert. Für gute Führung waren schon immer unabdingbar: Zeit, die Bereitschaft, sich auf Menschen einzulassen, solides Handwerk beim Planen, Organisieren, Delegieren, Nachfassen und Kontrollieren. Das alles gilt auch weiterhin. Dennoch hat sich in den letzten Jahren viel geändert im Unternehmensalltag und so manche neue Herausforderung ist hinzugekommen. Man stelle sich einen Moment lang vor, jemand, der sich 1990 verabschiedet und 20 Jahre auf einer einsamen Insel verbracht hat, würde zurückgerufen und sollte von heute auf morgen seinen Nachfolger vertreten. Er wäre vermutlich völlig erschlagen von der nie abebbenden E-Mail-Flut, vom stetigen Strom der SMS, vom ausgetüftelten Intranet vieler Unternehmen, von den Möglichkeiten eines Blackberry, von der Verplanung unserer Tage durch zeitzonenoptimierte Telefon- und Videokonferenzen, vom Kommen und Gehen unterschiedlicher Mitarbeiter vom Zeitarbeiter bis zum »Elternzeitler«, von den Ansprüchen der Digital Natives, die wechseln, wenn sie sich nicht ausreichend gefördert und gefordert fühlen. Dieser Rückkehrer würde uns wahrscheinlich fragen: »Sagt mal, wie schafft ihr es, bei all dem Chaos und Tempo nicht verrückt zu werden?« Das ist eine gute Frage, aber wir hatten Gott sei Dank die Zeit, uns über die Jahre an all diese Neuerungen zu gewöhnen, sie kamen glücklicherweise nicht von heute auf morgen.

Unser Lebenstempo hat sich weiter beschleunigt, die Märkte sind (noch) härter geworden, die Wirtschaft globaler. Stabil ist nur noch, dass kaum noch etwas stabil ist. Profitable Unternehmensbereiche werden in noch profitablere Regionen verlagert, die ersten kommen schon wieder um den Globus herum zurück, und auch vieles andere, was noch vor zwei Jahrzehnten selbstverständlich war, wird heute neu sortiert: die klare Trennung zwischen Beruf und Privatleben, zwischen Arbeitszeit und Freizeit etwa. Die Zeit, da Chefs sich nicht dafür zu interessieren brauchten, ob und wie ihre Leistungsträger die Batterien wieder aufladen – längst vorbei. Dass Neuzugänge in der Abteilung eher die Ausnahme sind – Geschichte. Dass Mitarbeiter, die die gleichen Arbeiten leisten, dies auch zu ähnlichen Bedingungen tun – das war einmal.

All diese Entwicklungen verlangen ein neues Nachdenken über die Führungsrolle und mehr Rollenflexibilität vom Einzelnen. In diesem Buch habe ich Ihnen einen Überblick gegeben, wie sich die Führungsaufgaben verändert haben und welches Rollenrepertoire Führungskräfte aus meiner Sicht heute beherrschen sollten. Die zahlreichen Tipps sind praktisch erprobt – sie haben mir selbst und/oder vielen Klienten geholfen.

Werfen wir abschließend noch einmal einen Blick auf die unterschiedlichen Herausforderungen für Führung in der »schönen neuen Arbeitswelt«.

Kapitel 1: Der Chef als Menschenfreund

Wer Menschen beschäftigt, kommt nicht umhin, sich mit Menschen zu beschäftigen. Das war schon immer wichtig und gilt heute mehr denn je. Wir brauchen Mitarbeiter, die motiviert und zuverlässig ihre Arbeit tun; gleichzeitig muten wir vielen Menschen schlechtere Arbeitsbedingungen zu als früher: Befristungen, Niedriglöhne, Zeitarbeit. In vielen Unternehmen finden wir eine »Dreiklassenbelegschaft« vor. Wer diese zum Erfolg führen will, sollte sich in der Verantwortung sehen, Härten zu mildern und Brücken zu schlagen, statt Gräben zu vertiefen. In diesem Punkt können wir von der Fürsorglichkeit patriarchalischer Unternehmenslenker durchaus lernen – ohne deren autoritären Gestus zu übernehmen. Wir brauchen ein Blick für Ungerechtigkeit und Maßnahmen zur Sicherung des sozialen Friedens – nicht nur in den Unternehmen, auch in unserem Land. Jeder an seiner Stelle kann und sollte im Interesse des großen Ganzen dazu beitragen.

Kapitel 2: Der Chef als Dirigent

Nicht alles, was technisch machbar ist, muss man permanent machen. Dies gilt auch für die Möglichkeiten, die die moderne Informationstechnologie bietet. Wir können zu jeder Zeit und an jedem Ort auf unseren Arbeitsplatz zugreifen und ständig auf Sendung sein. Das führt im Extrem zur Aufhebung der Grenze zwischen Beruf und Privatleben, zu hektischem

Ad-hoc-Management, zu wenig konzentriertem, strategischem Arbeiten und zum Information-Overkill, weil jeder jedem alles sendet. Die Herausforderung für den Vorgesetzten besteht darin, diese neue Welt aktiv zu managen und Freiräume für konzentriertes Arbeiten und für Ruhepausen zu schaffen sowie Spielregeln für den Umgang mit der Technik zu etablieren. Seine Rolle wird es sein, wie ein Dirigent mit etwas Abstand die Fäden in der Hand zu halten, durch eigenes vorbildliches Verhalten selbst keine unnötige Hektik zu erzeugen, das Setzen sinnvoller Grenzen zu fördern und immer wieder die Unterstützung für die Prioritätensetzung anzubieten, damit im Gleichklang gearbeitet werden kann und Ziele erreicht werden.

Kapitel 3: Der Chef als Integrationsfigur

Diversity ist in vielen Abteilungen längst Alltag, wenn auch nicht ganz so wie in den Gedankenspielen mancher Theoretiker. Noch nie war die Welt so bunt: Frauen und Männer, alte Hasen und Neueinsteiger, langfristige Mitarbeiter und solche auf Zeit, Mitarbeiter in den Startlöchern und solche auf dem Absprung, Mitarbeiter aus verschiedenen Kulturen und Altersgruppen. Chefs müssen in diesem Rahmen für Kontinuität und Zusammenhalt sorgen. Dabei hilft es, offen für Unterschiede zu sein und sich nicht zu scheuen, den »Taubenschlag« des Kommens und Gehens mit Prozessen zu unterfüttern, um Zu- und Abgänge professionell zu managen und den Know-how-Transfer zu sichern, sodass ein Gefühl von Stabilität herrschen kann und bei allem Wechsel das Wir nicht auf der Strecke bleibt.

Kapitel 4: Der Chef als Werbeträger

Der eigentliche »War for Talents« steht uns noch bevor. Darüber kann angesichts der demografischen Entwicklung kein Zweifel bestehen. Schon heute klagen vor allem Handwerksbetriebe, weniger bekannte Mittelständler und Unternehmen in der Provinz über akuten Fachkräftemangel. Es bewähren sich zwei Ansätze zur Problemlösung: gute Chefs und gemeinsames Ausschwärmen. Die Kette des Mangels fängt ganz vorne bei der Chef-Mitarbeiter-Beziehung an, Demografie ist nur ein Teil des Problems beziehungsweise verschärft die Problematik.

Vor diesem Hintergrund kann man die Gewinnung talentierter Kräfte nicht länger mit einer knappen Anfrage an die Personalabteilung erledigen. Es braucht eine konzertierte Aktion. Gefragt sind Chefs, die öffentlichkeitswirksam für ein positives Unternehmensimage sorgen und sich bei der Gewinnung neuer Auszubildender und Mitarbeiter langfristig mit ihren Teams einbringen. Und so ganz nebenbei ist dies auch eine interessante Form der Motivation und Personalentwicklung und fördert ein starkes Wir-Gefühl.

Kapitel 5: Der Chef als Mentor

Die digitale Revolution entlässt ihre Kinder – und die »Digital Natives« stellen neue Ansprüche an ihre Vorgesetzten: Freiräume statt Gängelung, Partnerschaft statt Hierarchie, Sinn statt Sicherheit. Die Mitarbeiter unter 30 sind anspruchsvoller, selbstbewusster und wechselbereiter als jede Generation von Mitarbeitern zuvor. Dies verlangt ihren Vorgesetzten eine neue Gratwanderung ab. Chefs müssen einerseits Herausforderungen bieten, andererseits Leitplanken definieren. Sie müssen Entwicklung zulassen statt einzuengen, beraten statt vorzugeben – all das setzt eine hohe persönliche Souveränität der Führungskräfte voraus. Es muss dazu noch gemanagt werden in einem Umfeld, das in einem Maße wie noch nie zuvor verschiedene Wertewelten aufeinanderprallen lässt. Beiden Welten muss Genüge getan werden, um das Beste aus beiden zu bekommen.

Kapitel 6: Der Chef als »Fremdenführer« und Übersetzer

Es wird nie mehr, wie es mal war. Permanenter Wandel bleibt ein Kennzeichen der modernen Wirtschaftswelt, er wird sich eher noch beschleunigen. Dennoch begegnen die meisten Menschen Veränderungen mit Sorge oder Abwehr, und die Sehnsucht nach Kontinuität, nach Atempausen ist groß in vielen Unternehmen. Aufgabe der Führungskräfte wird es daher zunehmend sein, nicht nur Veränderungen zu managen, sondern auch Emotionen. Durch die verschiedenen Phasen von Veränderungsprozessen muss jeweils unterschiedlich geführt werden. Verschiedene Facetten einer Führungskraft sind hier gefragt, vom behutsamen Tröster über denjenigen, der es aushält, Zielscheibe für Aggressionen zu sein, den »Therapeuten«, der Trauer zulässt und seine eigene Ohnmacht aushält, während er auf die Selbstheilungskräfte des Systems vertraut, bis zum sachlichen Aufklärer, der das Neue geduldig und behutsam vermittelt. Und auf den oberen Ebenen sind Manager gefragt, die ab und zu innehalten und sich bei neuen Veränderungen fragen, ob sie ihre Organisation nicht überfordern und ob dieses Projekt gerade jetzt wirklich sein muss und das Unternehmen voranbringt. Die große Sehnsucht nach Konsolidierungsphasen, in denen sich Neues setzen und wieder ein wenig zur Routine werden kann, um dann den nächsten Berg zu erklimmen, muss zumindest gehört werden, wenngleich man ihr nicht immer entsprechen kann.

Kapitel 7: Der Chef als »Hüter der Energie«

Das Private wird businessrelevant. Leistungsträger »brennen aus« und immer mehr Menschen reiben sich zwischen Leistungsanforderungen im Beruf und Anforderungen im Privatleben auf. Die Statistiken der Krankenkassen lassen keinen Zweifel daran, dass psychisch bedingte Erkrankungen wie Burnout, Süchte, Depressionen und psychosomatische Krankheitsbilder dramatisch zunehmen. Führungskräfte werden daher in Zukunft immer mehr gefordert sein, Mitarbeiter dabei zu unterstützen, aufzutanken, die Balance zu wahren und schwierige Lebenssituationen zu bewältigen. Sie werden die neue Aufgabe des »Corporate Health-Managers« annehmen müssen. Der demografische Wandel wird diesen Prozess verstärken, denn man kann diejenigen, die »nicht mehr können« nicht einfach durch »nachwachsende Arbeitskräfte« ersetzen. Achtsamkeit im Umgang mit Ressourcen, leidenschaftliche Nachhaltigkeitsdebatten – sie werden nicht nur für Rohstoffe und Energie gelten, sondern zunehmend auch für die menschliche Arbeitsenergie, die jeder von uns einbringen kann.

Kapitel 8: Der Chef als Selbstmanager

Nur wer die eigenen Grenzen kennt und respektiert, wird dauerhaft erfolgreich sein. Was für Mitarbeiter generell gilt, gilt auch für ihre Chefs: Ein Leben in Balance, das berufliche Anforderungen, private Bedürfnisse, Gesundheit und Wohlbefinden unter einen Hut bringt, wird eine ständige Herausforderung. Die eigene Work-Life-Balance ist längst kein Kuschelthema mehr, sondern unerlässlich für alle, die anspruchsvolle Aufgaben auf Dauer (und vermutlich länger als ihre Eltern oder Großeltern) ausfüllen wollen. Sich selbst und seine Werte und Ziele zu reflektieren und daraus eigenverantwortlich Konsequenzen zu ziehen, das wird uns auf der Suche nach dem erfüllten Leben in jeder Lebensphase wieder beschäftigen. Und die Antworten auf diese Selbstbefragung werden in jeder Lebensphase andere sein.

Menschen zu führen ist und bleibt eine der spannendsten Herausforderungen, die das Arbeitsleben zu bieten hat. In Zukunft wird es mehr denn je darauf ankommen, diese Herausforderung mit Herz und Verstand anzunehmen, sich mit gutem Handwerkszeug und Führungswissen auszurüsten und rechtzeitig Unterstützung zu suchen. Wir werden Routine darin entwickeln, mit dem Auf und Ab in Unternehmen klarzukommen. Wir werden lernen, Unsicherheit auszuhalten und in schwierigen Zeiten als Projektionsfläche für die Ängste und Aggressionen der Mitarbeiter zu dienen. Emotionalität und Empathie sind mehr denn je gefragt, weil menschliche Lösungen im Chaos gefunden werden müssen, damit es uns allen, und nicht nur der Wirtschaft gut geht. Wir werden Grenzen setzen müssen, wenn die Ansprüche an unser Team oder an uns selbst grenzenlos werden. Wir werden manchmal scheitern und öfter Erfolg haben. Und wir werden an alldem wachsen können, Tag für Tag. Und damit wir dieser Verantwortung für Menschen gerecht werden können, tun wir gut daran, bei uns selbst anzufangen. Gehen wir also achtsam mit uns und unserer Energie um, damit wir die Kraft erhalten oder finden, anderen Energie zu geben und unseren Beruf mit Freude auszufüllen.

Danksagung

Ich möchte mich auch in diesem Buch bei einigen Menschen bedanken, die zu diesem Buch beigetragen haben. Besonders erwähnen möchte ich vor allem diese tatkräftigen Frauen: Die Rechercheurinnen der Gruner + Jahr-Pressedatenbank, die zum Auftakt genau das richtige Material zusammenstellten und mich mit rund 500 Seiten erschreckender Wahrheiten belieferten. Frau Juliane Meyer vom Campus Verlag danke ich dafür, dass sie sich von meiner Leidenschaft für das Thema anstecken ließ, und zwar in dem Meeting, das wir eigentlich zu einem anderen geplanten Titel verabredet hatten. Sie kämpfte im Verlag für das Umschmeißen einer bereits detaillierten Planung und war fortan die Patin für *Leadership 2.0* im Campus Verlag. Aenne Glienke, meine Agentin, ist zu erwähnen, denn sie verhandelt Verträge und all den »neumodischen Kram« (hamburgisch) wie E-Books, internationale Rechte, Honorare und kümmert sich um alles das, sodass ich »nur noch schreiben« muss. Meiner Mutter danke ich, dass sie mich – wie bisher bei jedem Buch – in den strengen Klausurzeiten täglich mit aufmunternden Faxen und »doofen Witzen« erheiterte.

Zahlreiche Klientinnen und Klienten lasse ich namentlich unerwähnt, aber sie werden sich diskret verfremdet und manchmal schmunzelnd im Buch wiederfinden, denn es sind ihre Geschichten, Sorgen, Fragen, die hier aufgegriffen wurden. Sie sind es, die einen Stein ins Rollen bringen, Stichworte liefern, unbeantwortete Fragen aufwerfen und mich damit anregen, weiterzumachen. Besonders in diesem Buch sind viele Fragestellungen enthalten, die in bisherigen Ausführungen zu kurz kamen oder eben noch nicht beantwortet waren, weil sich die Erde unter unseren Füßen immer schneller dreht – glücklicherweise nur methaphorisch! Letztlich verdanke ich die Ideen für ein neues Buch auch immer den vielen Zuhörern in Vorträgen, die ein emotionaler Gradmesser dafür sind, was in der Luft liegt. Und natürlich danke ich auch wieder von ganzem Herzen meinem Mann, der wieder Verständnis für alle aufkommenden »hysterischen Momente« zeigte, da er sich nach nun bereits zehn Büchern gut auskennt mit dem Leben und Leiden einer Autorin. Und der ungefragt bestätigt, dass ich jedes Mal sage: »Das war jetzt wirklich das letzte Buch, ich tu' mir das nicht wieder an.«

Und nun liegt es an Ihnen, liebe Leserinnen und Leser, ob es das letzte Buch von mir war. Denn wenn Sie es wieder mit Begeisterung kaufen und lesen, wird die nächste Versuchung nicht lange auf sich warten lassen, vielleicht ja doch noch eins zu schreiben ... Sie haben es in der Hand.

Herzlich, Ihre
Maren Lehky
Hamburg 2011
www.maren-lehky.de

Anmerkungen

1 Vgl. »Moderne Zeiten. Ausleihen, befristen, kündigen: Die neue Arbeitswelt«. *Der Spiegel* 12/2010.

2 Vgl. »Arbeiten in einer flachen Welt«. In: *Neue Zürcher Zeitung* vom 28.12.2007, S. 58.

3 Vgl. »Der *stern*-Gehaltsreport: Was die Deutschen verdienen«. In: *stern.de* vom 06.01.2010.

4 Niejahr, Elisabeth: »Die Billigkräfte. Eine weibliche Perspektive auf den Niedriglohnsektor«. In: *Die Zeit* 10/2010 vom 04.03.2010. URL: http:// www.zeit.de/2010/10/Niedriglohnsektor [Abruf: 23.04.2011].

5 Zitiert nach: »Ära der Unsicherheit«. In: *Der Spiegel* 12/2010, S. 95 (= Titelgeschichte in: »Moderne Zeiten«).

6 Zitiert nach: »Auf Nummer unsicher – Generation Praktikum«. In: *Der Spiegel* 31/2006, S. 44 ff.

7 »Unternehmen: Heinzelmann gegen Postillon«. In: *Der Spiegel* 17/2003, S. 126; »Unternehmer: Nichts ohne mich«. In: *Der Spiegel* 11/1981, S. 103.

8 Seeger, Christoph: »Editorial: Führungskräfte – ändert euch!«. In: *Harvard Business Manager* 7/2010.

9 Hamel, Gary: *Das Ende des Managements. Unternehmensführung im 21. Jahrhundert*. Berlin: Econ Verlag 2008.

10 Pfläging, Niels: *Die 12 neuen Gesetze der Führung. Der Kodex: Warum Management verzichtbar ist*. Frankfurt; New York: Campus Verlag 2009.

11 Brost, Marc/Niejahr, Elisabeth: »Der deutsche Widerspruch«. In: *Die Zeit* 19/2007 vom 03.05.2007, S. 25.

12 Rademaker, Maike: »Das Leben einer Hungerlöhnerin«. In: *Financial Times Deutschland* vom 28.06.2010.

13 Vgl. »Befristete Arbeitsverträge: Von der Leyen fleddert den Kündigungsschutz«. In: *Spiegel online* vom 18.03.2010; »Erwerbstätigkeit in Deutschland: Unsicherheit wird zur Regel«. In: *sueddeutsche.de* vom 17.03.2010.

14 Vgl. »Firmen vor Einstellungsboom«. In: *Welt online* vom 28.09.2010.

15 Vgl. Fasse, Markus: »Der Aufschwung der Zeitarbeit«. In: *Handelsblatt* vom 06.05.2010.

16 Hielscher, Henryk u. a.: »Zankapfel Zeitarbeit«. In: *Wirtschaftswoche* vom 16.11.2009; Fasse, Markus: »Der Aufschwung der Zeitarbeit«. a. a. O.

17 Vgl. »Gleicher Lohn für alle«. In: *Frankfurter Allgemeine Sonntagszeitung* vom 13.02.2011, S. 31.

18 Zitiert nach: Hielscher, Henryk u. a.: »Zankapfel Zeitarbeit«, a. a. O.

19 Zitiert nach: Meyer-Timpe, Ulrike: »Arbeit auf Abruf«. In: *Die Zeit* 18/2007 vom 26.04.2007, S. 23.

20 Holst, Hajo: »Disziplinierung durch Leiharbeit?«. Zusammenfassung der Studie in *WSI-Mitteilungen* 5/2009 unter URL: http://www.boeckler. de/119_94379.html [Abruf: 12.04.2011].

21 Zitiert nach: »Laumann: Zeitarbeit schützt Stammbelegschaften«. AMP-Meldung vom 18.11.2009. URL: http://www.vom-online.de/?p=186 [Abruf: 12.04.2011].

22 Vgl. z. B. »Tarifeinigung: Stahlindustrie zahlt 3,6 Prozent mehr Lohn«. In: *Welt online* vom 30.09.2010.

23 Vgl. »Brüderle lenkt bei Pflege-Mindestlohn ein«. In: *Frankfurter Allgemeine Zeitung* vom 21.05.2010, S. 11.

24 Vgl. Niejahr, Elisabeth: »Die Billigkräfte«, a. a. O. Die Zahlen basieren auf dem SOEP (Sozio-oekonomischen Panel) 2007.

25 Vgl. »Ära der Unsicherheit«. a. a. O., S. 93.

26 Niejahr, Elisabeth: »Die Billigkräfte«, a. a. O.

27 Vgl. »Hoffnungsvoll ins Jahr 2011!«, Pressemitteilung der Stiftung für Zukunftsfragen vom 04.01.2011.

28 Vgl. Öchsner, Thomas: »Viele Unternehmen zahlen nicht einmal den Mindestlohn«. In: *Süddeutsche Zeitung* vom 25.06.2010; dort auch alle Zahlen.

29 Vgl. Schmergal, Cornelia: »Der Aufschrei der Hartz-IV-Aufstocker«. In: *Wirtschaftswoche* vom 04.05.2010.

30 »GEO-Umfrage: Was ist gerecht?«. In: *GEO Magazin* 10/2007. URL: http:// www.geo.de/GEO/kultur/gesellschaft/54795.html [Abruf: 12.04.2011].

31 Bude, Heinz: *Die Ausgeschlossenen. Das Ende vom Traum einer gerechten Gesellschaft.* München: Hanser 2008.

32 Schmitt, Manfred J.: *Abriß der Gerechtigkeitspsychologie.* 1993. URL: www.gerechtigkeitsforschung.de/berichte/beri070.pdf [Abruf: 18.04.2011].

33 Vgl. »VW: Leiharbeiter seit drei Tagen im Hungerstreik«. In: *Spiegel online* vom 30.09.2009.

34 Vgl. »VW trennt sich von bis zu 25 000 Leiharbeitern«. In: *Welt online* vom 23.10.2008.

35 »VW übernimmt 400 Leiharbeiter in Stammbelegschaft«. In: *Welt online* vom 15.09.2010.

36 Schmitt, Manfred J.: *Abriß der Gerechtigkeitspsychologie,* a. a. O., S. 13.

37 Holzmüller, Maria: »Eine Generation auf Abruf«. In: *sueddeutsche.de* vom 10.06.2010.

38 Ebd.

39 Vgl. »Befristete Arbeitsverträge: Arbeiten ohne Ende«. In: *Focus Money Online* vom 09.12.2009.

40 Berner, Winfried (2008): »Individualpsychologie«. URL: http://www. umsetzungsberatung.de/psychologie/individualpsychologie.php [Abruf: 12.04.2011].

41 Vgl. Kirpal, Simone; Biele Mefebue, Astrid: »›Ich habe einen sicheren Arbeitsplatz, aber keinen Job.‹ Veränderung psychologischer Arbeitsver-träge unter Bedingung von Arbeitsmarktflexibilisierung und organisationa-ler Transformation«. ITB-Forschungsbericht 25/2007.

42 »Gallup Engagement Index«. URL: http://eu.gallup.com/Berlin/118645/ Gallup-Engagement-Index.aspx [Abruf: 12.04.2011].

43 Vgl. Gallup: Pressemitteilung zum Engagement Index 2009 vom 30.03.2010. URL: http://eu.gallup.com/Berlin/141167/PMEEI2009.aspx [Abruf: 17.04.2011].

44 Schrenk, Jakob: »Gib das Letzte«. In: *Neon* Nr. 7, 01.07.2006, S. 78 ff.

45 Vgl. Seith, Anne: »E-Mail-Flut und Handy-Terror: Bürowahnsinn kostet Unternehmen Milliarden«. In: *Spiegel online* vom 26.07.2007.

46 Vgl. Rettig, Daniel: »Heute hier, morgen dort«. In: *Wirtschaftswoche* vom 18.08.2008, S. 120 ff.

47 Vgl. Oberhofer, Petra: »Kampf dem Stress: Schön der Reihe nach statt alles auf einmal«. In: *Financial Times Deutschland (ftd.de)* vom 29.01.2010.

48 Seith, Anne: »E-Mail-Flut und Handy-Terror«, a. a. O.

49 »E-Mail-Flut: Wie sich der Informationsterror beherrschen lässt«. In: *Welt online* vom 16.05.2009.

50 *Über den Umgang mit E-Mails: Der Scholz & Friends E-Mail-Knigge.* Mainz: Verlag Hermann Schmidt 2009.

51 Vgl. Matthes, Nadja/Hirzel, Joachim: »Die Mega-Trends der Jobs«. In: *Focus* 20/2010 vom 17.05.2010, S. 134 ff.

52 »RIM-Chef im Interview: Was man gegen Blackberry-Sucht tun kann«. In: *Welt online* vom 18.10.2007.

53 Vgl. »Kein Abschalten im Urlaub«. In: *Der Standard online* vom 13.07.2010.

54 Vgl. »Abschalten im Urlaub«, In: *ULA Nachrichten* vom August 2010, S. 10.

55 Vgl. Schlesiger, Christian/Matthes, Sebastian: »Info-Stress: Ich schalt' dann mal ab«. In: *wiwo.de – Portal der Wirtschaftswoche* vom 22.03.2008.

56 Vgl. »CeBIT 2009 – Carpe Diem – Auf die effektive Telefonkonferenz – fer-tig – los …«. Pressemitteilung der Firma meetwise vom 09.03.2009.

57 Vgl. Hoffmann, Jürgen: »Die richtigen Helfer für die Expansion ins Ausland«. In: *Welt online* vom 21.07.2010.

58 »Wettbewerbsfaktor effiziente Kommunikation – Potenzial von Unified Communications in deutschen Unternehmen«. Berlecon-Studie im Auftrag von Damovo, Microsoft und Nortel, 05/2008.

59 … etwa durch eine leitende Mitarbeiterin der Telekom unter der Überschrift »Virtuelle Konferenzen als Ökomeetings«. www.it-director.de.

60 Vgl. Meinert, Sabine: »Besser zuhause jobben«. In: *Financial Times Deutschland* vom 26.05.2009.

61 »Das Volk der Wurschtler«. Interview mit Stephan Grünewald. In: *emotion* vom 01.08.2009.

62 Vgl. Seith, Anne: »E-Mail-Flut und Handy-Terror«, a. a. O.

63 Vgl. Schlesiger, Christian/Matthes, Sebastian: »Info-Stress: Ich schalt' dann mal ab«, a. a. O.

64 Vgl. Schürmann, Hans: »Die Tücken des vernetzten Lebens«. In: *Handelsblatt* vom 14.09.2009, S. 10.

65 Schnabel, Ulrich: »Die Wiederentdeckung der Muße«. In: *Zeit online* vom 02.01.2010.

66 Ebd.

67 »Rufbereitschaft: Arbeiten nach Anruf«. URL: http://www.arbeitsratgeber. com/rufbereitschaft_0228.html [Abruf: 14.04.2011].

68 Vgl. Schlesiger, Christian/Matthes, Sebastian: »Info-Stress: Ich schalt' dann mal ab«, a. a. O.

69 Vgl. ebd.

70 Ferriss, Timothy: *Die 4-Stunden-Woche. Mehr Zeit, mehr Geld, mehr Leben.* Berlin: Econ Verlag, 12. Aufl. 2010, S. 118.

71 Kommentar zu: Schlesiger, Christian/Matthes, Sebastian: »Info-Stress: Ich schalt dann mal ab«, a. a. O.

72 Vgl. Knüsel, Jan: »Chef muss für den Erschöpfungstod seines Angestellten zahlen«. In: *Basler Zeitung online* vom 28.05.2009.

73 Vgl. »Arbeitswelt im Wandel. Zahlen – Daten – Fakten. Ausgabe 2010«. Dortmund: Bundesanstalt für Arbeitsschutz und Arbeitsmedizin. URL: http://www.baua.de/de/Publikationen/Broschueren/A71.html [Abruf: 14.04.2011].

74 Vitte, Stanley: »Workaholics: Wenn die Arbeit zur Sucht wird«. In: *Focus Money Online* vom 13.09.2007.

75 »Führen auf Distanz: Dezentrale Teams brauchen klare Regeln«. In: News vom 01.12.2009 auf *www.bwr-media.de* [Abruf: 14.04.2011].

76 Vgl. Rhein, Thomas: »Beschäftigungsdynamik im internationalen Vergleich: Ist Europa auf dem Weg zum ›Turbo-Arbeitsmarkt‹?«. Institut für Arbeitsmarkt- und Berufsforschung, IAB-Kurzbericht 19/2010.

77 Vgl. »Jobwechsel: Meist in guten Zeiten«. Institut der deutschen Wirtschaft Köln. Nachricht vom 06.11.2008 bei *www.bildungsspiegel.de*.

78 Vgl. »Generation Praktikum«. In: *RP online* vom 21.11.2005. URL: http://www.rp-online.de/beruf/arbeitswelt/Generation-Praktikum_aid_116506.html [Abruf: 26.04.2011].

79 Briedis, Kolja/Minks, Karl-Heinz: »Generation Praktikum – Mythos oder Massenphänomen?«. HIS Projektbericht April 2007. URL: http://www.his.de/pdf/22/generationpraktikum.pdf [Abruf: 15.04.2011].

80 Vgl. »Sabbatjahr: Die Auszeit vom Job«. Februar 2010. URL: www.ruv.de/de/r_v_ratgeber/ausbildung_berufseinstieg/karrieretipps/sabbatjahr-auszeit-vom-job.jsp [Abruf: 15.04.2011].

81 Vgl. »Sabbatical: Die Auszeit nützt der Karriere«. Interview des Magazins *Stern* mit Barbara Siemers. In: *stern.de* vom 09.04.2008.

82 Vgl. »Elterngeld – eine erste Bilanz«. Statistisches Bundesamt Deutschland 28.10.2008. Als PDF unter *www.destatis.de*.

83 Vgl. Funck, Astrid: »Arbeit und Leben«. In: *Brand eins* 10/2006, hier: S. 65.

84 Vgl. »Ältere Arbeitnehmer: Der Jugendwahn ist vorbei«. In: *www.FAZ.net* vom 23.10.2010.

85 Vgl. Hamann, Götz; Scholter, Judith; Niejahr, Elisabeth: »Die Weiberwirtschaft«. In: *Die Zeit* vom 23.07.2009, S. 17 f.

86 Funck, Astrid: »Arbeit und Leben«. In: *Brand eins* 10/2006, hier: S. 62.

87 Vgl. z. B. Belbin, R. Meredith: *Management Teams. Why They Succeed or Fail.* Butterworth-Heinemann 2003; oder ders.: *Team Roles at Work.* Butterworth-Heinemann 1996.

88 Zitiert nach Funck, Astrid: »Arbeit und Leben«. a. a. O., hier S. 68.

89 Lotter, Wolf: »Die Unverwechselbaren«. In: *Brand eins* 4/2009, S. 54 ff., hier: S. 59.

90 Vgl. Bund, Kerstin/Rudzio, Kolja: »Die Auslese«. In: *Die Zeit* vom 20.05.2010, S. 21 f.

91 Vgl. »›Ausbildung hat unverändert höchste Priorität!‹ – Bilanz des Berufsberatungsjahres 2009/2010«. Presseinformation der Bundesagentur für Arbeit vom 27.10.2010.

92 Vgl. Bund, Kerstin/Rudzio, Kolja: »Die Auslese«, a. a. O.

93 »Employer Branding als Strategie für mehr Arbeitgeberattraktivität«. Gastbeitrag der Deutschen Employer Branding Akademie (DEBA) Berlin vom 04.10.2006 auf *www.business-wissen.de*.

94 Rettig, Daniel: »Beliebteste Arbeitgeber. Google ist Aufsteiger beim Arbeitgeber-Ranking«. In: *wiwo.de – Portal der Wirtschaftswoche* vom 18.05.2009.

95 Vgl. ebd.

96 Vgl. »Recruiting Trends 2010«. URL: http://www.uni-bamberg.de/isdl/
leistungen/transfer/e-recruiting/recruiting-trends/recruiting-trends-2010/
[Abruf: 20.04.2011].

97 Vgl. »Kann der Mittelstand den ›War for Talents‹ gewinnen?«. Mitarbeiterbindung im Mittelstand (Teil 1), vom 26.07.2010. URL: http://mitarbeiter-
bindung.info/mitarbeiterbindung-im-mittelstand-teil-1/ [Abruf: 18.04.2011].

98 Vgl. Matthes, Nadja/Hirzel, Joachim: »Die Mega-Trends der Jobs«. In:
Focus vom 17.05.2010, S. 134 ff.

99 »Kann der Mittelstand den ›War for Talents‹ gewinnen?«, a. a. O. Sprin-
ger, Johannes/Stöcker, Sabine: »Personalerhaltung«. Vorlesung, RWTH
Aachen, SS 2006. URL: www.iaw.rwth-aachen.de/download/lehre/vorle-
sungen/2006-ss-pmb/06_pm_ss2006.pdf [Abruf: 18.04.2011].

100 »Umfrage Motivatoren«. Die Umfrage wird weitergeführt unter URL:
www.umfrage-motivatoren.de [Abruf: 17.04.2011].

101 Herzberg, Frederick: »Was Mitarbeiter in Schwung bringt«. Artikel von
1968. Nachdruck in: *Harvard Business Manager* 04/2003, S. 50–62.

102 Westerhoff, Nikolas: »Schlechte Chefs. Wie Führungskräfte ihre Mitarbeiter demotivieren und der Wirtschaft schaden – ihre zehn größten Fehler«.
In: *SZ Wissen* 6/2008, S. 22 ff.; hier: S. 24.

103 »Die besten Arbeitgeber im Mittelstand. Bewertungskategorien«. URL:
http://www.topjob.de/projekt/benchmarking/bewertungskategorien.html
[Abruf: 17.04.2011].

104 »Greate Place to Work® Institute – die Experten für Arbeitsplatzkultur«.
URL: www.greatplacetowork.de/gptw/index.php [Abruf: 18.04.2011].

105 Vgl. Funck, Astrid: »Gelobt sei, was smart macht«. In: *Brand eins* 09/2009,
S. 134 ff.;
Wagner, Thomas: »Mittelständler aus dem Schwarzwald wird ›Arbeitgeber des Jahres‹«. Firmenporträt im Deutschlandfunk am 29.01.2010. URL:
http://www.dradio.de/dlf/sendungen/firmen/1115112/ [Abruf: 14.04.2011].

106 Vgl. Oberhofer, Petra: »Motivation und Engagement am Arbeitsplatz
sinken«. Artikel vom 09.05.2008. URL: www.business-wissen.de/mitar-
beiterfuehrung/unzufriedenheit-motivation-und-engagement-am-arbeits-
platz-sinken/ [Abruf: 18.04.2011].

107 Vgl. Lehky, Maren: *Die zehn größten Führungsfehler und wie Sie sie vermeiden*. Frankfurt; New York: Campus Verlag 2007.

108 Sprenger, Reinhard: *Vertrauen führt*. 2. Auflage. Frankfurt; New York:
Campus Verlag 2004.

109 Höhler, Gertrud: *Warum Vertrauen siegt*. Berlin: Ullstein 2003.

110 Mesmer, Alexandra: »Arbeit 2.0: Junge Mitarbeiter wissen, was sie wollen«. In: *Computerwoche* vom 07.06.2010, S. 14 ff.

111 Vgl. Königes, Hans: »Alle wollen zu SAP und Google«. In: *Computerwoche* vom 07.09.2007, S. 24.

112 Vgl. Willenbrock, Harald: »Die Ideenmaschine«. In: *Brand eins* 09/2007, S. 23 ff., hier: S. 25.

113 »16. Shell Jugendstudie: Jugend 2010«. Übersicht unter URL: http://www.shell.de/home/content/deu/aboutshell/our_commitment/shell_youth_study/2010/ [Abruf: 19.04.2011].

114 Vgl. »Monitor Familienleben 2010: Einstellungen und Lebensverhältnisse von Familien«. URL: www.beruf-und-familie.de/index.php?c=44&sid=&cms_det=775 [Abruf: 19.04.2011].

115 Zit. nach: Schenz, Viola: »Was die Zukunft bringt«. In: *Süddeutsche Zeitung* vom 30.01.2010.

116 »Google: Unternehmenskultur«. URL: http://www.google.com/intl/de/corporate/culture.html [Abruf: 19.04.2011].

117 Albers, Markus: »Die Eingeborenen«. In: *Brand eins* 04/2010, S. 72 ff., hier: S. 73.

118 Parment, Anders: *Die Generation Y – Mitarbeiter der Zukunft*. Wiesbaden: Gabler Verlag 2009, S. 5.

119 Vgl. Shah, Rawn: »Why You Must Network With Your Younger Employees«. In: *Forbes.com* vom 14.07.2010.

120 Zit. nach: Albers, Markus: »Die Eingeborenen«, a. a. O., hier: S. 75.

121 Ebd., S. 77.

122 Fahle, Christoph: »Die Arbeitswelt von heute. Wovor habt ihr eigentlich Angst?«. URL: http://www.theeuropean.de/christoph-fahle/3110-die-arbeitswelt-von-heute [Abruf: 20.04.2011].

123 Zit. nach: Parment, Anders, a. a. O., S. 29.

124 Sywottek, Christian: »Unklare Verhältnisse«. In: *Brand eins* 03/2006, S. 130 ff, hier: 132.

125 Alle Zahlen in diesem Abschnitt vgl. Parment, Anders: *Die Generation Y – Mitarbeiter der Zukunft*. a. a. O.

126 Vgl. Dillig, Annabel: »Bin ich hier richtig?«. In: *Neon Magazin* vom 01.03.2010, S. 74 ff.

127 Parment, Anders, a. a. O.

128 »Google: Unternehmenskultur«, a. a. O.

129 Vgl. »16. Shell Jugendstudie: Jugend 2010«. Übersicht unter URL: http://www.shell.de/home/content/deu/aboutshell/our_commitment/shell_youth_study/2010/ [Abruf: 19.04.2011].

130 Vgl. »Freunde im Internet«. In: *Frankfurter Allgemeine Sonntagszeitung* 45/2010 vom 14.11.2010, S. 35.

131 Vgl. Parment, Anders, a. a. O., S. 87 und S. 105.

132 »Wer keine Aufmerksamkeitsstörung hat, kann sie sich durch Multi-

tasking antrainieren«. Manfred Spitzer im Interview mit *boersenblatt. net* am 11.11.2010. URL: http://www.boersenblatt.net/403445/ [Abruf: 20.04.2011].

133 Vgl. »Verändern Computer und Internet unser Gehirn?«, In: *Welt online* vom 09.12.2008.

134 Shah, Rawn, a. a. O.

135 Zit. nach: Albers, Markus: »Die Eingeborenen«. In: *Brand eins* 04/2010, S. 72 ff., hier: S. 76.

136 Vgl. Parment, Anders, a. a. O., S. 152 f.

137 Zit. nach: Mesmer, Alexandra: »Arbeit 2.0«, a. a. O.

138 Oltmanns, Torsten/Nemeyer, Daniel: *Machtfrage Change: Warum Veränderungsprojekte meist auf Führungsebene scheitern und wie Sie es besser machen.* Frankfurt; New York: Campus Verlag 2010, S. 20.

139 Fisch, Karl et al.: »Did You Know?«. URL: www.youtube.com/watch?v=ne X3rQTXfHE. Erstellt am 12.01.2009 [Abruf: 21.04.2011].

140 Oltmanns, Torsten/Nemeyer, Daniel, a. a. O., S. 20.

141 Vgl. Königes, Johannes: »Gelungene Veränderungsprojekte sind die Ausnahme«. In: *Computerwoche* vom 17.07.2007.

142 Roth, Stephan: »Emotionen im Visier: Neue Wege des Change Managements«. In: *OrganisationsEntwicklung* 2/2000, S. 14 ff.

143 Suter, Martin: »Der Schicksalsfreitag«. In: Suter, Martin: *Das Bonus-Geheimnis und andere Geschichten aus der Business-Class.* Zürich: Diogenes Verlag 2009.

144 Bruch, Heike von/Menges, Jochen I.: »Wege aus der Beschleunigungsfalle«. In: *Harvard Business Manager* Mai 2010, S. 27 ff.

145 Vgl. »About Learning. Helping teachers with learning that matters«. URL: www.aboutlearning.com [Abruf: 20.04.2011].

146 Vgl. Lehky, Maren: *Die 10 größten Führungsfehler und wie Sie sie vermeiden.* Frankfurt; New York: Campus Verlag 2007, S. 110 ff.

147 Noer, David M.: *Die vier Lerntypen: Reaktionen auf Veränderungen im Unternehmen.* Stuttgart: Klett-Cott 2008.

148 Vgl. Statistisches Bundesamt Deutschland: »Eheschließungen, Scheidungen«. URL: www.destatis.de (unter »Bevölkerung«) [Abruf: 21.04.2011].

149 Vgl. Statistisches Bundesamt Deutschland: »Alleinerziehende in Deutschland. Ergebnisse des Mikrozensus 2009« und »Männer und Frauen in verschiedenen Lebensphasen, 2010« (Download beider Broschüren unter *www.destatis.de*).

150 Vgl. Bürgel Wirtschaftsinformationen: »Schuldenbarometer 2007«. URL: http://www.buergel.de/presse/studien-analysen.html [Abruf: 20.04.2011].

151 Vgl. Bürgel Wirtschaftsinformationen: »Schuldenbarometer 2010«. Ebd.

152 Vgl. »Privatinsolvenzen: 2010 wird Pleitejahr für Verbraucher«. In: *Spiegel online* vom 06.09.2010.
153 Vgl. Uhlmann, Berit »Pflege: Wenn Eltern alt werden«. In: *Focus online* vcm 12.10.2008.
154 Vgl. Hennis, Andrea: »Nationaler Bildungsbericht: Die Kluft wird größer«. In: *Focus Schule online* vom 17.06.2010.
155 Vgl. Meck, Georg: »Erschöpft, ausgebrannt, arbeitsmüde«. In: *Frankfurter Allgemeine Sonntagszeitung* vom 07.03.2010, S. 35.
156 Vgl. »Gesundheitsreport 2010«. Hrsg. von der Techniker Krankenkasse.
157 Frank Jacobi: »Nehmen psychische Störungen zu?«, Vortrag auf dem 3. CConsult-Network-Forum am 20.09.2010. URL (für die Folien): http://www.cconsult.info/aktivitaeten/veranstaltungen.html [Abruf: 18.04.2011].
158 Nienhaus, Lisa u. a.: »Cola, Koks und Ritalin. Wie die Deutschen sich im Büro dopen«. In: *Frankfurter Allgemeine Sonntagszeitung* 49/2008 vom C9.12.2008.
159 Ebd., S. 42 f.
160 Vgl. Meck, Georg: »Erschöpft, ausgebrannt, arbeitsmüde«, a. a. O.
161 Kutter, Inge: »Ich kann nicht mehr«. In: *Die Zeit Campus* vom 01.05.2010, S. 56 ff.
162 Bundeszentrale für politische Bildung: »Die soziale Situation in Deutschland«, Stichwort »Arbeitszeit«. URL: www.bpb.de/wissen/PB0R47.html [Abruf: 22.04.2011].
163 Zit. nach Meck, Georg: »Erschöpft, ausgebrannt, arbeitsmüde«, a. a. O.
164 Zit. nach Kutter, Inge: »Ich kann nicht mehr«, a. a. O.
165 Zit. nach: Herpell, Gabriela/Hanke, Mila: »Plötzlich überfordert«. In: *Emotion* vom 01.08.2009, S. 48 ff.
166 Vgl. Burisch, Matthias: »Das Burnout-Syndrom. Was es ist, woher es kommt und was man dagegen tun kann«. Vortrag. URL: http://www.cconsult.info/aktivitaeten/veranstaltungen.html [Abruf: 19.04.2011]. Kix, Jasmine/Roscher, Susanne: »Burnout, Stress & Co – wie gehe ich im betrieblichen Alltag damit um?«. Vortrag.
167 Vgl. Burisch, Matthias: »Das Burnout-Syndrom ...«, a. a. O.
168 Vgl. »Vorgesetzte können Burn-out verhindern«. *Zeit online, dpa* vom 18.05.2010. URL: www.zeit.de/karriere/beruf/2010-05/burnout-studie [Abruf: 26.04.2011].
169 »Burnout-Syndrom«. In: Wikipedia (de). URL: http://de.wikipedia.org/wiki/Burnout-Syndrom [Zugriff: 04.01.2011].
170 Vgl. »Depressionen im Job: Angestellt, überarbeitet, psychisch krank«. In: *sueddeutsche.de* vom 23.03.2010.
171 Vgl. Lokay, Oliver: »Erschöpfungszustände, Burnout ... Ein Arbeitsunfall der Moderne?« (Vortrag); Folien zum Vortrag vom 20.09.2010 unter

URL: http://www.cconsult.info/aktivitaeten/veranstaltungen.html [Abruf: 21.04.2011]; Funk, Astrid: »Arbeit und Leben«. In: *Brand eins* 10/2006, S. 67 f.

172 Heinrich, Christian: »Stress/Burnout-Syndrom«. In: *Die Zeit Wissen* 02/2010, S. 108 f.

173 Zit. nach: Bruhns, Annette: »Wendepunkt des Lebens«. In: *Spiegel Wissen* vom 21.04.2009, S. 72.

174 Vgl. Müller, Anja: »Arbeitskultur: Unternehmen könnten ihre Produktivität deutlich steigern, wenn sich Mitarbeiter wohl fühlen«. In: *Handelsblatt* vom 28.10.2008, S. 19.

175 Schröder, Christina: » Reformer des Jahres. Thomas Sattelberger – Vorkämpfer einer Kulturrevolution«. In: *Handelsblatt* vom 25.12.2010.

176 Sauer, Sebastian: »Was ist eigentlich Achtsamkeit?« Gastbeitrag vom 11.03.2007. URL: http://www.zeitzuleben.de/2689-was-ist-eigentlich-achtsamkeit/ [Abruf: 18.01.2011].

177 »Management der Zukunft soll ›persönliche Grenzen respektieren‹«, Interview mit Ruth Stock-Homburg. In: *VDI-Nachrichten* vom 27.03.2009, S. 14.

178 Bischoff, Sonja: *Wer führt in (die) Zukunft? Männer und Frauen in Führungspositionen der Wirtschaft in Deutschland – die 5. Studie.* Bielefeld: Bertelsmann 2010 (= DGFP-Praxisedition), S. 28 ff.

179 Vgl. Statistisches Bundesamt (Hg.): »Qualität der Arbeit – Geld verdienen und was sonst noch zählt«. Wiesbaden 2010, S. 27.

180 Vgl. »Arbeitszeit: Wer zuerst geht, der verliert«. In: *Frankfurter Allgemeine Zeitung* vom 25.09.2007.

181 Vgl. Statistisches Bundesamt (Hg.): »Gesundheitsrisiken am Arbeitsplatz«. Wiesbaden 01.09.2010.

182 »SHAPE-Studie – Studie mit hoch ambitionierten Persönlichkeiten«. URL: www.shape-studie.de [Abruf: 23.03.2011].

183 Vgl. »Berufswahl wichtig für Karrierechancen von Frauen und Männern«. Wochenbericht des DIW Berlin Nr. 23/2009, S. 378 ff. URL: www.diw.de/documents/publikationen/73/98931/09-23-3.pdf [Abruf: 12.04.2011].

184 Vgl. Kromm, Walter u. a.: »Sich tot arbeiten – und dabei gesund bleiben« (Leseprobe aus: *Unternehmensressource Gesundheit*). URL: www.symposion.de/?cmslesen/0002440 [Abruf: 12.04.2011].

185 Baumgart, Dietrich: »Gesundheit: Strategie ist alles«. In: *manager magazin* vom 13.09.2009.

186 Granovetter, Mark: *Getting a Job.* Chicago 1995; zitiert nach: Gladwell, Malcolm: *Tipping Point. Wie kleine Dinge Großes bewirken können.* 2. Aufl., München: Goldmann Verlag 2002, S. 67 f.

187 »Job fressen Seele auf. Lutz von Rosenstiel im Gespräch«. In: *Psychologie Heute* 08/2008, S. 64.

Register